国家科学技术学术著作出版基金资助出版

KDP 软脆功能晶体水溶解超精密抛光加工原理

高　航　郭东明　著

科学出版社
北　京

内 容 简 介

本书针对我国核能源和国防领域对磷酸二氢钾（potassium dihydrogen phosphate，KDP）软脆功能晶体近无损伤超精密加工技术的迫切需求，以及 KDP 晶体易潮解、脆性大、各向异性强等难加工特性给其超精密加工带来的极大挑战，创新提出了水溶解超精密抛光加工原理。本书系统地介绍了 KDP 晶体的结构特性、弹塑性力学性能与损伤规律，阐明了 KDP 晶体微纳潮解材料去除机理和可控水溶解超精密加工原理、工艺方法，并给出了加工案例。本书不仅向读者介绍了一种先进的 KDP 晶体超精密抛光加工新技术，还向读者提供了一个将"潮解"这一有害的自然现象转化为有用的超精密加工技术手段的成功案例。

本书可作为精密和超精密加工工程领域科研人员和技术人员的参考资料，也可以供高等学校机械工程、材料科学与工程等相关专业高年级本科生及研究生学习参考。

图书在版编目（CIP）数据

KDP 软脆功能晶体水溶解超精密抛光加工原理/高航，郭东明著. —北京：科学出版社，2024.11
ISBN 978-7-03-073381-8

Ⅰ. ①K··· Ⅱ. ①高··· ②郭··· Ⅲ. ①磷酸钾-晶体-抛光-超精加工-研究 Ⅳ. ①TQ444.3

中国版本图书馆 CIP 数据核字（2022）第 189526 号

责任编辑：姜 红 韩海童 / 责任校对：何艳萍
责任印制：徐晓晨 / 封面设计：无极书装

科 学 出 版 社 出版
北京东黄城根北街 16 号
邮政编码：100717
http://www.sciencep.com

三河市春园印刷有限公司印刷
科学出版社发行 各地新华书店经销
*
2024 年 11 月第 一 版 开本：720×1000 1/16
2024 年 11 月第一次印刷 印张：20
字数：403 000
定价：179.00 元
（如有印装质量问题，我社负责调换）

序

磷酸二氢钾（KDP）是一种易潮解、软脆、各向异性强，却具有优异电光特性及非线性光学性能的功能晶体，在能源和国防领域有关键性应用。但是 KDP 晶体的高性能使役指标和难加工特性，给其超精密加工带来了极大挑战。目前首选的工艺方法是金刚石刀具超精密切削工艺，可以达到很好的面型精度和纳米级表面粗糙度，但是作为纯机械加工方法，依然存在加工表面走刀留下的数十纳米微纹理和机械作用导致的亚表面损伤，使得 KDP 晶体的激光损伤阈值的进一步提高受限。由于材料具有软脆的特点，采用传统的研磨、磁流变修形、化学机械抛光等方法极易导致磨粒嵌入或划伤表面，如何实现 KDP 晶体的近无机械损伤超精密加工，一直是业界努力探索研究的热点之一。

该书作者及其所在团队面向国家重大工程需求，通过承担多个国家级科研项目，开展了近二十年的潜心研究，创新提出了水溶解方法实现 KDP 晶体近无机械损伤的超精密抛光加工原理，阐明了材料潮解的特性和规律，揭示了材料水溶解加工去除机理和加工表面平坦化机制，发明了用于软脆易潮解 KDP 晶体的油包水型微乳液，研制出 KDP 晶体微纳水溶解抛光工艺装备，开发出小磨头抛光和环形抛光等多种加工工艺，成功实现了 KDP 软脆功能晶体近无机械损伤的水溶解超精密抛光加工，取得了原理创新和技术突破，为包括 KDP 晶体在内的易潮解类功能晶体超精密加工开辟了一条全新的技术途径。

该技术是将自然界中有害现象转化为有用加工手段的典范，学术价值和工程应用价值重大。我很高兴看到能有这样一本具有原理创新和重大工程应用价值的优秀专著出版，该书研究成果系统完整、内容丰富，理论分析和试验数据翔实，撰写结构严谨、逻辑性强，具有突出的新颖性、先进性和实用性。该书的出版丰富了超精密加工理论与技术，也为其他同类易潮解功能晶体材料的精密和超精密加工提供了有益的借鉴和技术参考。

中国科学院院士　丁汉

2023 年 10 月 1 日

前　言

功能晶体作为现代光电材料中的一类重要主体材料，因具有能够实现电、磁、声、光、力、热等能量形式的交互作用和相互转换等独具特色的物理性能，在航空、航天、国防军工等领域中有着越来越广泛的应用。在诸多功能晶体材料中，存在一类莫氏硬度小于 5 且断裂韧性较低（脆性大）的软脆功能晶体材料，典型代表有：磷酸二氢钾（KH_2PO_4，KDP）、磷酸二氘钾（$K(D_xH_{1-x})_2PO_4$，DKDP）、磷酸二氢铵（$N(D_xH_{1-x})_4(D_yH_{1-y})_2PO_4$，ADP）、氯化钠（NaCl）等。该类晶体不仅具有软脆、各向异性强等特性，还易于潮解，在加工过程中经常出现崩边、凹陷、断裂及硬质磨粒嵌入等问题，而从使役的角度对其加工提出的要求多为超精密和超光滑近无表面损伤等，使其成为世界公认的难加工材料。

KDP 晶体凭借其优异的电光特性及非线性光学性能，被用于制作能源和国防等领域高端装备中的关键光学元件，其作用和地位无可替代。然而 KDP 晶体的易潮解、脆性大、硬度低、各向异性强等一系列难加工特性，给其超精密加工带来了极大的挑战，传统的机械加工方法存在亚表面损伤的问题，严重限制了激光损伤阈值这一关键使役性能指标的提升。探索 KDP 晶体近无损伤超精密加工新原理和新技术，成为业界国内外专家学者研究的热点。

自 2005 年以来，作者及其所在的大连理工大学高性能精密制造创新团队面向国家重大工程需求和学术前沿，基于大尺寸 KDP 晶体在过饱和溶液中生长可控且易潮解的特性，反其道而行之，创新提出了 KDP 晶体水溶解超精密抛光加工原理，并在多个国家自然科学基金重点项目的资助下，开展了近二十年的潜心研究，取得了原理创新和技术突破，成功实现了 KDP 软脆功能晶体的水溶解超精密抛光加工，达到了亚微米级面型精度和纳米级表面粗糙度，为包括 KDP 晶体在内的易潮解类功能晶体材料超精密抛光加工开辟了一条全新的技术途径。

本书提出的水溶解超精密抛光加工新原理，从一开始业界和应用企业不认可、不理解到开始认同并尝试应用，包括同行学者在易潮解功能晶体的磁流变修形、超精密切削加工等技术中也尝试加入了"水"的溶解作用，"水溶解"逐渐成为一种全新的加工技术。通过将"潮解"这一对易潮解 KDP 晶体有害的自然现象，转化为有用的超精精密加工技术手段，向读者展示了一个如何变有害为有用的成功案例。相关研究成果也可推广应用于类似的易潮解功能晶体材料的精密和超精密加工。

本书能够顺利撰写成稿，是团队成员和多位参与本书相关研究工作的博士与硕士研究生共同努力的结果。从 2004 年底高航教授与哈尔滨工业大学董申教授和张飞虎教授、国防科技大学戴一凡教授联合撰写"各向异性软脆功能晶体高效精密和超精密加工技术基础"国家自然科学基金重点项目（项目编号：50535020）申请书，与团队的康仁科教授一起探讨软脆功能晶体材料的定义和范围，分析 KDP 晶体材料的易潮解特性，到提出软脆易潮解功能晶体用"水"加工的新思想和新原理，再到 2011 年郭东明教授牵头承担"大口径 KDP 晶体逐点可控微纳潮解加工新原理与新技术"国家自然科学基金重点项目（项目编号：51135002），2017 年高航教授牵头承担多个相关国家专项课题，作者与课题组王宣平副教授、朱祥龙教授、王碧玲博士、鲁春鹏博士、王强国博士、王旭博士、陈玉川博士、刘子源博士、滕晓辑博士、程志鹏博士和多位硕士一起潜心攻关研究，取得了重大技术突破和阶段性研究成果。

在本书的成稿过程中，刘子源博士和程志鹏博士为书稿的文字整理付出了大量的时间和精力，在此表示感谢。特向资助作者科研工作的国家自然科学基金委员会和相关部委，为本书相关研究提供 KDP 晶体材料的山东大学晶体材料国家重点实验室和中国科学院福建物质结构研究所，以及中国工程物理研究院有关研究所的大力支持表示诚挚的感谢。

由于作者水平有限，且书中所论述的技术尚在不断发展中，书稿难免存在不足之处，敬请广大读者批评指正。

作　者
2023 年 9 月于大连

目　　录

1 易潮解软脆功能晶体材料及其应用

1.1 易潮解软脆功能晶体的定义和分类

随着现代科学技术的快速发展，特别是航空、航天、国防军工、信息、微电子与光电子等尖端科学技术的突飞猛进，对材料使役性能提出越来越高的要求，进一步推动了新材料的发展。功能晶体材料作为现代光电材料中的一类重要主体材料，因具有能够实现电、磁、声、光、力、热等能量形式交互作用和相互转换等独具特色的物理性能，在各领域中有着越来越广泛的应用。在诸多功能晶体材料中，根据硬度不同，可以将其分为硬脆、中等硬脆、软脆功能晶体三大类，其中，将莫氏硬度大于 7 且断裂韧性较低（脆性大）的一类功能晶体材料称为硬脆功能晶体材料，典型代表有金刚石、蓝宝石、单晶硅等；将莫氏硬度小于 5 且断裂韧性较低（脆性大）的一类功能晶体材料称为软脆功能晶体材料，典型代表有KDP、氟化钙（CaF_2）、碲锌镉（cadmium zinc telluride，CZT）、锑化铟（InSb）及磷化铟（InP）等。

在软脆功能晶体材料中，又存在一类易溶于水或易潮解的晶体材料，称之为易潮解软脆功能晶体材料，典型代表有：KDP、DKDP、ADP、氯化钠（NaCl）、偏硼酸钡（β-BaB_2O_4，BBO）等。该类晶体不仅具有软脆、强各向异性的材料特性，并且易于潮解，在加工过程中经常出现崩边、凹陷、断裂以及硬质磨粒嵌入等问题，使其成为世界公认的难加工材料。

1.2 易潮解软脆功能晶体材料的应用

1.2.1 几种常见的易潮解软脆功能晶体材料

常见的易潮解软脆功能晶体材料有很多，表 1.1 列举了一些典型易潮解软脆功能晶体的基本性质及应用。

表 1.1　几种典型易潮解软脆功能晶体材料的性质及应用[1-9]

晶体名称	莫氏硬度	密度 $\rho/$（g/cm³）	应用
KDP 晶体	2.5	2.338	惯性约束聚变激光频率转换元件、光学开关
DKDP 晶体	1.5	2.355	惯性约束聚变激光频率转换元件
ADP 晶体	2.0	1.803	KDP 的同构晶体
NaCl 晶体	2.5	2.165	优良的非线性光学元件、洁齿材料
CZT 晶体	2.3	5.81	红外焦平面探测器衬底材料
BBO 晶体	4.5	3.85	用于光学参量振荡、放大器等
BaF₂ 晶体	3.5	4.88	制备荧光与激光材料的基材
LiF 晶体	3.0	2.635	紫外波段的窗口材料

（1）KDP 和 DKDP 晶体，具有优秀的压电性、介电性、电光效应、声光效应、非线性光学性质，是最先发展起来的非线性光学晶体，同时也是激光频率转换和光学开关不可替代的光学元件[1]。

（2）ADP 晶体，性质与 KDP 晶体类似，二阶非线性系数略高于 KDP 晶体，具有更大的有效非线性系数和激光损伤阈值[2]。

（3）NaCl 晶体，典型的易潮解晶体，离子晶体，NaCl 溶液呈中性，固相时呈无色立方晶体或细小结晶粉末，易溶于水和甘油，难溶于乙醇和液态氨，不溶于浓盐酸。NaCl 晶体在医学和光学领域均有着重要应用，以超细 NaCl 晶体制成的牙粉具有较强的抑菌去垢作用。此外，大尺寸 NaCl 晶体是制作激光器窗口所需的关键材料[3]。

（4）CZT 晶体，一种新型的三元化合物半导体材料，室温下具有超高分辨率，可用于制备新一代室温核辐射探测器和太阳能电池等，并且可用作 X 射线、γ 射线等高能射线探测器及红外光学晶体半导体薄膜生长的外延衬底，在国防、核安全、环境监测、工业探伤及医学诊断等领域具有广阔的应用前景[4]。

（5）BBO 晶体，由中国科学院福建物质结构研究所首创的一种新型非线性晶体。BBO 晶体具有较大的非线性系数，较高的激光损伤阈值，从紫外到中红外范围内的非线性频率转换性能非常好，是一种在可见和紫外区应用最为普遍的晶体，可用于钛蓝宝石激光的倍频中[5]。

（6）BaF₂ 晶体，可作为制备荧光与激光材料的基材，既是一种性能优良的透红外光学材料，又是一种性能独特的闪烁材料，具有较好的光学性能和机械性能，可用作 CO₂ 激光器等器件和整机的窗口材料及其他光学元件。此外，该晶体具有优良的闪烁性能，在高能物理、核物理及核医学等领域都有着广泛的应用前景[6]。

（7）LiF 晶体，一种优良的光学晶体材料，具有较宽的透射波段和较高的透过率，在红外波段的折射率最小，因而常被用作红紫外激光、红外夜视仪的窗口材料。通过着色可获得色心比较稳定、均匀的氟化锂色心激光晶体，具有很好的光谱特性。此外，LiF 晶体还可用作电子探针、荧光分析仪中的分光元件[7]。

在上述功能晶体材料中，以 KDP 晶体最为典型，因此本章将针对其结构性质与应用进行系统性的阐述。

1.2.2 KDP 晶体的结构性质

KDP 晶体发展于 20 世纪 40 年代，室温环境下属于四方晶系、负晶体，透光波段为 0.1765～1.7μm，具有质软特性，莫氏硬度仅为 2.5，和金属铝十分接近，熔点为 525K。KDP 晶体的晶胞结构如图 1.1 所示[10]，其中每个 P 原子与 4 个 O 原子之间利用共价键连接，形成四面体形状的 PO_4^{3-} 基团，单个晶胞含四个 KDP 分子，分别由两组互相穿插的 PO_4^{3-} 四面体体心格子和两组互相穿插的 K^+ 体心格子组成。每个 PO_4^{3-} 基团和 O 通过氢键与相邻的四个 PO_4^{3-} 基团以 $c/4$ 的距离在 c 轴方向通过氢键连接在一起，且氢键与 c 轴接近于垂直。KDP 晶体易溶于水，溶解度（质量分数）为 22.6%（20℃），常温下密度为 2.338g/cm³，泊松比为 0.24(001)，0.16(100)[11]。

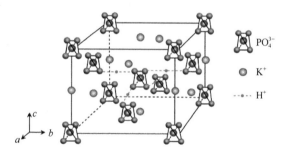

图 1.1　KDP 晶体的晶胞结构

KDP 晶胞结构在一定条件下会发生改变。KDP 晶体的居里温度为 123K，如果低于该温度，会由非铁电性的四方晶系转变为铁电性的正交晶系[12,13]。Mylvaganam 等[14]和 Hou 等[15]通过密度泛函理论计算得出当 KDP 晶体沿<110>晶向族受到约 4GPa 单轴拉应力时，会由四方晶系空间群 $I\bar{4}2d$ 转变为正交晶系 C_{2v}。由于 KDP 晶体的结构形式，其在光学性能和机械性能上均有特殊的表现。KDP 晶体的非线性光学性质主要来自于 $H_2PO_4^-$ 基团，这使其具有实现相位匹配的能力。由于 KDP 晶体不同晶面和不同晶向上的原子密度与晶面间距存在差异，其机械特性和物理特性表现出强各向异性。KDP 晶体的物理参数如表 1.2 所示。

表 1.2　KDP 晶体的物理参数

参数名称	参数值
分子量	136.086
莫氏硬度	2.5
密度/ (g/cm^3)	2.338
溶解度（20℃) /%	22.6
比热容/ [J/(g·K)]	0.746
折射率	$n_o = 1.4938$, $n_e = 1.4599$
导热系数/ [W/(m·K)]	$K_{xx} = K_{yy} = 1.76$, $K_{zz} = 1.3$
热膨胀系数/ (10^{-6}/K)	$a_{x,y} = 16$, $a_z = 29$
熔点/K	525
晶胞参数/nm	$a = b = 0.74528$, $c = 0.69717$
泊松比	0.24(001), 0.16(100)
弹性模量/GPa	$E_{x,y} = 39.25$, $E_z = 16.82$

由于以 KDP 晶体为代表的软脆功能晶体具有上述独特的物理和化学性质，传统的高硬度材料加工技术，如精密磨削、研磨及抛光等，已不再适用于软脆功能晶体的超精密加工过程。低硬度导致磨粒、碎屑更容易嵌入晶体表面，同时易引发亚表面损伤，直接影响晶体材料的使役性能。同时由于大部分软脆功能晶体的热膨胀系数大、导热系数低，加工过程中产生的热量极易造成晶体材料开裂。鉴于传统加工方法难以加工出满足要求的软脆功能晶体，许多新型超精密加工技术被尝试用来对软脆功能晶体进行加工。

1.2.3　KDP 晶体的主要应用

KDP 晶体常温下无极性轴与对称中心，因而没有一阶张量描述的物理性质，如铁电性和热释电性，但具有二阶张量、三阶张量、四阶张量描述的物理性质，如压电性、介电性、非线性光学性质。KDP 晶体是一种典型的多功能晶体，其主要应用于以下几个方面。

1. 电光快门、电光调制器及固态光阀显示管

（1）电光快门。电光快门在激光技术中有很重要的应用，它可以作为激光器的 Q 开关。利用 KDP 晶体的电光效应可将其制作成高速电光快门，开关速度可达 10^{-10}s。采用单色的低发散的激光，开与关的强度可达到由 200∶1 到 1000∶1 的对比度。

（2）电光调制器。在 KDP 晶体上加上小振幅的交变电压作为调制电压，便成了一个简单的纵向光调制器。如果在系统中再加上一个 1/4 波片，就相当于加上

了"光学偏置",可对信号进行失真的调制。

（3）固态光阀显示管。利用 KDP 类晶体的一次电光效应，将其制作成光阀显示管，可以用调制的扫描电子束"写入"。工作时在 KDP 晶体靶子上存储电荷，由于电荷的花样变化，晶体在光线传播方向上的折射率发生变化。

2. 压电换能器

1935~1938 年，苏联 Busch（布施）等首次研制出水溶性压电晶体 KDP 与 ADP，该晶体在 20 世纪 50 年代得到了广泛应用，对压电铁电材料的发展起了很大的推动作用。这两种晶体的点群特征使其能够实现机械能与电能相互转换。KDP 晶体作为典型的压电晶体，是制造声呐的军需战略物资，兼为民用压电换能器材料[16, 17]。

3. 泡克耳斯盒及激光频率转换元件

KDP 晶体最重要的用途是作为高功率激光系统中的光学窗口材料，最常使用的晶面为(001)晶面、二倍频晶面和三倍频晶面（图 1.2），分别被用作泡克耳斯盒和激光频率转换元件。KDP 晶体具有较大的非线性光学系数及较高的激光损伤阈值[18]，可以对波长 1064nm 的激光实现二倍频和三倍频。

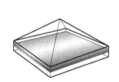 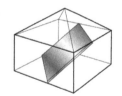

（a）(001)晶面：泡克耳斯盒　（b）二倍频晶面：激光频率转换元件　（c）三倍频晶面：激光频率转换元件

图 1.2　KDP 晶体常用晶面的结构示意图

4. 惯性约束聚变系统

惯性约束聚变（inertial confinement fusion，ICF）系统是一种利用激光冲击波来引发聚变反应实现聚变点火的技术。KDP 晶体是唯一可满足 ICF 系统对变频元件性能要求的非线性晶体材料[19]。ICF 系统是最有可能实现聚变可控，解决未来能源问题的重要技术。如图 1.3 所示，在 ICF 系统中，将多路高功率激光束聚焦于氘氚燃料胶囊，使燃料胶囊产生等离子体，在内爆作用下被压缩至高温高压状态，进行可控聚变反应，释放巨大能量[20]。

为了早日实现聚变反应的可控化，美国、日本、中国、法国、俄罗斯等国家均对 ICF 系统的研究工作投入了大量的人力物力。美国国家点火装置始建于 1997 年，并于 2009 年在劳伦斯·利弗莫尔国家实验室（Lawrence Livermore National

Laboratory, LLNL）建成了世界上最大的聚变激光驱动系统国家点火装置（National Ignition Facility，NIF）。NIF 由 192 路激光光路组成，可产生波长在 351nm、能量超过 1.8MJ 及功率为 500TW 的激光束，并已于 2013 年成功实现了"能量增益"这一里程碑式的突破，标志着人类向聚变时代迈出了坚实的一步。NIF 的成功运行证明了激光驱动 ICF 的可行性，为 ICF 系统的发展奠定了良好基础[21]。法国的兆焦耳激光器于 1993 年批准建设，2014 年 10 月正式投入使用[22]。日本大阪大学的激光工程研究所于 20 世纪 80 年代开始着力研究 Gekko-XII激光器聚变装置，并对燃料胶囊进行了高密度压缩试验，在此基础上启动了火焰 1 计划，并于 2009 年开始投入运营[23, 24]。

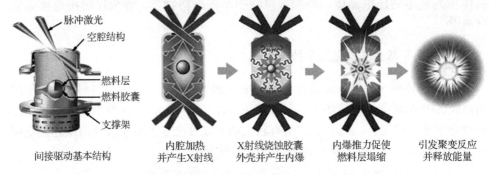

图 1.3　基于间接驱动的 ICF 原理示意图

我国在 ICF 系统领域也进行了大量研究，先后设计完成了神光-I、神光-II激光装置，取得了可喜的阶段性成果。在此基础上，于 2007 年完成了由 8 路激光组成的 18kJ "神光-III激光装置"原型的研制，并成功在 2015 年 9 月完成了 48 束激光三倍频 180kJ（3ns）、峰值功率 60TW 的输出试验，标志着神光-III激光装置已全面建成并达到设计要求，成为现有输出能力亚洲第一的 ICF 系统[25-27]。虽然，近些年来我国在 ICF 系统研究上取得了长足进展，但与美国相比仍有一定差距，如何能够快速达到世界领先水平，实现对未来清洁能源的新突破，仍需要进一步的研究。

1.2.4　ICF 系统对光学元件加工的要求

在 ICF 系统的设计和建造过程中，最大的挑战就是对高质量光学元件的超精密加工。以美国的 NIF 工程为例，192 路独立激光束共需约 30000 件光学元件，其中大尺寸光学晶体多达 7648 件，而 420mm×420mm×10mm 大径厚比的 KDP 晶体元件需要约 600 片，KDP 晶体在 NIF 中的位置如图 1.4 所示。法国兆焦耳激光装置（laser megajoule，LMJ）共 176 路激光束，需 KDP 晶体 500 片以上[28]。在神光-III激光装置中，该装置内部需近万件光学元件，其中 320mm×320mm 的大尺寸 KDP 晶体需求量为 200 片以上[29]。除了数量巨大之外，ICF 系统对 KDP 晶体光学元件的表面质量也提出了极高的要求,其加工指标为:KDP 晶体元件尺寸一般大于 300mm×300mm,厚度低于 15mm(大径厚比);表面粗糙度均方根(root mean square, RMS)小于 4nm;透射波前畸变小于 wave/6,wave=632nm(高面形精度);镀膜后激光损伤阈值大于 15J/cm^2[30-32]。由于 KDP 晶体零件尺寸大,加工要求几乎接近制造的极限,且材料本身又具有软脆、易潮解、对加工温度极为敏感等特点,其成为公认的一种极难加工的晶体材料。

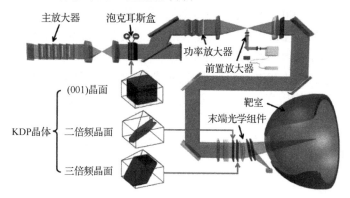

图 1.4 KDP 晶体在 NIF 中的位置与作用[33]

如何快速、高效、高质量地加工出满足 ICF 系统使用的大尺寸 KDP 光学晶体元件,是困扰我国完成高质量"神光"系列激光器研制的关键问题之一,也是当前精密和超精密加工技术领域亟待解决的重要技术难题之一。因此,探索和研究大尺寸 KDP 晶体的超精密高效加工新技术、新原理,力求得到加工表面质量好、加工效率高的大尺寸 KDP 晶体,对加速我国 ICF 系统的发展具有重要的现实意义和巨大的应用价值。

随着科学技术的跨越式发展,要求软脆功能晶体材料具备更大的尺寸,加工精度达到纳米级且元件表面近无损伤。然而,该类晶体材料具有独特的强各向异性、弹性极限和强度非常接近、对温度变化极为敏感、易潮解等理化性质,因此对其超精密加工的难度远大于硬脆材料。针对易潮解软脆功能晶体材料的精密和超精密加工技术已成为先进制造技术领域一个重要的热点研究方向。

1.3 几种常见的易潮解软脆功能晶体加工方法概述

由于软脆功能晶体的材料特性,导致其适用的加工技术与硬脆材料有明显区别。本节以最典型的软脆功能晶体——KDP 晶体为例,概述其常见的精密与超精密加工方法。

1.3.1　KDP 晶体加工工艺流程概述

KDP 晶体加工工艺流程如图 1.5 所示。大尺寸 KDP 晶体元件制备的首个技术难题是如何快速生长出高质量、大尺寸的晶体材料。KDP 晶体是在一定的条件下从 KDP 过饱和溶液中结晶生长得到的,为保证晶体的品质与尺寸,需要对生长条件进行严格控制。采用传统方法生长 KDP 晶体的周期较长,Z 向生长速度仅为每天 1~2mm。20 世纪 90 年代,Zaitseva 等[34, 35]首先提出了大尺寸 KDP 晶体的快速生长技术,之后美国 LLNL 将这一技术完善,晶体生长速度几乎是传统方法的十倍。目前,LLNL 获得一块高度 1m 的大尺寸 KDP 晶体仅需 6 周。图 1.6 为美国 LLNL 采用快速生长法获得的大尺寸 KDP 晶体。山东大学晶体材料研究所和中国科学院福建物质结构研究所等单位突破国外技术封锁,成功提出大尺寸 KDP 晶体的快速生长技术,并研究了掺杂其他元素、改变生长条件对晶体光学性能的影响规律[36-40],基本能够为国家相关工程提供足够数量的大尺寸 KDP 晶体原料。

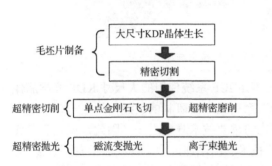

图 1.5　KDP 晶体加工工艺流程示意图　　　　图 1.6　美国 LLNL 采用快速生长法获得
　　　　　　　　　　　　　　　　　　　　　　　　　　的大尺寸 KDP 晶体[21]

对于生长出的大尺寸 KDP 晶体,需要按照图 1.2 所示的角度切割出(001)晶面、二倍频晶面和三倍频晶面的晶片。传统方法采用带锯对大尺寸 KDP 晶体进行切割,然而带锯切割方法切口宽,切割表面质量较差,且切割力较大,易造成晶体开裂。为提高切割质量,葛培琪团队和高航团队提出了采用金刚石线锯切割 KDP 晶体的技术方案,图 1.7 为高航教授团队研制的环形金刚石线锯切割大尺寸 KDP 晶体装备和 KDP 晶体样件,切割效率及切割表面质量较为理想。目前,工程应用中已经逐渐采用金刚石线锯代替带锯切割 KDP 晶体。此外,高航教授团队还探讨了使用水溶解辅助金刚石线锯切割技术加工 KDP 晶体,采用微乳液作为金刚石线锯切割的切削液,既具有线锯切割平稳、切口小等优点,同时微乳切削液中的水分也能够辅助去除材料,减小纹理等切割损伤,改善切割质量,更可提高 15%~20%的切割效率[41-44]。

目前,KDP 晶体毛坯的制备工艺基本能够满足相关工程需求。KDP 晶体材料加工的难点主要集中在如何加工出面形精度、表面粗糙度、激光损伤阈值均满足重大工程要求的大尺寸光学元件。针对 KDP 晶体元件的加工研究始于 20 世纪 80 年代，进入 21 世纪后，随着先进光学制造技术的发展，KDP 晶体的加工技术进入了一个新的阶段。目前，主流的 KDP 晶体的超精密加工技术方法主要有：单点金刚石车削、超精密磨削、磁流变修形及离子束修形。

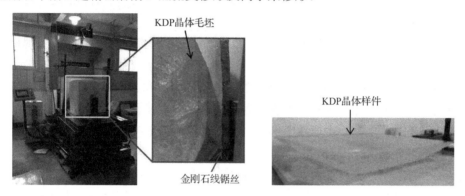

图 1.7   大尺寸 KDP 晶体毛坯精密切割用环形金刚石线锯设备与 KDP 晶体样件

1.3.2   单点金刚石车削技术

单点金刚石车削（single point diamond turning，SPDT）是 20 世纪 60 年代初发展起来的一种新的机械加工方法，它采用天然单晶金刚石作为刀具，在计算机控制下车削加工光学零件表面，其加工原理见图 1.8 所示。通过安装在较大尺寸飞刀盘边缘上的圆弧刃金刚石刀具绕主轴高速旋转来对工件进行车削，被加工平面晶体元件以真空吸附的方式固定在精密工作台上，工作台平行于飞刀盘直线进给，金刚石刀刃直接作用于被加工元件实现材料去除。SPDT 技术的切削线速度高、切深小，加工过程具有确定性，可直接获得高质量表面，目前被认为是 KDP 晶体最理想的加工方式。

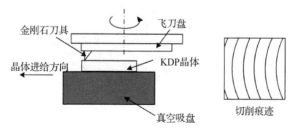

图 1.8   SPDT 加工示意图

美国 LLNL 于 20 世纪 80 年代首先将这一技术手段应用于 KDP 晶体元件的超精密加工，采用负前角金刚石刀具成功加工出了表面粗糙度 RMS 为 0.8nm 的超光滑表面，并指出了小切深、大刀尖圆弧半径、小进给量更有利于改善被加工晶体的表面粗糙度 RMS[45]。之后，LLNL 继续研究车削后 KDP 表面的雾化现象，认为材料表面不同晶向的雾化率有明显区别，选用合适的切削油和清洗工艺可有效消减雾化现象[46]。

相对于西方国家，我国在 SPDT 方面的研究工作起步较晚。Xu 等[47]发现机床的精度、刚度会直接影响车削后 KDP 晶体的面形精度与表面粗糙度。SPDT 后的 KDP 晶体表面质量很大程度上取决于加工设备的精度和刀具质量。然而，西方国家对我国禁运此类超精密加工设备，为解决这一"卡脖子"的关键技术难题，许乔团队和陈万群团队自主研发了 SPDT 加工设备（图 1.9），阐明了气浮轴承、床身等重要部件对 KDP 晶体加工质量的影响[48-53]。此外，各单位科研人员针对 KDP 晶体的 SPDT 工艺开展了大量研究。Hou 等[54]对 300mm×300mm 以上尺寸的 KDP 晶体进行了 SPDT，加工出表面粗糙度 RMS 低于 5nm、面形精度低于 0.5wave 的高质量元件，研究了切削速度对车削后表面粗糙度的影响规律。Wang 等[55]通过有限元仿真及纳米压痕试验研究了切削用量对车削变质层的影响规律。陈珊珊等[56]研究了真空吸附方式对车削后 KDP 晶体质量的影响，通过优化真空吸盘上的气孔布局，削减吸附力对晶体面形精度的影响。

经 SPDT 的 KDP 晶体表面具有较高表面质量，但是车削后的表面不可避免地会出现小尺寸车削纹理[57]，同时机械去除方式也会导致亚表面损伤。研究表明：周期 10.5~12μm 的小尺寸车削纹理会明显降低 KDP 晶体的透射比，降低激光损伤阈值[58]。小尺寸车削纹理的存在严重影响了 KDP 晶体元件的光学性能。

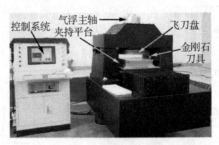

图 1.9　哈尔滨工业大学研制的 SPDT 加工设备[52]

1.3.3　超精密磨削技术

超精密磨削（ultra-precision grinding，UPG）技术是一种微纳加工手段，可获得低表面粗糙度、高面形精度的超光滑表面，其原理如图 1.10 所示。

　　国内外研究人员对 UPG 技术在 KDP 晶体加工方面的应用进行了探索。Namba 等[59, 60]尝试采用 UPG 技术来加工 KDP 晶体，采用粒径为 0.5~3μm 的 SD5000-75-B 金刚石砂轮加工出表面粗糙度 RMS 为 0.553nm 的超光滑晶体表面。国内方面，文献[61]介绍了大连理工大学在 KDP 晶体 UPG 领域进行深入探索，针对 KDP 晶体延性域磨削开展大量研究工作，测量不同磨削参数下 KDP 晶体的亚表面损伤深度。研究结果表明：对 KDP 晶体进行磨削时，工件速度与磨削力不是简单的线性关系，而是存在一个临界点；磨削液在 KDP 晶体的磨削加工中起到重要作用；通过提高主轴转速，降低进给速度，同时选用煤油作为磨削液能够得到更高精度的表面。

　　然而，磨削后的 KDP 晶体表面存在亚表面损伤和局部脆性破碎问题。由于该晶体质地较软，从金刚石砂轮上脱落下来的磨料容易嵌入晶体表面且难以去除，这将对高功率激光系统性能产生影响。

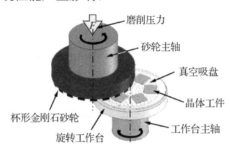

图 1.10　KDP 晶体 UPG 原理

1.3.4　磁流变修形技术

　　利用磁流变修形（magneto rheological finishing，MRF）技术（图 1.11）可获得良好的表面和亚表面质量，并可通过计算机控制轨迹，实现确定区域的定量去除，适合大尺寸光学元件的超精密加工。由于 KDP 晶体具有水溶性，常规的水基 MRF 液不适合用于 KDP 晶体抛光，Arrasmith 等[62]采用羰基铁磁性粒子、二羟酸酯和少量纳米金刚石磨料配制了新型 MRF 液，解决了抛光过程中 KDP 晶体表面雾化的问题，成功去除了 SPDT 后 KDP 晶体样件表面的车削纹理，表面粗糙度 RMS 降至 1.6nm。

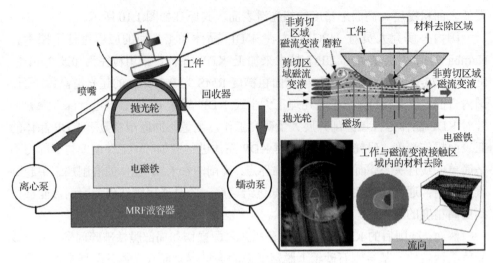

图 1.11　MRF 原理示意图[63]

　　国内方面，国防科技大学的李圣怡教授所在团队较早地自主研发了 MRF 设备，尝试将 MRF 技术引入 KDP 晶体的超精密加工中，并于 2007 年采用硅油、羰基铁磁性粒子、表面活性剂和氧化铝磨料配制了 KDP 晶体专用非水基 MRF 液，取得了一定抛光效果，但仍存在抛光后硅油、羰基铁磁性粒子等成分残留在晶体表面的问题[64-66]；此后，该团队进一步改进了 MRF 液及配套抛光工艺，尝试将 MRF 液中的磨料替换为水，加工出了表面粗糙度 RMS 为 0.809nm 的超光滑晶体表面[67]。

　　然而，KDP 晶体 MRF 过程中，羰基铁磁性粒子会嵌入或划伤被加工表面，对 KDP 元件的光学性能造成严重影响。为解决这一问题，B. R. Wang 等使用聚乙二醇单甲醚对羰基铁磁性粒子表面进行涂层处理，涂层后羰基铁磁性粒子弹性模量仅为 KDP 晶体的 1.1 倍左右，使用涂层后羰基铁磁性粒子配制的 MRF 液对 SPDT 加工后 KDP 晶体进行抛光，使表面粗糙度 RMS 由 4.521nm 降低至 2.748nm，显著减少了划伤和铁粉嵌入现象[68-70]；此后，王宝瑞团队尝试采用 Fe_3O_4 粒子同时作为羰基铁磁性粒子和磨料，成功研制出新型 MRF 液，大幅降低了材料去除率并得到了超光滑晶体表面[71]。

1.3.5　离子束修形技术

　　离子束修形（ion beam figuring，IBF）原理如图 1.12 所示。该技术采用离子束轰击被加工表面，当工件原子获得可摆脱表面束缚的能量时就会脱离工件表面，通过物理溅射来实现工件表面材料的原子级去除，并可结合计算机数控技术，实现工件表面局部区域的定量去除。IBF 是一种非接触加工技术，工件表面不会受到加工压力，加工过程中也不会产生常规机械去除中常见的亚表面缺陷，理论上可以获得无损伤超精密表面。Wilson 等[72,73]首先尝试将 IBF 技术引入光学元件加工中，成功提高了 300mm×300mm 熔融石英光学镜片的面形精度。之后，Allen 等[74]研发了首台可用于大尺寸光学元件加工的 IBF 系统，可加工 2.5m 尺寸的光学镜片。

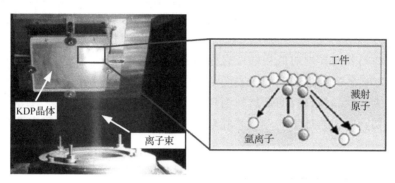

图 1.12　IBF 原理示意图[71]

　　我国在 IBF 技术研究方面起步稍晚，戴一帆团队自主研发了 IBF 试验样机 KDIFS-500，研究了离子束入射角等参数对 KDP 晶体表面粗糙度的影响规律[75, 76]。此后，进一步尝试采用 IBF 方法去除 MRF 后残留在 KDP 晶体表面的羰基铁磁性粒子，并通过飞行时间二次离子质谱法检测证明了 IBF 处理后的 KDP 晶体表面没有铁元素残留[77, 78]。

　　然而 IBF 技术目前仍有一定的局限性：首先 IBF 加工过程要求处于真空环境中，加工准备时间长，并且 IBF 设备结构复杂，成本较高；其次 IBF 加工材料去除率较低，一般为每分钟数十至数百纳米，因此仅适合对已达到一定精度的工件进行超精密修形。此外，由于 KDP 是一种温感性软脆功能晶体，沉积在晶体表面的离子束能量会加热 KDP 晶体，有可能产生加工纹理。因此目前 IBF 对 KDP 晶体的加工多是二次加工，用于获得超高质量的晶体表面，而在工程中的大规模应用未见报道。

　　综合而言，各国学者对 KDP 晶体超精密加工取得了丰硕研究成果[79]。然而，上述加工技术对 KDP 晶体超光滑表面的获得均存在不利因素，这些缺陷如不能得到有效补救，将削弱 KDP 晶体使役性能，恶化 ICF 系统的激光光束质量。

1.4　易潮解软脆功能晶体超精密加工面临的挑战

　　对于 KDP 晶体这样的易潮解软脆功能晶体材料，质软、脆性大、断裂韧性低、可加工性差，材料的弹性极限与强度极限非常接近，当所承受的载荷超过弹性极限时就会发生断裂破坏,加工表面容易产生裂纹和凹坑,要想加工出超光滑表面非常困难[80-83]。例如,KDP 晶体属于四方晶系,为负晶体,在物理性能与机械性能方面表现出强的各向异性。由于这种特性,在切削加工中引入的切削力振动与机床振动耦合,最终将反映到工件表面加工质量上,这种影响较大且无法消除。易潮解软脆功能晶体高效精密与超精密加工面临的亟待解决的难题主要包括以下几个方面:

（1）材料各向异性对低粗糙度表面造成影响的规律;

（2）材料各向异性影响加工表面变质层形成的内在机制;

（3）大尺寸晶体材料的低材料消耗、高效精密切片技术;

（4）切、磨、抛加工易潮解软脆功能晶体时材料的去除机制和表面缺陷形成的机理;

（5）用磨料加工易潮解软脆功能晶体时,磨粒嵌入工件表面的机制与消减途径;

（6）加工液体及环境气氛对易潮解软脆功能晶体的物理、化学作用机理与控制;

（7）易潮解软脆功能晶体无缺陷超光滑表面加工的新技术;

（8）合理的表面完整性评价指标体系及最佳精密和超精密加工工艺专家支持系统。

目前,易潮解软脆功能晶体加工周期长、合格率低、质量不稳定成为某些设备生产的技术瓶颈,严重地制约着激光等战略高技术领域的发展。大尺寸、高质量的易潮解软脆功能晶体超精密加工已经成为亟待突破的技术瓶颈。以 KDP 晶体为例,国内现有工艺加工后的表面粗糙度只有 4~7nm,距离国际先进指标和高质量应用要求还有一定差距,同时国产 SPDT 机床超精密加工 KDP 晶体极易产生小尺寸纹理且难以去除,即使按照目前基本可用的低质量要求指标,加工一片合格的 KDP 晶体也需要几十天时间,无法满足国家重点工程的迫切需求。易潮解软脆功能晶体加工技术水平和产品质量严重影响我国相关重大工程项目的进度,着力研发能够实现易潮解软脆功能晶体高效精密与超精密加工的新原理与新技术迫在眉睫。

参 考 文 献

[1] Jiang X F, Zhou X L. The study of the modulation method for the KDP type crystals based on electro-optic effect[C]. 2011 Cross Strait Quad-Regional Radio Science and Wireless Technology Conference, 2011.

[2] Saadon H L, Rahma M, Marhoon A F, et al. Thermo-optic characterization of KDP single crystals by a modified Sénarmont setup for electro-optic modulation system[J]. Chinese Optics Letters, 2009, 7(7): 632-639.

[3] 王皓. 氯化钠晶体材料的制备与生长过程研究[D]. 镇江: 江苏大学, 2016.

[4] Bolotnikov A E, Camarda G S, Chen E, et al. CdZnTe position-sensitive drift detectors with thicknesses up to 5cm[J].

Applied Physics Letters, 2016, 108(9): 93504.

[5] 陈创天. 低温相偏硼酸钡(BBO)晶体的发现和意义[J]. 中国科学院院刊, 1987(1): 73-77.

[6] 甄西合, 任绍霞, 刘建强, 等. 大尺寸氟化钡晶体的生长[J]. 人工晶体学报, 2012,41(1): 262-263.

[7] 范志达, 王强涛, 尹利君, 等. 氟化锂晶体的研究进展[J]. 硅酸盐通报, 2010, 29(4): 893-897.

[8] Martyniuk M, Sewell R H, Musca C A, et al. Nanoindentation of HgCdTe prepared by molecular beam epitaxy[J]. Applied Physics Letters, 2005, 87(25): 251905.

[9] 董永军, 周国清. 氟化钙(CaF₂)晶体研发进展[J]. 激光与光电子学进展, 2003,40(8): 43-47.

[10] Ichikawa M, Amasaki D, Gustafsson T, et al. Structural parameters determining the transition temperature of tetragonal KH_2PO_4-type crystals[J]. Physical Review B, 2001, 64(10): 100101.

[11] Dmitriev V G, Gurzadyan G G, Nikogosyan D N. 非线性光学晶体手册[M]. 3 版, 修订版. 王继扬, 译. 北京: 高等教育出版社, 2009: 71-75.

[12] 张克从, 王希敏. 非线性光学晶体材料科学[M]. 北京: 科学出版社, 1996: 93-102.

[13] Busch G, Scherrer P. A new seignette-electric substance[J]. Ferroelectrics, 1987, 71(1): 15-16.

[14] Mylvaganam K, Zhang L C, Zhang Y. Stress-induced phase and structural changes in KDP crystals[J]. Computational Materials Science, 2015, 109: 359-366.

[15] Hou N, Zhang Y, Zhang L C, et al. Assessing microstructure changes in potassium dihydrogen phosphate crystals induced by mechanical stresses[J]. Scripta Materialia, 2016, 113: 48-50.

[16] 王越, 常新安, 刘国庆, 等. ADP 及 KDP 晶体纵向压电系数 d33 的计算及其验证[J]. 人工晶体学报, 2006, 35(4): 702-704.

[17] 答元. 压电铁电材料的研究[J]. 现代商贸工业, 2008, 20(12): 355-356.

[18] Hu G H, Zhao Y A, Sun S T, et al. Characteristics of 355nm laser damage in KDP and DKDP crystals[J]. Chinese Physics Letters, 2009, 26(9): 259-262.

[19] Moses E I. Advances in inertial confinement fusion at the National Ignition Facility (NIF)[J]. Fusion Engineering and Design, 2010, 85(7-9): 983-986.

[20] 刘红. 惯性约束核聚变[J]. 现代物理知识, 2002,14(1): 15-17.

[21] Moses E I, Lindl J D, Spaeth M L, et al. Overview: Development of the national ignition facility and the transition to a user facility for the ignition campaign and high energy density scientific research[J]. Fusion Science and Technology, 2017, 69(1): 1-24.

[22] Compain E, Maquet P, Kunc T, et al. Very high stability systems: LMJ target alignment system and MTG imager test setup[C]. IEEE International Conference on Space Optical Systems and Applications, 2016.

[23] Shiraga H, Fujioka S, Nakai M, et al. Fast ignition integrated experiments with Gekko and LFEX lasers[J]. Plasma Physics and Controlled Fusion, 2011, 53(12): 1930-1936.

[24] Fujioka S, Zhang Z, Yamamoto N, et al. High-energy-density plasmas generation on GEKKO-LFEX laser facility for fast-ignition laser fusion studies and laboratory astrophysics[J]. Plasma Physics and Controlled Fusion, 2012, 54(12): 124042.

[25] 邓学伟. "神光-III" 主机装置研制及其性能[C]. 成都: 四川科学技术出版社, 2018.

[26] 郑万国, 魏晓峰, 朱启华, 等. 神光-III主机装置成功实现 60 TW/180 kJ 三倍频激光输出[J]. 强激光与粒子束, 2016, 28(1): 28019901.

[27] 齐珍, 陈德怀, 赖贵友, 等. 神光-III主机装置 MJ 级能源系统研制现状[J]. 强激光与粒子束, 2014, 26(5): 4-9.

[28] Vivini P, Nicolaizeau M. The LMJ: Overview of recent advancements and very first experiments[C]. Conference on High Power Lasers for Fusion Research III, 2015.

[29] Lin Z Q, Chen W B, Lou Q H, et al. Review on the recent progress of laser frontiers in China[J]. Science China Technological Sciences, 2013, 56(7): 1571-1588.

[30] Stolz C J. The national ignition facility: The path to a carbon-free energy future[J]. Philosophical Transactions of the Royal Society A-Mathematical Physical and Engineering sciences, 2012, 370(1973): 4115-4129.

[31] Shao J D, Dai Y P, Xu Q. Progress on the optical materials and components for the high power laser system in

China[J]. Proceedings of SPIE - The International Society for Optical Engineering, 2012, 8206(1): 2.

[32] Spaeth M L. National ignition facility wavefront requirements and optical architecture[J]. Optical Engineering, 2004, 43(12): 25-42.

[33] Hawley-Fedder R A, Geraghty P, Locke S N, et al. NIF Pockels cell and frequency conversion crystals[J]. Proceedings of SPIE - The International Society for Optical Engineering, 2004, 5341: 121-126.

[34] Zaitseva N P, De Yoreo J J, Dehaven M R, et al. Rapid growth of large-scale (40-55cm) KH$_2$PO$_4$ crystals[J]. Journal of Crystal Growth, 1997, 180(2): 255-262.

[35] Zaitseva N P, Carman L. Rapid growth of KDP-type crystals[J]. Progress in Crystal Growth and Characterization of Materials, 2001, 43(1): 1-118.

[36] 丁建旭, 刘冰, 王圣来, 等. Cr~(3+)掺杂对快速生长KDP晶体的生长习性和光学性能的影响[J]. 无机材料学报, 2011, 26(4): 354-358.

[37] Liu B, Hu G, Zhao Y, et al. Laser induced damage of DKDP crystals with different deuterated degrees[J]. Optics and Laser Technology, 2013, 45(43): 469-472.

[38] 朱胜军. KDP 晶体快速生长及大尺寸晶体光学参数均一性研究[D]. 济南: 山东大学, 2014.

[39] Chen T, Sun Z, Niu J P, et al. Optical properties, micro-crystallization and etching studies of an organic/inorganic hybrid nonlinear optical crystal: 1-Ethyl-3-methyl imidazolium tribromoplumbate (EMITB)[J]. Journal of Crystal Growth, 2011, 325(1): 55-59.

[40] Zhu S, Wang S, Ding J, et al. Rapid growth and optical studies of KDP crystals with organic additives[J]. Journal of Crystal Growth, 2014, 402: 48-52.

[41] 高玉飞, 葛培琪, 毕文波, 等. KDP 晶体金刚石线锯切割表面缺陷分析[J]. 人工晶体学报, 2013,42(7): 37-41.

[42] Ge M R, Gao Y F, Ge P Q, et al. A finite element analysis of sawing stress in fixed-abrasive wire saw slicing KDP crystal[J]. The International Journal of Advanced Manufacturing Technology, 2017, 91(5-8): 2049-2057.

[43] 滕晓辑, 高航, 王旭, 等. KDP 晶体水溶解辅助金刚石线锯精密切割试验研究[J]. 人工晶体学报, 2015, 44(6): 1438-1442.

[44] Gao H, Wang X, Teng X J, et al. Micro water dissolution machining principle and its application in ultra-precision processing of KDP optical crystal[J]. Science China Technological Sciences, 2015, 58(11): 1877-1883.

[45] Fuchs B A, Hed P P, Baker P C. Fine diamond turning of KDP crystals[J]. Applied Optics, 1986, 25(11): 1733-1735.

[46] Kozlowski M R, Thomas I M, Edwards G J, et al. Influence of diamond turning and surface cleaning processes on the degradation of KDP crystal surfaces[J]. Proceedings of SPIE - The International Society for Optical Engineering, 1991, 1561: 59-69.

[47] Xu Q, Wang J, Li W, et al. Defects of KDP crystal fabricated by single-point diamond turning[J]. Proceedings of SPIE - The International Society for Optical Engineering, 1999, 3862: 236-239.

[48] An C H, Zhang Y, Xu Q, et al. Modeling of dynamic characteristic of the aerostatic bearing spindle in an ultra-precision fly cutting machine[J]. International Journal of Machine Tools and Manufacture, 2010, 50(4): 374-385.

[49] An C H, Fu P Q, Zhang F H, et al. Experimental investigation of cutting mechanism of KDP crystal[J]. Proceedings of SPIE - The International Society for Optical Engineering, 2010, 7655: 1-6.

[50] Liang Y, Chen W, Sun Y, et al. Dynamic design approach of an ultra-precision machine tool used for optical parts machining[J]. Proceedings of the Institution of Mechanical Engineers, Part B: Journal of Engineering Manufacture, 2012, 226(11): 1930-1936.

[51] Liang Y, Chen W, Bai Q, et al. Design and dynamic optimization of an ultraprecision diamond flycutting machine tool for large KDP crystal machining[J]. The International Journal of Advanced Manufacturing Technology, 2013, 69(1-4): 237-244.

[52] Chen W, Liang Y, Sun Y, et al. Design philosophy of an ultra-precision fly cutting machine tool for KDP crystal machining and its implementation on the structure design[J]. The International Journal of Advanced Manufacturing Technology, 2014, 70(1-4): 429-438.

[53] Chen W, Lu L, Liang Y, et al. Flatness improving method of KDP crystal in ICF system and its implementation in machine tool design[J]. Proceedings of the Institution of Mechanical Engineers, Part E: Journal of Process Mechanical Engineering, 2014, 229(4): 327-332.

[54] Hou J, Zhang J F, Chen J L, et al. Surface quality of large KDP crystal fabricated by single-point diamond turning[J]. Proceedings of SPIE - The International Society for Optical Engineering, 2006, 6149: 1-3.

[55] Wang J, Meng Q, Chen M, et al. Study on the surface degenerative layer in ultra-precision machining of KDP crystals[J]. Proceedings of SPIE - The International Society for Optical Engineering, 2009, 7282: 1-5.

[56] 陈珊珊, 徐敏. 基于功率谱密度分析真空吸盘对加工 KDP 晶体表面的影响[J]. 激光与光电子学进展, 2011,48: 092201.

[57] Chen M, Pang Q, Wang J, et al. Analysis of 3D microtopography in machined KDP crystal surfaces based on fractal and wavelet methods[J]. International Journal of Machine Tools and Manufacture, 2008, 48(7): 905-913.

[58] 陈明君, 姜伟, 胡建平, 等. 小尺度波纹对 KDP 光学元件透射比的影响[J]. 光学学报, 2010,30(4): 1162-1167.

[59] Namba Y, Katagiri M. Ultraprecision grinding of potassium dihydrogen phosphate crystals for getting optical surfaces[J]. Proceedings of SPIE - The International Society for Optical Engineering, 1999, 3578: 692-693.

[60] Namba Y, Yoshida K, Yoshida H, et al. Ultraprecision grinding of optical materials for high-power lasers[J]. Proceedings of SPIE - The International Society for Optical Engineering, 1998, 3244: 320-330.

[61] 张全中. KDP 软脆功能晶体可磨削性的试验研究[D]. 大连: 大连理工大学, 2007.

[62] Arrasmith S R, Kozhinova I A, Gregg L L, et al. Details of the polishing spot in magnetorheological finishing (MRF)[J]. Optical Manufacturing and Testing Ⅲ, 1999, 3782: 92-100.

[63] 马彦东, 李圣怡, 彭小强, 等. KDP 晶体的磁流变抛光研究[J]. 航空精密制造技术, 2007(4): 9-12.

[64] 宋辞. 离轴非球面光学零件磁流变抛光关键技术研究[D]. 长沙: 国防科技大学, 2012.

[65] 马彦东. KDP 晶体的磁流变抛光技术研究[D]. 长沙: 国防科技大学, 2007.

[66] Peng X Q, Jiao F F, Chen H F, et al. Novel magnetorheological figuring of KDP crystal[J]. Chinese Optics Letters, 2011, 9(10): 102201.

[67] Chen S S, Li S Y, Hu H, et al. Analysis of surface quality and processing optimization of magnetorheological polishing of KDP crystal[J]. Journal of Optics, 2015, 44(4): 384-390.

[68] Ji F, Xu M, Wang B R, et al. Preparation of methoxyl poly(ethylene glycol) (MPEG)-coated carbonyl iron particles (CIPs) and their application in potassium dihydrogen phosphate (KDP) magnetorheological finishing (MRF)[J]. Applied Surface Science, 2015, 353: 723-727.

[69] Ji F, Xu M, Wang C, et al. The magnetorheological finishing (MRF) of potassium dihydrogen phosphate (KDP) crystal with Fe$_3$O$_4$ nanoparticles[J]. Nanoscale Research Letters, 2016, 11(79): 1-7.

[70] 李圣怡, 戴一帆, 解旭辉, 等. 大中型光学非球面镜制造与测量新技术[M]. 北京: 国防工业出版社, 2011: 148-159.

[71] 袁征. KDP 晶体离子束抛光理论与工艺研究[D]. 长沙: 国防科技大学, 2013.

[72] Wilson S R, McNeil J R. Neutral ion beam figuring of large optical surfaces[J]. Proceedings of SPIE - The International Society for Optical Engineering, 1987, 818: 320-324.

[73] Wilson S R, Reicher D W, McNeil J R. Surface figuring using neutral ion beams[J]. Proceedings of SPIE - The International Society for Optical Engineering, 1989, 966: 74-81.

[74] Allen L, Keim R. An ion figuring system for large optic fabrication[J]. Proceedings of SPIE - The International Society for Optical Engineering, 1989, 1168: 33-50.

[75] 舒谊, 周林, 解旭辉, 等. 离子束倾斜入射抛光对表面粗糙度的影响[J]. 纳米技术与精密工程, 2012,10(4): 365-368.

[76] 舒谊, 周林, 戴一帆, 等. 离子束作用下 KDP 晶体表面粗糙度研究[J]. 人工晶体学报, 2011, 40(4): 838-842.

[77] Li F R, Xie X H, Tie G P, et al. Research on temperature field of KDP crystal under ion beam cleaning[J]. Applied Optics, 2016, 55(18): 4888-4894.

[78] Chen S S, Li S Y, Peng X Q, et al. Research of polishing process to control the iron contamination on the

magnetorheological finished KDP crystal surface[J]. Applied Optics, 2015, 54(6): 1478-1484.

[79] 鲁春鹏. 面向 KDP 晶体材料可延性加工的力学行为研究[D]. 大连: 大连理工大学, 2010.

[80] 王强国. KDP 晶体精密切割与磨削工艺的研究[D]. 大连: 大连理工大学, 2010.

[81] 王强国, 高航, 裴志坚, 等. KDP 晶体超声辅助磨削的亚表面损伤研究[J]. 人工晶体学报, 2010, 39(1): 67-71.

[82] Wang Q, Gao H, Zhang Q, et al. Experimental researches on precision grinding of KDP crystal[J]. Key Engineering Materials, 2008, 359-360: 113-117.

[83] Wang Q, Cong W, Pei Z, et al. Rotary ultrasonic machining of potassium dihydrogen phosphate (KDP) crystal: An experimental investigation on surface roughness [J]. Journal of Manufacturing Processes, 2009, 11(2): 66-73.

2 KDP 晶体的结构特点和潮解规律

2.1 KDP 晶体的结构、物理性质和化学性质

2.1.1 KDP 晶体的结构

1. KDP 晶体的内部结构

早在 1925～1955 年，Frazer 等[1]就用 X 射线衍射技术、Bacon 等[2]用中子衍射技术研究了不同温度及生长条件下 KDP 晶体的内部结构[1,2]。KDP 晶体在 123K 以上属于四方晶系，晶胞参数 $a=b=0.74528$nm，$c=0.69717$nm，点群为 $\overline{4}2m$，空间群为 $I\overline{4}2d$。KDP 晶体的理想外形是一个四方柱和一个四方双锥的聚合体（图 2.1），具有简单的结晶特性。

KDP 晶体是一种以离子键为主的多键型晶体，其对称性较高，而且具有简单的生长外形。KDP 晶体的晶胞结构如图 1.1 所示。在其结构中，P 原子和 O 原子之间存在强烈的极化作用，并以共价键结合成四面体形状的 PO_4^{3-} 基团，每个 P 原子被位于近似正四面体角顶的四个 O 原子所包围。这种近似正四面体基团是这样排列的，即 P 原子与 K 原子沿 c 轴方向交替排列，每个 PO_4^{3-} 基团又以氢键与邻近的其他 4 个 PO_4^{3-} 基团相连，即每个 PO_4^{3-} 基团上部两顶角的 O 原子与其上方两个相邻 PO_4^{3-} 基团下部顶角上的 O 原子以氢键连接，该四面体下部顶角上的 O 原子又和其下方两个相邻四面体上部顶角上的 O 原子以氢键连接。这样所有的氢键几乎都和 c 轴垂直。在每个氢键中，H 原子并不处在两个 O 原子连接的正中间，而是有两个平衡位置，一个位置接近所考虑的 PO_4^{3-} 基团，另一个位置则离它较远。PO_4^{3-} 基团不仅彼此被氢键连接成三维骨架氢键体系，而且也被 K 原子联系着，每个 K 原子被 8 个 O 原子所包围，并且这些 O 原子分别属于两个相互穿插的 PO_4^{3-} 基团，其中一个比较陡峭的四面体

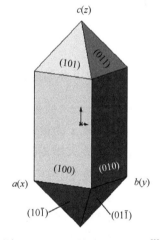

图 2.1 KDP 晶体的理想外形[3]

顶角与位于 K 原子上方和下方的 PO_4^{3-} 基团共用 O 原子，另一个比较平坦的四面体与(001)晶面内的四面体共顶角。

尽管 KDP 晶体结构中存在共价键与氢键，但基于其在 KDP 溶液中的电离特性，我们可以将其视作 $H_2PO_4^-$ 与 K^+ 构成的离子晶体。此外，根据基团理论，KDP 晶体表现出的非线性光学效应主要源自 $H_2PO_4^-$ 基团[3]。

2. PBC 理论

1956 年，Hartman[4]应用周期键链（periodic bond chain，PBC）理论对 KDP 晶体的理想外形进行了预测。KDP 晶体中有 4 条强 PBC：A 为[001]方向，此键链为直线型，键长 0.3486nm；B 为[100]方向，此键链为折线型，键长 0.4114nm；C 为[1/2 1/2 1/2]方向，此键链为折线型，键长 0.4114nm；另外一条为较弱的沿[110]方向的 D 键链，键长为 0.527 nm，由于此键相对较弱，故在预测晶体外形时可不考虑。以上四条 PBC 可以将晶体划分成五种 F（平坦）面，它们分别为{010}、{011}、{001}、{110}、{112}。用 PBC 理论对晶体理想外形进行预测，结果与实际相符合。

3. KDP 晶体的氢键体系及双重铁电性

按照 Slater（斯莱特）模型，每个磷酸根周围都有四个氢键 O—H···O，并且只能有两个质子为最近邻[5]。氢键与 c 轴近于垂直，质子在氢键中并非处于中间位置，而是在氢键双阱势[6]中运动，即在氢键所形成的势垒两边各有一个平衡位置，质子在两个平衡位置间穿过势垒做隧穿运动。氢键是 KDP 晶体发生铁电性的关键。另外，KDP 晶体从顺电性到铁电性转变时既具有显著的弛豫性，又具有 K^+、P^{5+} 和 O^{2-} 重离子位移极化而产生的弱衰减低频振荡性，因此 KDP 晶体不仅是氢键型铁电晶体，还是位移型铁电晶体。中国科学院长春光学精密机械与物理研究所的姜耀亮等[7]在试验中观测到质子的弛豫运动软模与重离子的晶格振动软模耦合的结果。

KDP 晶体中常会形成 H 空位和间隙 H 原子，这两种本征缺陷是 KDP 晶体激光损伤的重要原因。2003 年，Liu 等[8]用基于密度泛函理论的从头算法，对中性及荷电状态下的间隙和空位 H 原子缺陷形成过程进行了深入分析。发现虽然中性的间隙 H 原子与周围原子没有相互作用，但是电子的加入会使氢键上的氢脱离氢键轨道与间隙 H 原子形成间隙 H_2 分子，同时在氢键轨道上形成一个 H 空位。而空穴的引入导致羟基的形成，并且间隙 H 原子在带电状态下会破坏局部的氢键网格，导致氢键的断裂。而对于氢空位，空穴的加入导致附近的氧原子之间的 O—O

键长度显著减少，并形成—O—O—。中性间隙 H 原子及正电性 H 空位将加宽能隙。KDP 晶体中的本征缺陷很多，除了以上提到的本征缺陷以外，还有 K、P、O 引起的本征缺陷，这些本征缺陷在电子或空穴的辅助下肯定也会发生特定的缺陷反应，同时也会引起特定波段的光吸收。

4. KDP 晶体的表面结构

随着第三代同步辐射光源的出现，人们已经能够用表面 X 射线衍射技术观察到晶体界面原子结构。从 KDP 晶体结构可见，柱面仅有一种表面终止结构，而锥面却有两种可选结构，即终止于 K^+ 或 $H_2PO_4^-$。1998 年，Vries 等[9]用表面 X 射线衍射技术确定了 KDP 溶液中 KDP 晶体表面原子结构：柱面为中性层，锥面终止于 K^+，为极性层。柱面沿 c 轴方向平行于最强的 PBC，沿 c 轴方向上以 c/4 的间隔交错排列，键长为 0.3486nm，为最强键。柱面之间只能靠氢键结合，加上"死区"影响，故生长速度很慢。而锥面为(101)单形，平行于两条强 PBC。其中最强 A 类 PBC 与锥面成 45°夹角斜穿锥面。锥面生长速度为何远大于柱面生长速度，这个问题曾困扰人们多年。自从 1998 年看到锥面真实结构以后，这个问题才被解释清楚。试验表明，在 KDP 溶液中锥面总是终止于 K^+，因此锥面带正电荷。而带正电荷的锥面对三价金属阳离子有排斥作用，故无死区形成。

5. KDP 晶体的界面结构

2003 年，Reedijk 等[10]用表面 X 射线衍射技术进一步研究了 KDP 晶体在 KDP 溶液中的界面结构，发现在{101}晶面上有 4 层特殊的水分子层，前两层实际为冰层，后两层较弥散。这四层高度有序的水分子层阻碍了生长基元的扩散和结合。Lu 等[11]通过对固-液界面不同生长层进行测量，证实二聚体是生长基元，它们在界面层内进一步形成多聚体。二聚体和多聚体的脱水化过程发生在距晶体表面 50μm 处，最终在晶体表面完成脱水过程。随着生长层向固-液界面的推进更加有序，最终形成晶体结构单元。

在 KDP 晶体的切削加工过程中，晶体结构经历了显著的组织变化。越是接近晶体表面，晶粒变形愈加严重，从而在表面形成微细化结构层。在机械加工过程中，晶体在特定方向上整齐排列，剪切力作用下，晶体的特定结构在表面上生成与滑移面相垂直的新加工表面。随着压力的增大，晶体结构发生改变，形成新的晶体结构，进而形成新的加工表面。晶体结构的细微化、位错的增加以及加工变形组织结构的改变导致材料密度的变化。这些因素共同作用，形成了被切削加工表面的加工变质层，其中外表层硬度最高，随着深度的增加，硬度呈现减小的趋势。

2.1.2　KDP 晶体的物理性质

KDP 晶体易溶于水,压力对其溶解度的影响很小,而温度的影响却十分显著。相关文献[12]、[13]研究成果表明,KDP 晶体在水中的溶解度与温度呈非线性关系,图 2.2 为 KDP 晶体在水中溶解度(质量分数)S 的曲线,它与温度 T 之间的关系常写成如下形式:

$$S = aT^2 + bT + c, \quad a、b、c \text{ 均为正数} \tag{2.1}$$

25℃时 KDP 晶体的溶解度为 25%,对这条曲线进行数学分析可以得到

$$\frac{\mathrm{d}^2 S}{\mathrm{d} T^2} > 0 \tag{2.2}$$

由式(2.2)可知,$\dfrac{\mathrm{d} S}{\mathrm{d} T}$ 是递增的,这说明在降温过程中,温度以恒定的速度降低时,溶解度的下降速度逐渐减小。

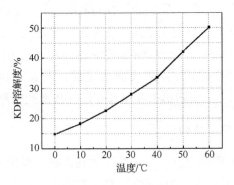

图 2.2　KDP 晶体溶解度曲线

温度与 KDP 溶液浓度的关系用比较典型的溶解度曲线表示,见图 2.3。曲线 AB 将整个溶液区划分为两部分:上部为过饱和区(不稳定区);下部为不饱和区 Ⅲ(稳定区)。AB 即为溶解度曲线。过饱和状态在热力学上是不稳定的,但不稳定的程度又有所区别。在靠近溶解度曲线的区域里,稳定性稍好,如果没有外来杂质或引入晶核,溶液本身不会成核而析出晶体;在稍远离溶解度曲线的区域内,稳定性很差,会自发成核而析出晶体。所以可用 $A'B'$ 这条过溶解度曲线将其划分成不稳过饱和区 Ⅰ 和亚稳过饱和区 Ⅱ。由图 2.3 可知,使处于 c 点的不饱和溶液达到饱和状态,有两种方法可供选择:其一,经 a 点到达 a',采用降温法,保持 KDP 溶液浓度不变,降低温度达到过饱和;其二,经 b 点到达 b' 点,采用恒温蒸发法,蒸发溶剂,提高 KDP 溶液的浓度。对于溶解度和溶解度温度系数都较大的物质,一般采用降温法效果较理想;而对于溶解度较大、溶解度温度系数较小或有负温度系数的物质,宜用恒温蒸发法,KDP 晶体属于后者。

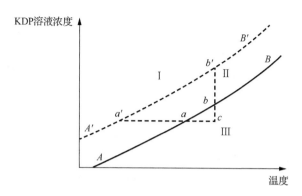

图2.3 KDP 溶液状态图

2.1.3 KDP 晶体的化学性质

1. 磷酸盐种类

磷酸是三元中强酸,可以以多种盐的形式存在,磷酸盐种类如表 2.1 所示。

表 2.1 磷酸盐种类

磷酸盐	特点
正盐	含 PO_4^{3-}
磷酸一氢盐	含 HPO_4^{2-}
磷酸二氢盐	含 $H_2PO_4^-$

磷酸盐之间可以相互转化,此三类盐之间的转化关系为

$$磷酸盐(PO_4^{3-}) \underset{H^+}{\overset{H^+}{\rightleftharpoons}} 磷酸一氢盐(HPO_4^{2-}) \underset{H^+}{\overset{H^+}{\rightleftharpoons}} 磷酸二氢盐(H_2PO_4^-)$$

例如,往澄清石灰水中逐滴滴加磷酸,边滴边振荡,即首先生成白色沉淀,而后又逐渐溶解,该过程的反应方程式为

$$3Ca(OH)_2 + 2H_3PO_4 == Ca_3(PO_4)_2 + 6H_2O$$
$$Ca_3(PO_4)_2 + H_3PO_4 == 3CaHPO_4$$
$$CaHPO_4 + H_3PO_4 == Ca(H_2PO_4)_2$$

此外,往磷酸溶液中逐滴滴加澄清石灰水,边滴边振荡,会发现开始时无任何现象,而当澄清石灰水滴到一定量时,会有白色沉淀生成,其反应方程式为

$$Ca(OH)_2 + 2H_3PO_4 == Ca(H_2PO_4)_2 + 2H_2O$$
$$Ca(H_2PO_4)_2 + Ca(OH)_2 == 2CaHPO_4 + 2H_2O$$
$$2CaHPO_4 + Ca(OH)_2 == Ca_3(PO_4)_2 + 2H_2O$$

2. 磷酸盐溶解性规律

磷酸盐溶解性规律为:①磷酸盐皆为固体,溶解性按磷酸正盐、磷酸一氢盐、

磷酸二氢盐的顺序依次增大；②磷酸正盐和磷酸一氢盐，除钾、钠、铵等少数盐外，其余都难溶于水，但能溶于强酸，磷酸二氢盐都易溶于水；③磷酸的钠盐或钾盐发生水解反应，磷酸二氢盐呈微酸性，磷酸一氢盐呈微碱性，磷酸正盐呈碱性。

3. 磷酸盐离子共存问题

各种磷酸盐离子能否共存的规律为：①$H_2PO_4^-$、HPO_4^{2-}、PO_4^{3-} 与 H^+ 不能共存；②$H_2PO_4^-$、HPO_4^{2-} 与 OH^- 不能共存；③$H_2PO_4^-$ 与 PO_4^{3-} 不能共存，两者会结合成 HPO_4^{2-}；④$H_2PO_4^-$ 与 HPO_4^{2-}、HPO_4^{2-} 与 PO_4^{3-} 可共存。KH_2PO_4 是磷酸酸式盐，属磷酸二氢盐；当其与碱反应时，可视碱含量的不同生成一氢盐和正盐；当其与强酸反应时，则有磷酸生成。纯净磷酸是无色透明的晶体，难挥发，具有吸湿性，而实验室常用浓磷酸的质量分数为 83%～98%，性状为无色黏稠液体。

4. KDP 晶体的合成环境

KDP 晶体的合成是一个简单的酸碱反应生成盐的过程，其反应方程式如下：

$$H_3PO_4 + KOH = KH_2PO_4 + H_2O$$

该反应在水溶液中进行，在反应液中同时存在 K^+、H^+、OH^-、PO_4^{3-}、HPO_4^{2-} 及 $H_2PO_4^-$ 等离子，在不同 pH 的溶液中，PO_4^{3-}、HPO_4^{2-}、$H_2PO_4^-$ 和 H_3PO_4 等基团所占有的比例不同，它的分配系数 α_i 分别可表示为

$$\alpha_0 = \frac{[PO_4^{3-}]}{C} = \left(\frac{[H^+]^3}{k_1 k_2 k_3} + \frac{[H^+]^2}{k_2 k_3} + \frac{[H^+]}{k_3} \right)^{-1} \tag{2.3}$$

$$\alpha_1 = \frac{[HPO_4^{2-}]}{C} = \alpha_0 \frac{[H^+]}{k_3} \tag{2.4}$$

$$\alpha_2 = \frac{[H_2PO_4^-]}{C} = \alpha_0 \frac{[H^+]^2}{k_2 k_3} \tag{2.5}$$

$$\alpha_3 = \frac{[H_3PO_4]}{C} = \alpha_0 \frac{[H^+]^3}{k_1 k_2 k_3} \tag{2.6}$$

式中，C 为磷酸体系的总摩尔浓度，$C = [PO_4^{3-}] + [HPO_4^{2-}] + [H_2PO_4^-] + [H_3PO_4]$；$k_1$、$k_2$、$k_3$ 分别为第一、第二和第三电离系数，可分别展开如下：

$$k_1 = \frac{[H^+][H_2PO_4^-]}{[H_3PO_4]}, \quad k_2 = \frac{[H^+][HPO_4^{2-}]}{[H_2PO_4^-]}, \quad k_3 = \frac{[H^+][PO_4^{3-}]}{[HPO_4^{2-}]}$$

对于任一给定 pH 的溶液，可用上述 $\alpha_0, \alpha_1, \alpha_2, \alpha_3$ 的表达式计算出不同离子基团在整个磷酸体系中的摩尔浓度，图 2.4 给出[PO_4^{3-}]、[HPO_4^{2-}]、[$H_2PO_4^-$]和[H_3PO_4]基团的分布。在 KDP 晶体的合成和生长中，当 pH=4.5 时，[$H_2PO_4^-$]基团约占磷

酸体系总摩尔浓度的 99%。[$H_2PO_4^-$]基团作为生长基元之一，密度大，吸附在晶体生长界面上的生长基元的平均自由程短，在单位时间内扩散到生长格位上的生长基数量比其他不同 pH 溶液中的更多，有利于 KDP 晶体的生长。

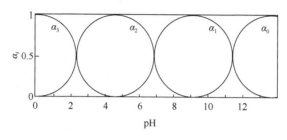

图 2.4 四种磷酸盐离子基团的分布图

2.2 KDP 晶体的潮解现象与潮解表征

某些易溶于水的物质，在潮湿的空气中吸水而溶解的过程被称为潮解。潮解过程中有时存在物理变化，有时存在化学变化，有时两者皆有。KDP 晶体是一种易潮解晶体，长时间暴露在空气中会发生表面雾化。KDP 晶体潮解机理的研究对晶体的加工和储存具有非常重要的意义。

2.2.1 KDP 晶体的潮解现象

若 KDP 晶体暴露于潮湿空气或受操作者呼出气体影响，其表面会变暗，被一层液膜覆盖，这就是晶体潮解现象。潮解微观形貌如图 2.5 和图 2.6 所示。

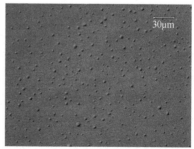

图 2.5 35℃、相对湿度为95%环境中放置18h后的KDP晶体表面形貌

图 2.5 是晶体放置于 35℃、相对湿度（relative humidity，RH）为 95%环境中18h 后的表面形貌，可以看到晶体表面产生大量潮解点；图 2.6 是晶体放置于 50℃、相对湿度为 95%环境中 8h 后的表面形貌，可见大量潮解点混成一片，KDP 晶体

已经发生严重潮解。

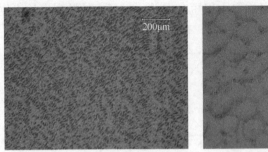

图 2.6　50℃、相对湿度为 95%环境中放置 8h 后的 KDP 晶体表面形貌

2.2.2　潮解产物成分的预测与分析

1.　潮解产物理论预测

KDP 晶体表面潮解过程是水分与晶体相互作用的过程，可能是物理作用或者是化学反应。若为化学反应，可能的反应方程式有[14]

$$KH_2PO_4 + H_2O \Longrightarrow H_3PO_4 + KOH$$

$$KH_2PO_4 + KOH \Longrightarrow K_2HPO_4 + H_2O$$

$$K_2HPO_4 + KOH \Longrightarrow K_3PO_4 + H_2O$$

根据这些反应方程式，推测可能生成的产物有 H_3PO_4、KOH、K_2HPO_4 和 K_3PO_4。若为物理作用，则是 KH_2PO_4 先溶解于水，当水挥发后 KH_2PO_4 重新析出。

2.　潮解产物成分分析

分析物质成分的方法有很多，常见的主要有 X 射线衍射技术、拉曼光谱技术、红外光谱分析技术、气相色谱质谱联用技术、液相色谱质谱联用技术、X 射线光电子能谱技术等。但是 X 射线衍射法对于非晶体或结晶度不良好的晶体，检测时没有峰值或峰值很小，检测结果不易观测和分析，当被测物质成分很少时，此法和电子探针法均不适合，而红外光谱分析技术则需要知道被测物质的组成化学元素，气相色谱质谱分析法和液相色谱质谱分析法对被测物质的酸碱性有严格要求，必须是中性物质。

对于潮解的 KDP 晶体表面生成物：一方面不确定是否仍为晶体，而且潮解点非常微小，只有在显微镜下才能看清，不适合 X 射线衍射技术和红外光谱分析技术；另一方面基体是磷酸盐，若为化学反应过程，则产物除了 K_3PO_4 是正盐显中性外，其余非酸即碱，不适合气相色谱质谱联用技术和液相色谱质谱联用技术。因此，适合采用的方法只有拉曼光谱技术和 X 射线光电子能谱技术。本试验采用拉曼光谱技术分析 KDP 晶体潮解表面生成产物成分。

经抛光得到表面光滑的 KDP 晶体样件，在其表面滴几滴水，让其在超净实验室（20℃、相对湿度 54%）内自然风干。在 OLYMPUS MX40 金相显微镜（奥林巴斯，日本）下观测表面形貌，如图 2.7 所示。另取潮解的试样，同样在显微镜下观测潮解点，如图 2.8 所示，在两试样上按拉曼光谱试验观测位置编号，见表 2.2，对应的编号点参照图 2.7 和图 2.8。

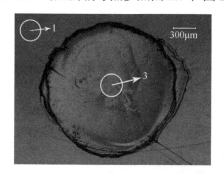 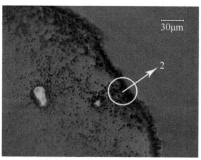

图 2.7 滴水自然风干后 KDP 晶体表面形貌

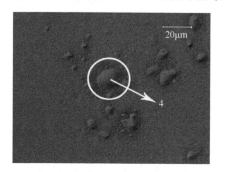

图 2.8 KDP 晶体表面潮解点形貌

表 2.2 拉曼光谱试验观测位置编号

编号	拉曼光谱试验观测位置
1	基体表面
2	水滴边缘
3	水滴中央
4	潮解点

采用英国雷尼绍公司生产的 inVia Basis 显微拉曼光谱仪进行分析，其配备 633nm 可见光激光器，功率 17mW，拉曼光谱范围 50～6000cm^{-1}，光谱分辨率优于 2cm^{-1}，并采用二维移动载物台实现连续扫描测量。试验得到各点的拉曼光谱谱线如图 2.9 所示。可以看出，比较水滴边缘、水滴中央、潮解点和 KDP 基体表面这 4 条拉曼光谱谱线，其峰的位置基本相同，每条谱线除了基体的特征峰之外，

基本没有其他的峰出现，说明潮解过程没有新的物质生成，成分没有发生变化。由此可以推断，KDP 晶体的潮解过程仅是材料溶解于水中的物理过程，晶体与水作用没有发生化学反应，观测到的潮解点成分还是 KH_2PO_4，只是组态发生了变化，潮解过程是晶体溶解于水的过程，失水后重新析出晶体。

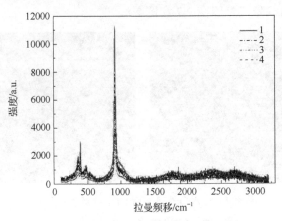

图 2.9　KDP 晶体不同位置拉曼光谱图

2.2.3　潮解产物晶体类型分析

2.2.2 节分析了 KDP 晶体潮解后产物成分，但是其组成是否仍是晶体，若仍是晶体，是单晶还是多晶，这些问题仍不得而知，因此有必要对潮解产物进行深入分析。KDP 晶体是一种单晶，其溶解于水后重新结晶的宏观产物形貌如图 2.10 所示，形成晶簇，但每个晶柱都是一个小单晶，可以推测，晶体潮解产物是晶体少量溶解后的析出物，在晶体表面微观点上生成不同方向的小晶柱。

图 2.10　KDP 溶解于水后析出晶体形貌

为揭示 KDP 晶体表面潮解产物的类型，采用日本岛津公司生产的 XRD-600 型 X 射线衍射仪，对潮解后的 KDP 晶体(001)晶面进行检测。X 射线是 Cu-K$_\alpha$线，电压为 40kV,电流为 30mA,从 20°到 100°连续扫描,样件倾斜 0.02°,扫描速度是 4°/min,调整时间为 0.3s,样件选取 10mm×10mm×3mm 的 KDP 晶体(001)晶面,表面潮解。试验结果如图 2.11 所示,可知的确产生了衍射峰,其参数如表 2.3 所示,其中,单位 cps 表示每秒计数(counts per second)。

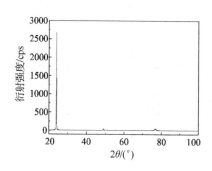

图 2.11 潮解后的(001)晶面 X 射线衍射图

表 2.3 (001)晶面晶体潮解后表面 X 射线衍射峰参数

编号	衍射角 $2\theta/$(°)	晶面间距 $D/Å$	背景[1]	峰高 /cps	相对峰高/%	峰面积[2]	相对峰面积/%	峰半高宽 /(°)	晶粒度 /Å
1	23.680	3.7542	13	67	100.0	34.7	92.1	0.440	201
2	24.023	3.7013	11	50	74.6	37.6	100.0	0.640	132
3	24.220	3.6717	11	46	68.7	33.1	87.8	0.611	139
4	24.399	3.6452	12	38	56.7	27.8	74.0	0.623	136
5	48.960	1.8589	39	58.2	16.0	42.6	0.350	269	
6	76.760	1.2406	13	42	62.7	26.2	69.6	0.530	196

①是单色的 X 射线进行背景去除,得到真实的测量数据。
②峰面积是指峰高与保留时间的积分值。

　　将表 2.3 中数据与无机晶体结构数据库(The Inorganic Crystal Structure Database,ICSD)中 KDP 标准谱中峰参数比对,发现其与 KDP 晶体的(400)晶面标准谱线位置重合,说明晶体潮解后表面析出的确实是晶体,而且其晶向与基体表面晶向不同,从微观结构上看又不是组成一块晶体,而是有许多小颗粒堆积而成,可以推断,KDP 潮解后晶体表面产物是许多不同方向上的小单晶颗粒。

2.2.4 KDP 晶体的潮解表征

　　采用 OLS3100 型激光扫描共聚焦显微镜观测了潮解点三维形貌,如图 2.12 所示。用基恩士(中国)有限公司生产的 VHX-500 型超景深三维显微镜观测了严重潮解后用气枪吹干的 KDP 晶体表面形貌,如图 2.13 所示。从图 2.13 可以明显

看出，该潮解点是凸起的圆点，圆点直径约 14.484μm、高度约 0.771μm。从图 2.13
（b）中可以看出，也是由大量的小颗粒堆积而成，另外从图 2.13（d）中的断面轮
廓曲线也可看到上半圆并不是光滑的曲线，而是锯齿状，说明凸起的圆点的表面
仍凹凸不平。由图 2.12 可知，该发生严重潮解的晶体表面被水腐蚀出许多深度约
31.0μm 的腐蚀坑，腐蚀坑在晶体表面的形状极不规则，在深度方向上表现也不尽
相同。

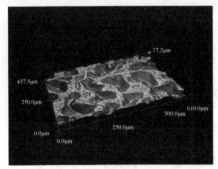

（a）三维形貌

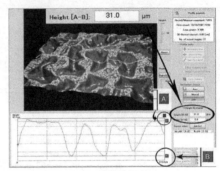

（b）腐蚀坑深度

图 2.12　发生严重潮解的 KDP 晶体表面三维形貌

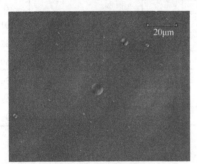

（a）潮解点二维形貌

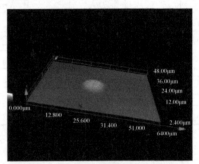

（b）潮解点三维形貌

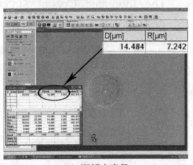

（c）潮解点直径

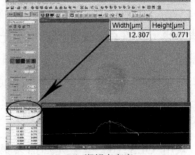

（d）潮解点高度

图 2.13　KDP 晶体表面潮解点三维形貌

以上通过对 KDP 潮解产物的分析，我们了解到 KDP 晶体的潮解过程是一个物理溶解过程，没有发生化学反应，潮解后晶体表面重新析出晶体。这些析出的晶体具有不同的晶向，但在每个晶向上都是一个小的单晶，都是由原来一个单晶基体上的材料大量堆积起来形成的小颗粒。由于它们之间存在间隙，所以堆积后的总体积大于颗粒体积之和，表面上看是一个凸起的圆点。同时，由于潮解溶解过程中形成 KDP 溶液，液体总是向表面张力低的趋势发展，球形表面的表面张力最低，因此潮解液池为圆形，析出晶体后则形成一个凸起的圆点。

2.2.5　潮解程度的评价方法与评价指标

KDP 晶体对温度变化敏感，骤冷和骤热均会导致晶体开裂[15]，因此试验温度选择在室温上下，具体参数选择如表 2.4 所示。将晶体分别置于不同的温湿环境中 24h，观察晶体表面变化，典型的潮解表面如图 2.14 所示。

表 2.4　KDP 晶体潮解趋势试验参数

因素	试验参数
温度 T/℃	20、35、50
相对湿度/%	65、70、75、80、85、90、95

（a）初始形貌甲

（b）经过24h后仍不潮解

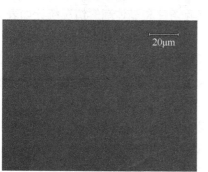

（c）初始形貌乙

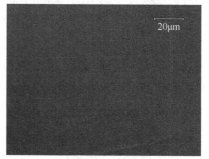

（d）经过24h后有少量潮解

（e）初始形貌丙　　　　　　　　　　（f）经过24h后有大量潮解

（g）初始形貌丁　　　　　　　　　　（h）经过24h后发生严重潮解

图 2.14　KDP 晶体不同温湿度条件下放置 24h 典型表面形貌变化情况

　　KDP 晶体潮解初期是在表面以潮解点的形式存在的。这里规定在 $0.01mm^2$ 范围内，表面形貌没有变化的为不潮解情况，少于 50 个潮解点的属于少量潮解，潮解点多于 50 个并可看出是独立点的，属于大量潮解，潮解后期潮解点之间相连，以至于不能数出潮解点的个数的表面属严重潮解，此时用肉眼观测，原来光亮的晶体表面会产生一层雾膜。根据前面潮解程度的规定，结合在各种温度和相对湿度的条件下潮解的实际形貌，可以得到在相同时间内（本试验为24h）不同温度及相对湿度条件下的 KDP 潮解情况，具体试验条件和晶体潮解情况统计如表 2.5 所示。在 20℃时，即便相对湿度非常高，但 KDP 晶体也不易潮解。在 35℃时，需要相对湿度超过 90%才会发生明显潮解。而在 50℃时，相对湿度仅需超过 85% 就可以引发大量潮解。综合图 2.14 和表 2.5 可见，不同温湿环境中 KDP 晶体表面变化大致可归纳为以下四种情况：

　　（1）不潮解，研究该情况对于 KDP 防潮解保存有一定意义。

　　（2）少量潮解，该情况潮解速度极慢，对于利用潮解加工意义不大，同时也不是有利于保存的环境条件，本试验不予考虑。

　　（3）大量潮解，信息量最多，在此情况下研究晶体潮解机理价值最大。

（4）严重潮解，说明潮解速度极快。快速潮解可能对提高晶体加工效率有益。

表 2.5　不同温湿度条件下 KDP 晶体潮解情况

温度 T/℃	相对湿度/%	潮解情况
20	65	不潮解
20	70	不潮解
20	80	不潮解
20	85	不潮解
20	90	少量潮解
20	95	少量潮解
35	65	不潮解
35	70	不潮解
35	75	少量潮解
35	80	少量潮解
35	85	少量潮解
35	90	少量潮解
35	95	大量潮解
50	65	不潮解
50	75	少量潮解
50	80	少量潮解
50	85	少量潮解
50	90	大量潮解
50	95	严重潮解

2.3　环境条件对 KDP 晶体潮解速度的影响

以温度、相对湿度及表面粗糙度为参数，进行单因素试验，研究这些因素对 KDP 晶体潮解速度的影响规律。因为 KDP 晶体是易溶物质，因此对于 KDP 晶体潮解的试验研究就不能让水以溶液的形式直接大量接触晶体，而应以水蒸气形式接触晶体表面，本试验将前面抛光所得试样放在用凡士林油密封的干燥皿内，并将干燥皿置于 GZX-9070MBE 电热鼓风干燥箱中，保证 KDP 晶体处于恒温恒湿环境中。设定不同的恒定温度，通过改变向干燥皿内加入的水量来改变 KDP 晶体所处环境的相对湿度，分别经过 2h、4h、6h、8h、12h、18h、24h 等不同时间，之后采用 OLYMPUS MX40 金相显微镜观察其表面形貌变化。

2.3.1　温度对 KDP 晶体潮解速度的影响

根据表 2.5 给出的 KDP 晶体潮解趋势，研究温度对潮解速度的影响，应选择能够发生大量潮解的环境条件，潮解效果最为明显，选择此时的参数最为合理。本试验中相对湿度选定 93%。用水抛光得到表面粗糙度类似的三块 KDP 晶体样件，用 TALYSURF CLI 2000 三维表面轮廓仪测量得到其表面粗糙度 Ra 为 0.0665μm，如图 2.15 所示。

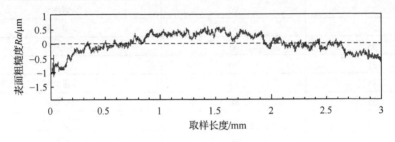

图 2.15　潮解前 KDP 晶体的表面粗糙度 Ra

将抛光好的 KDP 晶体样件放置于潮解装置中，分别在不同的温度、相对湿度条件下进行潮解试验，试验时间 20h，每隔 4h 用 OLYMPUS MX40 金相显微镜进行观测和拍照，作为计算潮解点个数的依据。根据 2.2.5 节潮解程度的评价方法与指标中所规定的 0.01mm^2 为参考面积，折算出 1mm^2 上对应潮解点个数，并按四舍五入法取整数，得到潮解点个数与时间的关系曲线，如图 2.16 所示。对于发生严重潮解以下的情况，均可数出潮解点的个数；而对于严重潮解，通常不能数出潮解点个数，用无穷大表示，在图中显示时，其纵坐标值为大量潮解最大纵坐标的 8 倍。

由图 2.16 可以看出，三条曲线随着时间的增加均有上升的趋势，尤其是 50℃曲线，其上升幅度非常大，其余两条曲线上升幅度较小，20℃曲线基本保持水平，这说明在相对湿度为 93%不变的条件下，晶体表面潮解产生潮解点的个数随着潮解的进行而逐渐增多。其中，在 20℃时潮解点增加量特别少，属于少量潮解；而 50℃时潮解点则明显增加，且潮解点增加速度随着时间的推移越来越快，在 20h 左右晶体表面出现了严重潮解形貌。此外，35℃试验条件下的潮解点增幅介于 20℃和 50℃之间。

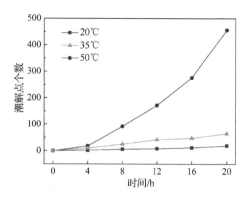

图 2.16　不同温度条件下潮解点个数随时间的变化规律（相对湿度 93%）

2.3.2　相对湿度对 KDP 晶体潮解速度的影响

　　试验温度为 35℃，相对湿度为 87%～95%，分析在恒温条件下相对湿度变化对潮解速度的影响规律，其他试验参数同 2.3.1 节。潮解点个数随时间变化见图 2.17。

　　相对湿度为 87% 和 90% 对应的两条曲线与横坐标轴基本保持平行，表明当相对湿度小于 93% 时，KDP 晶体基本不发生潮解。相对湿度为 93% 对应的潮解点个数少于相对湿度为 95% 对应的潮解点个数，这表明相对湿度越大，潮解量越大，潮解速度越快。虽然 93% 和 95% 所对应的两条曲线均随时间的增加呈现上升趋势，但两者的变化规律存在差异。对于相对湿度为 93%，潮解点个数在初始阶段增加不显著，直至 8h 后才显著增加，这表明相对湿度为 93% 接近晶体在 35℃ 时触发潮解的临界相对湿度；而对于相对湿度为 95%，其上升幅度最大，对应的潮解速度最快，潮解现象从试验一开始便已经发生，且速度越来越快，试验时间达 16h 后，KDP 晶体表面已经出现严重潮解现象。

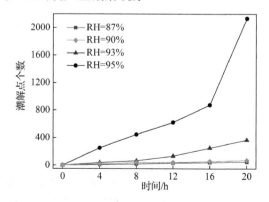

图 2.17　不同相对湿度条件下潮解点个数随时间的变化规律（35℃）

2.3.3　表面质量对 KDP 晶体潮解速度的影响

采用试验温度为 35℃、相对湿度为 95%环境条件，分析晶体表面质量对潮解速度的影响规律。采用抛光方法获得表面粗糙度 RMS 为 7.87nm 和 72.7nm 的 KDP 晶体样件，并将它们放置在同一恒温恒湿环境中 20h，每隔 4h 用 OLYMPUS MX40 金相显微镜观测表面形貌的变化。

KDP 晶体表面潮解点个数随时间的变化规律曲线如图 2.18 所示。可以看出，虽然两条曲线同样随着时间的增加有上升的趋势，但是上升幅度明显不同，一条快（表面粗糙度 Ra=72.7nm）、一条慢（表面粗糙度 Ra=7.87nm），且两者在 20h 左右相交。这说明晶体一开始都随时间的延长逐渐发生潮解，发生潮解后有越来越快的趋势。由于表面粗糙度不同，潮解量也不同，粗糙度大的潮解量大，粗糙度小的潮解量小，后者甚至在开始 4h 内基本没有发生潮解，经过一段时间后，由于在潮湿环境中放置时间较长，两晶体都发生了严重潮解，在图上显示相交于最高点处。

综上，KDP 晶体的潮解速度受环境温度、环境相对湿度和晶体表面粗糙度的影响较显著，具体影响规律为：①同样相对湿度下，温度越高，越容易发生潮解；②相同温度下，当相对湿度低时，晶体不潮解，随着相对湿度的升高，超过一个临界相对湿度后晶体开始发生潮解，且一旦发生潮解，潮解速度会越来越快；③同样温度和相对湿度下，表面质量越差的晶体越会先发生潮解。温度为 50℃时潮解现象最明显，潮解速度最快，潮解量最大，最先发生严重潮解，都是这一规律的极致体现。

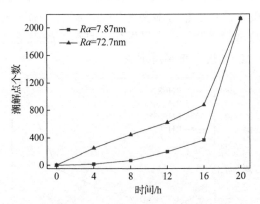

图 2.18　不同表面粗糙度下潮解点个数随时间的变化规律（35℃，相对湿度 95%）

我们知道，影响潮解的因素主要是物质本性，其次是空气的相对湿度，而与物质的物理状态无关。KH_2PO_4 属于易溶于水的磷酸的酸式盐，KDP 晶体的成分仅为 KH_2PO_4，因此易潮解。KDP 晶体潮解是一个物理溶解过程，水分的多少对潮解的速度影响很大。晶体在环境中潮解的原因主要是空气中的水汽压与物质的饱和溶液蒸气压之间存在的压力差。在一定的温度和相对湿度条件下，空气中的水分达到一定含量，晶体就会发生潮解，但潮解只有在空气的相对湿度大于该物质潮解的临界湿度时才能发生，而且一旦发生潮解，其潮解速度会不断增加，直至全部潮解。

参 考 文 献

[1] Frazer B C, Pepinsky R. X-ray analysis of the ferroelectric transition in KH_2PO_4[J]. Acta Crystallographica, 1953, 6(3): 273-285.

[2] Bacon G E, Pease R S. A neutron diffraction study of potassium dihydrogen phosphate by Fourier synthesis[J]. Proceedings of the Royal Society of London, 1953, 220(1142): 397-421.

[3] 张克从, 王希敏. 非线性光学晶体材料科学[M]. 北京: 科学出版社, 1996: 93-100.

[4] Hartman P. The morphology of zircon and potassium dihydrogen phosphate in relation to the crystal structure[J]. Acta Crystallographica, 1956, 9: 721-727.

[5] Slater J C. The Lorentz correction in barium titanate[J]. Physical Review, 1950, 78(6): 748-761.

[6] Blinc R. On the isotopic effects in the ferroelectric behaviour of crystals with short hydrogen bonds[J]. Journal of Physics and Chemistry of Solids, 1960, 13(3-4): 204-211.

[7] 姜耀亮, 郑权, 檀慧明, 等. 铁电体 KDP 软模时间分辨的冲击受激拉曼散射[J]. 光学学报, 2002, 22(6): 654-657.

[8] Liu C S, Nicholas K, Demos S G, et al. Electron- or hole-assisted reactions of H defects in hydrogen-bonded KDP[J]. Physical Review Letters, 2003, 91: 505.

[9] Vries S D, Goedtkindt P, Bennett S L, et al. Surface atomic structure of KDP crystals in aqueous solution: An explanation of the growth shape[J]. Physical Review Letters, 1998, 80(10): 2229-2232.

[10] Reedijk M F, Arsic J, Hollander F F A. Liquid order at the interface of KDP crystals with water: Evidence for icelike layers[J]. Physical Review Letters, 2003, 90(6): 066103.

[11] Lu G W, Sun X. Raman study of lattice vibration modes and growth mechanism of KDP single crystals[J]. Crystal Research and Technology, 2002, 37(1): 93-99.

[12] Beriot E, Tatartchenko V. Growth of large KDP crystals in the form of plates[J]. Proceedings of SPIE-The International Society for Optical Engineering, 1999, 3492: 386-390.

[13] Zaitseva N P, De Yoreo J J, Dehaven M R, et al. Rapid growth of large-scale (40-55cm) KH_2PO_4 crystals[J]. Journal of Crystal Growth, 1997, 180(2): 255-262.

[14] 马世昌. 基础化学反应[M]. 西安: 陕西科学技术出版社, 2003.

[15] 杨福兴. KDP 晶体超精密加工技术的研究[J]. 制造技术与机床, 2003(9): 63-65.

3　KDP 晶体弹塑性力学性能与损伤规律

3.1　KDP 晶体弹性力学性能的理论分析

在超精密加工中，KDP 晶体的材料去除是纳米级的，现有的宏观力学知识难以满足需求。对于纳米尺度下晶体的力学行为，目前广泛采用纳米压痕技术来评价。另外，KDP 晶体超精密加工基本上是延性去除，因此切深很小，晶体受力处于纳米尺度。因此研究 KDP 晶体材料的纳米力学行为，可以更好地描述和理解 KDP 晶体超精密加工表面形成机理，为 KDP 晶体超光滑表面的加工提供理论依据。

3.1.1　KDP 晶体弹性模量理论分析

根据 KDP 晶体属于四方晶系，空间群为 $I\bar{4}2d$，建立 (001) 晶面弹性模量的理论分析公式，并通过晶面旋转和坐标转换分析其他两晶面的理论弹性模量公式，分析它们的各向异性。根据晶体结构的对称性，KDP 晶体任一方向的弹性模量可表示如下[1]：

$$1/E = S_{11}(\cos^4\alpha + \cos^4\beta) + S_{33}\gamma^4 + (2S_{13} + S_{44})(\cos^2\alpha + \cos^2\beta)\gamma^2 \\ + (2S_{12} + S_{66})\cos^2\alpha\cos^2\beta \tag{3.1}$$

$$\begin{cases} \cos\alpha = \dfrac{h}{\sqrt{h^2 + k^2 + l^2}} \\[2mm] \cos\beta = \dfrac{k}{\sqrt{h^2 + k^2 + l^2}} \\[2mm] \cos\gamma = \dfrac{l}{\sqrt{h^2 + k^2 + l^2}} \end{cases} \tag{3.2}$$

式中，$\cos\alpha$、$\cos\beta$、$\cos\gamma$ 分别为晶向相对于 x 轴、y 轴、z 轴的方向余弦；S_{ij} 为晶体的弹性系数，参数如表 3.1 所示[2]；[hkl] 表示坐标系内某一晶向。

表 3.1　KDP 晶体材料的弹性系数

弹性系数	取值/GPa
S_{11}	151
S_{12}	18
S_{13}	-40
S_{33}	195
S_{44}	781
S_{66}	1620

根据晶面结构对称性，可以假设 $l=0$，h 和 k 设为变量，那么(001)晶面的弹性模量公式可以写为

$$\frac{1}{E_{(001)}} = S_{11} + (2S_{12} + S_{66} - 2S_{11})(\sin\theta_x\cos\theta_x)^2 \tag{3.3}$$

式中，θ_x 为晶向与 x 轴形成的夹角。图 3.1 为 KDP 晶体(001)晶面弹性模量随晶向的变化示意图。由于(001)晶面为四重旋转对称性，故弹性模量周期为 $90°$。对于二倍频晶面可以假设(001)晶面首先绕 x 轴旋转 $41°$，然后再绕 z 轴旋转 $45°$ 得到。旋转后得到新晶向表达式为

$$\begin{aligned}&[h_2k_2l_2]\\&=[(\cos\theta_x\cos45° + \sin\theta_x\cos41°\sin45°)\\&(\cos\theta_x\sin45° + \sin\theta_x\cos41°\cos45°)\quad(\sin\theta_x\sin41°)]\end{aligned} \tag{3.4}$$

把式（3.4）代入式（3.1）和式（3.2）后可以得

$$\frac{1}{E_2} = \frac{50[14.3041 + 13.1212\sin(2\theta_x) - 4.3041\cos^2(2\theta_x)]}{\begin{aligned}&(62.0509\cos^2\theta_x + 9.0305\cos^3\theta_x\sin\theta_x + 64.8559\sin\theta_x\cos\theta_x\\&- 55.9154\cos^4\theta_x + 238.7245\cos^2\theta_x + 18.3394)\end{aligned}} \tag{3.5}$$

图 3.2 为 KDP 晶体二倍频晶面弹性模量随晶向的变化示意图。对于三倍频晶面可以假设为(001)晶面绕 x 轴旋转 $59.5°$ 得到，这样可以得到新晶向表达式为

$$[h_3k_3l_3] = [\cos\theta_x\quad\sin\theta_x\cos59.5°\quad\sin\theta_x\sin59.5°] \tag{3.6}$$

那么把式（3.6）代入式（3.1）和式（3.2）可以得到三倍频晶面弹性模量的表达式如下：

$$\frac{1}{E_3} = \frac{2.5156 + 8.7047\cos^2\theta_x - 9.7103\cos^4\theta_x}{100} \tag{3.7}$$

从图 3.1～图 3.3 中可明显看出 KDP 晶体存在显著的弹性各向异性。比较三个晶面，二倍频晶面的弹性变化最大，(001)晶面次之，三倍频晶面较小。从弹性变化周期性来讲，由于(001)晶面具有四重旋转对称性，故周期为 $90°$，而二倍频

晶面和三倍频晶面都可以看作是(001)晶面沿某一坐标轴旋转而得到的，又考虑到晶体结构的对称性，故只能沿 x 轴对称，即周期为 $180°$。该周期特性也可根据式（3.3）、式（3.5）和式（3.7）的函数推导得到。

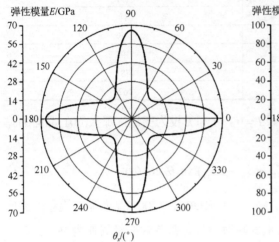

图 3.1 KDP 晶体(001)晶面弹性模量随晶向的变化示意图

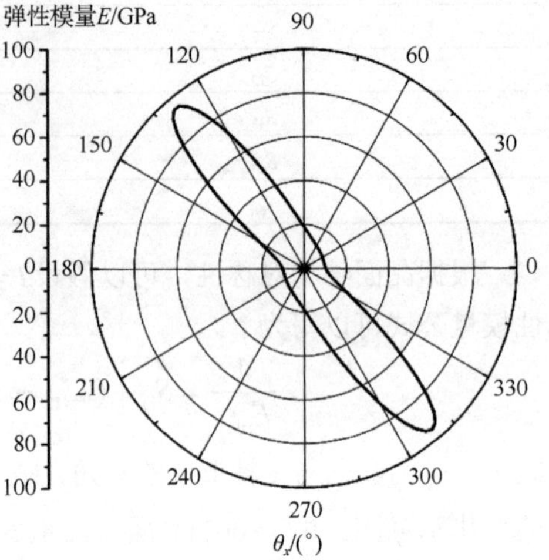

图 3.2 KDP 晶体二倍频晶面弹性模量随晶向的变化示意图

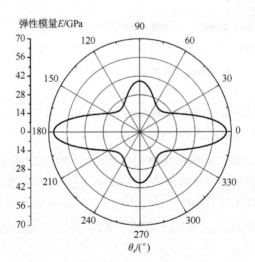

图 3.3 KDP 晶体三倍频晶面弹性模量随晶向的变化示意图

3.1.2 KDP 晶体剪切模量理论分析

KDP 晶体室温时属于四方晶系，四方晶系的剪切模量可由式（3.8）表示[1]：

$$\frac{1}{G} = 2S_{11}\left[\cos\alpha(1-\cos^2\alpha) + \cos^2\beta(1-\cos^2\beta)\right] + 2S_{33}\cos^2\gamma(1-\cos^2\gamma)$$
$$- 4S_{12}\cos^2\alpha\cos^2\beta - 4S_{13}(\cos^2\alpha\cos^2\gamma + \cos^2\beta\cos^2\gamma)$$
$$+ \frac{1}{2}S_{44}(2 - \cos^2\alpha - 4\beta^3\gamma^2 - \cos^2\beta - 4\alpha^2\cos^2\gamma)$$
$$+ \frac{1}{2}S_{66}(1 - \cos^2\gamma - 4\cos^2\alpha\cos^2\beta) \qquad (3.8)$$

根据(001)晶体结构的对称性，假设$[hkl]$为$[hk0]$，那么$\cos\gamma = 0$。因此，(001)晶面上任意晶向的剪切模量可由式（3.8）改写成

$$G_{(001)}^{-1} = 2S_{11}\left[\cos\alpha(1-\cos^2\alpha) + \cos^2\beta(1-\cos^2\beta)\right] - 4S_{12}\cos^2\alpha\cos^2\beta$$
$$+ \frac{1}{2}S_{44}(2 - \cos^2\alpha - \cos^2\beta) + \frac{1}{2}S_{66}(1 - 4\cos^2\alpha\cos^2\beta) \qquad (3.9)$$

把表 3.1 中的弹性系数代入式（3.9）可以得到

$$G_{(001)} = \frac{100}{12.005 - 6.77\sin^2 2\theta_x} \qquad (3.10)$$

根据式（3.10），可绘制(001)晶面任意晶向的剪切模量，如图 3.4 所示。

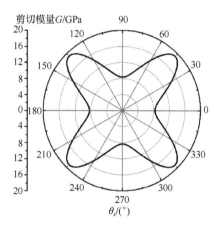

图 3.4　KDP 晶体(001)晶面剪切模量随晶向的变化示意图

二倍频晶面任意晶向剪切模量可用坐标转换方法计算得出，把式（3.4）和表 3.1 中的弹性系数代入式（3.8）中，可得到：

$$G_2 = \frac{2.5[10 + 6.56\sin 2\theta_x]^2}{(31.68 - 58.48\cos^2\theta_x + 55.92\cos^4\theta_x - 1.18\cos^2\theta_x\sin 2\theta_x + 14.3\sin 2\theta_x - 16.02\cos^2 2\theta_x)} \qquad (3.11)$$

同理可以得到三倍频晶面任意晶向的剪切模量，如下：

$$G_3 = \frac{125}{9.42 - 8.02\cos^2\theta_x + 13.61\cos^4\theta_x} \tag{3.12}$$

KDP 晶体二倍频晶面和三倍频晶面剪切模量随晶向的变化示意图如图 3.5 和图 3.6 所示。从图 3.4～图 3.6 中可以明显看出 KDP 晶体剪切模量存在显著的各向异性。此外，(001)晶面和二倍频晶面的剪切模量各向异性程度较大，三倍频晶面较小。从变化周期性来讲，由于(001)晶面为四重旋转对称性，故周期为 90°，而二倍频晶面和三倍频晶面都可以看作是(001)晶面沿某一坐标轴旋转而得到的，又考虑到晶体结构的对称性，故只能沿 x 轴对称，即周期为 180°。这一周期特性也可以根据式（3.10）、式（3.11）和式（3.12）的函数推导而得到。

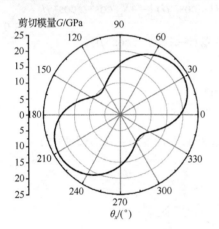

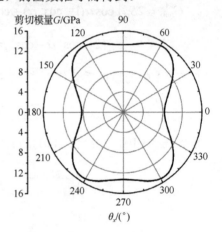

图 3.5　KDP 晶体二倍频晶面剪切模量　　　　图 3.6　KDP 晶体三倍频晶面剪切模量
　　　　随晶向的变化示意图　　　　　　　　　　　　随晶向的变化示意图

3.2　KDP 晶体塑性力学性能的压痕试验与分析

3.2.1　纳米压痕试验

试验使用的试件由山东大学晶体材料研究院（晶体材料国家重点实验室）提供。首先 KDP 晶体被切成 10mm×10mm×5mm 的尺寸，然后使用传统超精密抛光方法进行抛光，抛光液为一种自制无水醇类和含纳米级 SiO_2 球体的混合液。抛光后使用美国 ZYGO 公司生产的 ZYGO NewView 5022 三维光学表面轮廓仪进行检测，扫描区域大小为 0.278mm×0.278mm。试验中选取(001)晶面、二倍频晶面和三倍频晶面作为研究对象。测得抛光后(001)晶面、二倍频晶面和三倍频晶面的表面粗糙度 Ra 分别为 1.556nm、3.030nm 和 2.413nm，如图 3.7 所示。

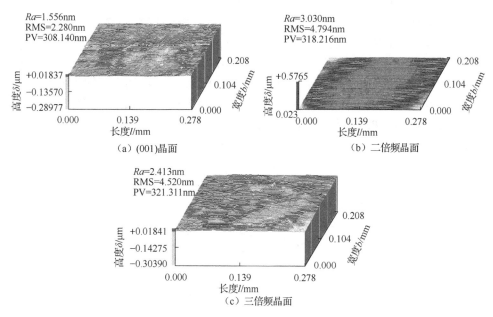

图 3.7 KDP 晶体试验晶面表面形貌

纳米压痕试验采用 TI 950 TriboIndenter 纳米压痕仪（海思创公司，美国）。在试验中，压头采用典型的玻氏压头，即三棱锥形的金刚石压头，棱面与中心线夹角为 65.3°，棱边与中心线夹角为 77.05°，针尖钝圆半径为 50nm。在室温下，对 (001)晶面、二倍频晶面和三倍频晶面进行压痕试验。压痕最大载荷值分别为 500μN、1000μN、2000μN、4000μN、6000μN 和 8000μN，并且每个载荷达到最大值时都采用 10s 的停留时间，以消除蠕变效应。每个压痕试验至少重复 6 次，来保证得到的数据具有统计意义。载荷增量为 100μN/s。依据压痕试验得到的载荷位移数据，使用常用的奥利弗-法尔（Oliver-Pharr）方法，通过下列公式可以得到纳米硬度 H 和弹性模量 E[3]：

$$h_{\mathrm{c}} = h_{\max} - \varepsilon \frac{P_{\max}}{k} \tag{3.13}$$

$$A = 24.56 \cdot h_{\mathrm{c}}^2 \tag{3.14}$$

$$H = \frac{P_{\max}}{A} \tag{3.15}$$

$$E_{\mathrm{eff}} = \frac{\sqrt{\pi}}{2} \frac{k}{\sqrt{A}} \tag{3.16}$$

$$k = \frac{2}{\sqrt{\pi}} E_{\mathrm{eff}} \sqrt{A} \tag{3.17}$$

$$\frac{1}{E_{\mathrm{eff}}} = \frac{1-\upsilon^2}{E} + \frac{1-\upsilon_{\mathrm{i}}^2}{E_{\mathrm{i}}} \tag{3.18}$$

式中，h_c 是接触深度；h_{max} 是最大压入深度；ε 是依赖于压头几何形状的常数（对于玻氏压头，$\varepsilon=0.75$[3]）；P_{max} 是最大载荷；A 是压痕投影面积；E_{eff} 是有效弹性模量；k 是卸载接触刚度；E 和 υ 分别是材料的弹性模量和泊松比；E_i 和 υ_i 分别是压头的弹性模量和泊松比，分别为 1141GPa 和 0.07[4]。压痕截面示意图（图3.8）能说明每个参数的含义。图中，p 为载荷，压痕深度 $h=h_s+h_c$ 为最大深度，h_s 为接触边界深度，h_f 为卸载后残余深度，r 为卸载后表面压痕半径，其余参数和上述公式中参数意义相同。

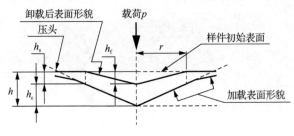

图 3.8　压痕截面示意图

为说明加工表面残余应力是否影响纳米力学行为，采用法国 Jobin Yvon 公司的激光共聚焦显微拉曼光谱仪 HR 80 对加工后的晶体表面进行分析。测量时半导体激光器激发波长为 532nm，光斑直径为 1μm，光谱分辨率为 0.1cm⁻¹，光谱重复性为±0.2cm⁻¹，扫描时间为 5s，所有检测均在室温下进行。

3.2.2　压痕尺寸效应分析

图 3.9、图 3.10 和图 3.11 分别描述了 KDP 晶体(001)晶面、二倍频晶面和三倍频晶面压痕尺寸效应，即纳米硬度随着压痕深度的减小而增大。

从这三幅图中可以看到，在低载荷区，压头仅仅压入晶体表层的上部，纳米硬度和弹性模量主要依赖于晶体上表层的应变分布。因此，在低载荷区，纳米硬度和弹性模量会急剧下降[5]。此外，因为低载荷压痕时主要作用在晶体的上表层，因此加工硬化也会引起纳米硬度的增大。晶体表面超精密加工厚度一般在几纳米到几十纳米的尺度范围内，那么亚表面损伤就会存在。尤其在加工后晶体的上表层损伤更加严重，它们以位错、塑性变形、残余应力（热应力、机械应力和应变应力）等形式存在[6, 7]。随着压痕深度的增加，位错、塑性变形、残余应力和变形能都减小，因而纳米硬度和弹性模量也减小，进而压痕尺寸效应非常明显。随着压痕深度的进一步加大，晶体上表层和表面层都对纳米硬度和弹性模量产生影响，而且随着载荷加大呈现非线性变化。在高载荷时，表层对纳米硬度和弹性模量作用占据主导作用，最终达到饱和，纳米硬度和弹性模量不再剧烈变化。这些压痕表象虽能解释 KDP 晶体的压痕尺寸效应，却不能够从物理上解释产生压痕尺寸效应的来源。

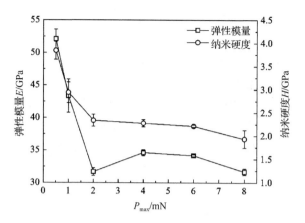

图 3.9 KDP 晶体(001)晶面纳米硬度和弹性模量的压痕尺寸效应

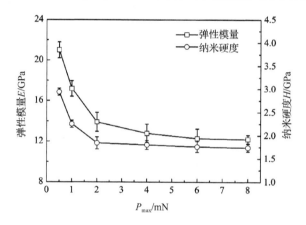

图 3.10 KDP 晶体二倍频晶面纳米硬度和弹性模量的压痕尺寸效应

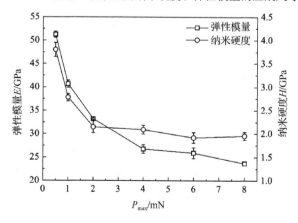

图 3.11 KDP 晶体三倍频晶面纳米硬度和弹性模量的压痕尺寸效应

根据迈耶尔（Meyer）定律[8]，载荷和相应的压痕尺寸数据关系可以写成

$$P_{max} = Ch_c^n \tag{3.19}$$

式中，C 和 n 是材料常数，可依据试验数据通过线性相关性分析拟合获得，如表 3.2 所示。图 3.12 为根据 Meyer 定律得到的载荷和接触深度之间的关系，试验拟合分析得到的结果与理论的迈耶尔定律相符，从而佐证了试验数据的可靠性。鉴于迈耶尔定律不能从物理意义上充分解释纳米硬度和弹性模量随载荷变化的行为，即不能描述压痕尺寸效应[9,10]，下面应用修正比例样件阻尼（modified proportional specimen resistance，MPSR）模型[11]和应变梯度理论[12]对压痕尺寸效应作出进一步的解释。

表 3.2　迈耶尔定律相关参数

晶面	n	$C/(\mu N/nm^n)$	相关系数 r^2
(001)晶面	1.617	0.4713	0.9987
二倍频晶面	0.439	7.7185	0.9883
三倍频晶面	1.696	0.2785	0.9974

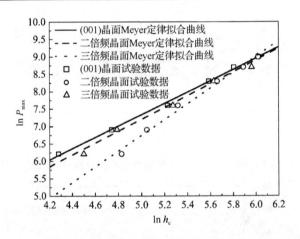

图 3.12　根据 Meyer 定律得到的载荷和接触深度之间的关系

MPSR 模型如下：

$$P_{max} = a_0 + a_1 h_c + a_2 h_c^2 \tag{3.20}$$

式中，a_0 是与试样表面残余应力相关的一个常数；a_1 和 a_2 是材料常数，这两个参数对压痕尺寸效应起着主要作用，且分别和材料的弹性和塑性特性相关。将试验所得数据代入式（3.20）拟合，得到 a_0、a_1 和 a_2 的值，如表 3.3 所示。根据表 3.3 数据和试验数据即可绘制出载荷 P_{max} 和接触深度 h_c 之间的关系曲线，如图 3.13 所示。相关性分析结果表明：MPSR 模型曲线与试验曲线吻合得很好。

表 3.3 MPSR 模型参数

晶面	a_0/μN	a_1/（μN/nm）	a_2/（μN/nm^2）	相关系数 r^2
(001)晶面	-347.709	8.356	0.0296	0.9991
二倍频晶面	-757.412	5.567	0.0375	0.9984
三倍频晶面	-112.837	4.552	0.0337	0.9994

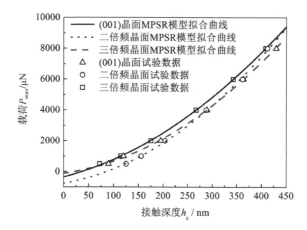

图 3.13 MPSR 模型的载荷和接触深度关系

值得注意的是，式（3.20）中的常数 a_0 是与试样表面残余应力相关的一个常数，而不是材料常数。这个参数不仅依赖于材料特性，还依赖于试件的加工工艺。在表 3.3 中，a_0 值为负数说明试件表面存在残余压应力，并采用拉曼光谱方法来证明这一点。KDP 晶体属空间群 $I\overline{4}2d$，晶胞参数 $a=b=0.74528$nm，$c=0.69717$nm，居里温度很低，$T_c=123$K。KDP 晶体各原子的空间位置如表 3.4 所示。根据晶格振动的对称性分类可知，KDP 晶体的分子振动模式有 A_1、A_2、B_1、B_2、E 五种，由 KDP 晶体空间点群结构可得：$4a$ 为 $1A_1+1A_2+2B_1+2B_2+3E$；$4b$ 为 $1A_1+1A_2+2B_1+2B_2+3E$；$8d$ 为 $3A_1+3A_2+3B_1+3B_2+6E$；$16e$ 为 $6A_1+6A_2+6B_1+6B_2+12E$。利用上述关系式和表 3.4 中的数据可得 KDP 晶体在 $X(YY)Z$、$X(YX)Y$、$Z(YZ)X$ 及 $X(ZZ)Y$ 四种几何配置下的标准拉曼光谱图[13]，如图 3.14 所示。对比图 3.14 和图 3.15 可以看到，加工后 KDP 晶体样件的拉曼谱线和标准谱线之间存在明显偏移，但是特征峰的种类并未发生变化，说明加工后没有新物质和材料新相产生。特征谱线由 363cm^{-1}、387cm^{-1}、475cm^{-1}、515cm^{-1} 和 912cm^{-1}，经抛光后变为 369cm^{-1}、391cm^{-1}、490cm^{-1}、529cm^{-1} 和 915cm^{-1}，这说明有加工残余应力产生。因为谱线向右偏移，故为残余压应力，这和 MPSR 模型中的 a_0 值为负值相吻合。在考虑加工产生的表面残余应力后，说明 KDP 晶体压痕尺寸效应是一种载荷和压痕深度的非线性比例阻尼现象，且非线性程度和试件的表面加工残余应力密切相关。这就从物理和数学意义上解释了 KDP 晶体压痕尺寸效应,对超精密加工中的力学行为具有一定的指导意义。

表 3.4   KDP 晶体各原子的空间位置

原子	位置
K	4b
H (1)	8d
H (2)	8d
P	4a
O (1)	16e
O (2)	16e
O (3)	16e
O (4)	16e

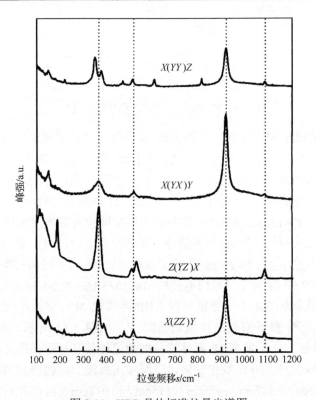

图 3.14   KDP 晶体标准拉曼光谱图

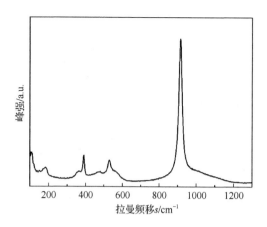

图 3.15　KDP 晶体加工后表面拉曼特征谱

Nix 等根据晶体材料在小压痕深度、大应变情况下能够导致一定几何位错行为的这一现象提出了应变梯度理论模型[12]：

$$\frac{H}{H_0} = \sqrt{1 + \frac{h^*}{h}} \qquad (3.21)$$

式中，H_0 为无限压痕深度时的硬度极限；h^* 为依赖于压头形状和 H_0 的特征深度。为了获得常数 h^* 和 H_0 的值，需要对数据进行拟合，利用 $1/h$ 和 $(H/H_0)^2$ 成正线性关系，拟合后进行绘图可得图 3.16 和图 3.17，其相关系数分别为 0.9627、0.9455 和0.9638。同时，可得(001)晶面的 H_0=1.15GPa 和 h^*=875.46nm，二倍频晶面的H_0=0.83GPa 和 h^*=1131.64nm，三倍频晶面的 H_0=1.41GPa 和 h^*=399.64nm。大约在 P_{max}=8000μN 时，两个晶面的硬度值几乎是相同的。对于(001)晶面，其H_0=1.15GPa，这个数值和报道过的维氏硬度[14]和努氏硬度（1.20GPa）[2]相差不大，进一步证实了试验结果的正确性。

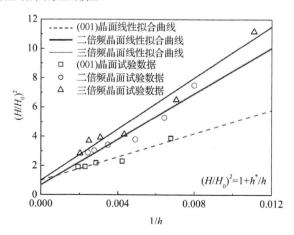

图 3.16　$1/h$ 和 $(H/H_0)^2$ 的关系

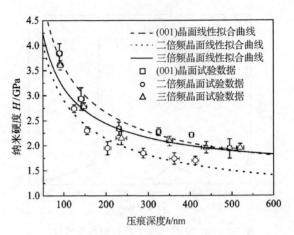

图 3.17　纳米硬度随压痕深度的变化

3.2.3　不同压头形状对纳米硬度的影响

对比两个晶面在相同最大载荷下的纳米硬度，发现(001)晶面的纳米硬度比三倍频晶面稍大。且随着载荷增加，两者逐渐接近，甚至在 $P_{\max}=8000\mu N$ 时，两者几乎相等。在试验误差范围内，值得注意的是当 $P_{\max}>2000\mu N$ 时，(001)晶面和三倍频晶面的纳米硬度和弹性模量变化不大，这就是所谓的压痕尺寸效应。Kucheyev 等[15]使用针尖半径为 1μm 的球形压头进行纳米压痕试验，最大载荷 $P_{\max}=1000\mu N$，得到(001)晶面的纳米硬度为(2.0±0.2)GPa，然而本试验在相同载荷下得到的纳米硬度为(2.94±0.22)GPa。应该注意到两个试验使用的压头类型不同，分别为球形压头和玻氏压头。使用玻氏压头和球形压头得到的纳米硬度之间的关系报道较少。尽管 Swadener 等[16]根据位错和机械硬化理论对球形压头和玻氏压头的压痕尺寸效应关系进行了探讨，但是这个模型预测结果和小尺寸球形压头和玻氏压头纳米压痕的试验结果依然存在偏差。球形压痕硬度可以先通过计算压痕投影面积，然后使用 Oliver-Pharr 方法得到，投影面积计算公式如下：

$$A_s = \pi a^2 = \pi(2Rh_{cs} - h_{cs}^2) \tag{3.22}$$

式中，a 是球形压痕半径；h_{cs} 是球形压头的接触深度。那么球形压头得到的纳米硬度 H_s 可由下式给出：

$$H_s = \frac{P_{\max}}{A_s} = \frac{P_{\max}}{\pi(2Rh_{cs} - h_{cs}^2)} \tag{3.23}$$

根据式（3.15）和式（3.23），可计算出两种压头得到的纳米硬度比值 λ，可由下式表达：

$$\lambda = \frac{H}{H_s} = \frac{\dfrac{P_{\max}}{24.56h_c^2}}{\dfrac{P_{\max}}{\pi(2Rh_{cs} - h_{cs}^2)}} \tag{3.24}$$

使用 Kucheyev 等[15]的试验数据和结果，球形压头的接触深度 h_{cs} 应该在 75～90nm（h_f=75nm，h_{max}=90nm）。通过计算，发现在试验误差范围内两种硬度值之比 λ 为 1.45～1.70，与两种硬度的试验结果相吻合。另外，因为室温时 KDP 晶体材料的弹性极限和塑性极限极为接近，弹性恢复会影响压痕试验结果。为了尽可能消除时间依赖作用，在达到最大载荷时，保持加载 10s。保持载荷不变行为可能导致最大压入深度 h_{max} 和接触深度 h_c 比 Kucheyev 等报道的结果稍大。因此，在进行纳米压痕试验中，不同的压头形状得到的结果会有所不同。

3.2.4 压痕加载位移曲线分析

加载突进（pop-in）现象是一种在低载荷压痕加载过程中，载荷和位移曲线出现不连续点的现象，这些不连续点称为 pop-in 点。图 3.18、图 3.19 和图 3.20 分别为(001)、二倍频和三倍频晶面的不同加载和卸载周期曲线。在达到最大载荷时，保持加载 10s，这是为了尽可能消除材料压痕产生蠕变效应。KDP 晶体的(001)晶面和三倍频晶面在不同载荷下都出现了 pop-in 现象。随着载荷的增大，每个载荷下的位移都出现了 pop-in 现象。

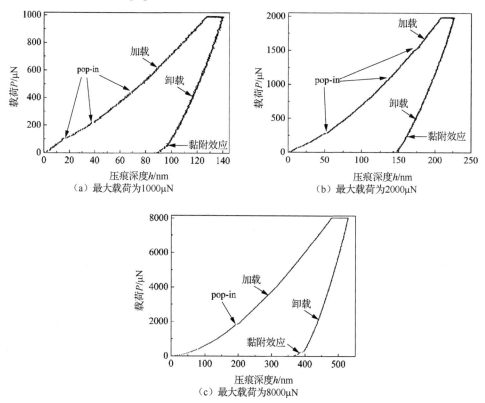

图 3.18 (001)晶面不同最大载荷位移曲线

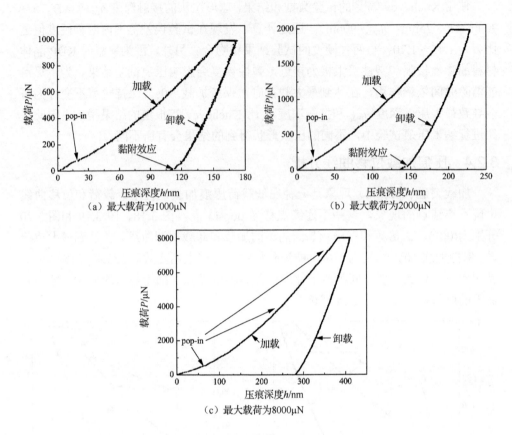

（a）最大载荷为1000μN

（b）最大载荷为2000μN

（c）最大载荷为8000μN

图 3.19　二倍频晶面不同最大载荷位移曲线

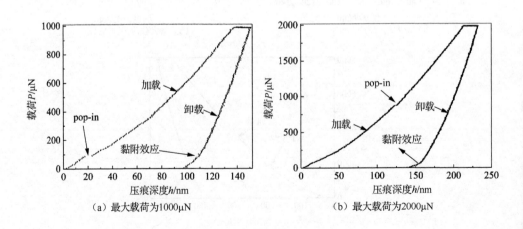

（a）最大载荷为1000μN

（b）最大载荷为2000μN

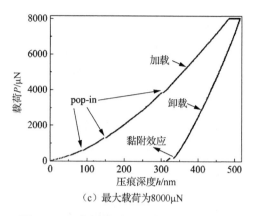

（c）最大载荷为8000μN

图 3.20　三倍频晶面不同最大载荷位移曲线

　　晶体在压痕下出现 pop-in 现象，一方面和材料弹塑性转变有关[17]，即位错在滑移面上沿着滑移方向开始滑移，另一方面和材料发生相变有关[18, 19]。由于纳米压痕的加载非常小（<10mN），这对于 KDP 晶体来说不足以发生材料相变，因此 KDP 晶体在加载曲线中出现 pop-in 现象主要是由于材料发生了塑性变形，并且出现 pop-in 的点为晶体弹塑性转变点。(001)晶面在不同加载条件下第一次出现 pop-in 点的载荷值并不相同。同样，对于二倍频晶面和三倍频晶面在不同加载条件下第一次出现 pop-in 点的载荷也不相同。即 KDP 晶体有两个滑移系。第一个为滑移面(110)、(101)、(112)和(123)，这些平面共同的滑移方向为一个伯格斯（Burgers）矢量 1/2[111]；另一个滑移系为(010)[100]。鉴于 KDP 晶体复杂的滑移系，不同加载条件下并没有得到统一的弹塑性转变载荷值。当载荷加大到 8000μN 时，在卸载曲线末端，曲线变化非常明显。这是因为当压头脱离晶体表面时，KDP 晶体对压头有黏附作用，被黏附的材料脱离试件机体，引起载荷急剧减小。相似的情形也出现在许多较软晶体中，如碲锌镉单晶体[20]和氧化锌单晶体[21]。对于三倍频晶面来说，当加载至 2000μN 的载荷后进行卸载，载荷位移曲线末端的黏附现象极为明显。这一现象说明三倍频晶面与其他晶面比，硬度略低。

　　卸载和位移曲线出现不连续点的情形称为卸载突退（pop-out）现象，这些不连续点称为 pop-out 点。在 KDP 晶体纳米压痕试验中，卸载曲线中并没有观察到这种现象。只是在载荷增大的情形下，卸载曲线末端出现了黏附效应［图 3.18、图 3.19（a）和（b）、图 3.20］。

3.2.5　压痕表面形貌分析

图 3.21、图 3.22 和图 3.23 分别为纳米压痕后(001)晶面、二倍频晶面和三倍频晶面原位扫描表面形貌。三个晶面边缘堆积都是随着压痕载荷增大而增大的，且都没有裂纹产生。边缘堆积是由于材料发生了塑性流动。当针尖接触晶面后，材料首先发生弹性变形。随着载荷的增大，材料发生弹塑性变形。由于压头材料为金刚石，相对于 KDP 晶体来说，可以近似为刚体，因此材料只能沿金刚石接触面滑移，发生塑性变形，最终导致材料堆积。

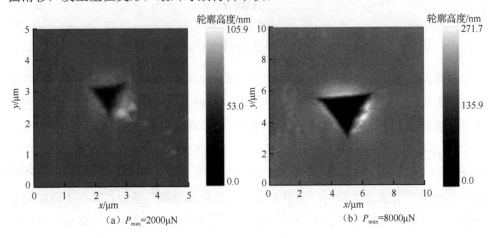

（a）P_{max}=2000μN　　　　　　　　（b）P_{max}=8000μN

图 3.21　(001)晶面压痕原位扫描表面形貌

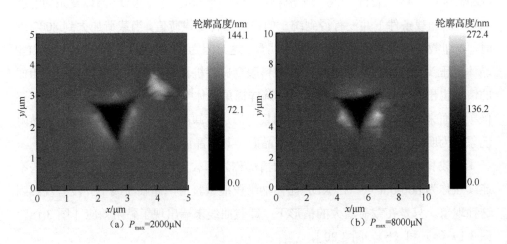

（a）P_{max}=2000μN　　　　　　　　（b）P_{max}=8000μN

图 3.22　二倍频晶面压痕原位扫描表面形貌

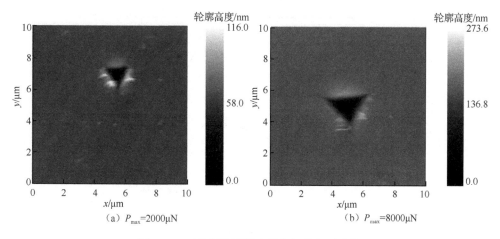

（a）$P_{max}=2000\mu N$ （b）$P_{max}=8000\mu N$

图 3.23 三倍频晶面压痕原位扫描表面形貌

3.2.6 各向异性对纳米硬度和弹性模量的影响

KDP 晶体(001)晶面、二倍频晶面和三倍频晶面的纳米硬度和弹性模量各向异性分析是按晶向试验的，即把某金刚石压头一侧边与[100]晶向的夹角定义为试验晶向。图 3.24、图 3.25 和图 3.26 分别为(001)晶面、二倍频晶面和三倍频晶面的纳米硬度和弹性模量各向异性分布图。从图中可以清晰地看出三个晶面纳米硬度和弹性模量存在强烈的各向异性，这里用 $\alpha=(H_{max}-H_{min})/H_{min}\times100\%$ 和 $\beta=(E_{max}-E_{min})/E_{min}\times100\%$ 表示各向异性程度。对于(001)晶面，$\alpha=46.2\%$、$\beta=63.9\%$；对于二倍频晶面，$\alpha=32.9\%$、$\beta=75.6\%$；对于三倍频晶面，$\alpha=36.3\%$、$\beta=51.2\%$。

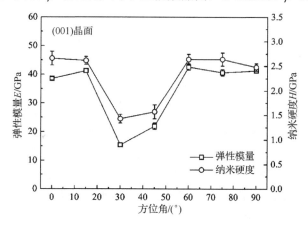

图 3.24 (001)晶面纳米硬度和弹性模量的各向异性

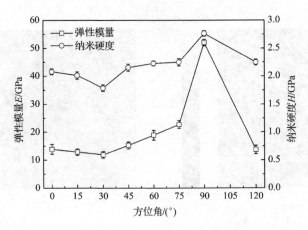

图 3.25　二倍频晶面纳米硬度和弹性模量的各向异性

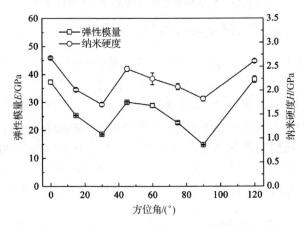

图 3.26　三倍频晶面纳米硬度和弹性模量的各向异性

此外，Fang 等[2]研究了 KDP 晶体(001)晶面努氏硬度各向异性的问题，指出努氏硬度随压痕方向改变而改变(规定 θ=0°方向为压头对角线平行于[100]晶向或[010]晶向)，并指出努氏硬度各向异性变化小于 10%。这和试验得到的结果存在差别。Brookes 等[22]指出压痕硬度各向异性和压头形状及载荷大小相关。两次试验压头形状的对称性存在差别，努氏压头为二次对称，玻氏压头为三次对称，这可能导致纳米硬度周期发生变化。此外，KDP 晶体存在压痕尺寸效应，即纳米硬度随载荷的增大而减小。Fang 等[2]使用的努氏压痕载荷为 50g（500mN），而本试验使用的载荷为 2mN，两者不在一个数量级上。载荷不同导致压痕过程中两者的投影面积不同，变形机理也不同。KDP 晶体在载荷为 50g 时进行压痕试验，表面已发生裂纹扩展，因此，此时 KDP 晶体已不是弹塑性变形，进而影响了纳米硬度各向异性的试验。载荷增大导致纳米硬度减小，也将各向异性程度变小。

众所周知，晶体材料的纳米硬度和弹性模量各向异性是和材料本身的结构密切相关的[23]。如果不考虑压头的形状效应，(001)晶面具有四重旋转对称性，因此该晶面的纳米硬度和弹性模量的周期为 90°。然而，二倍频晶面和三倍频晶面只有绕 x 轴的两次对称，周期应该为 180°。但是，试验得出的周期为 120°，这是由于玻氏压头具有三次对称性，综合二倍频晶面和三倍频晶面的对称性，最后二倍频晶面和三倍频晶面纳米硬度和弹性模量周期为 120°。从中可以得出，利用纳米压痕研究 KDP 晶体的纳米硬度和弹性模量各向异性周期性应该从两方面考虑，即材料本身的结构对称性和压头形状的对称性。综合上述分析，可以得到 KDP 晶体(001)晶面、二倍频晶面和三倍频晶面纳米硬度和弹性模量的周期分别为 90°、120° 和 120°。另外，Daniels 等[24]和 Brookes[25]认为纳米硬度和弹性模量各向异性是由压头下应力场和材料变形机理决定的，并给出了努氏压痕下的等效分解剪切应力模型。这个等效分解剪切应力模型如下：

$$\sigma_{\text{erss}} = \frac{F}{A}\cos\lambda\cos\varphi\cos\phi \tag{3.25}$$

式中，σ_{erss} 为等效剪切应力；F 为拉应力，它的方向和压头接触面的最大斜率平行；A 为横截面积；λ 为滑移方向和拉应力 F 之间的夹角；ϕ 为滑移面的垂直面和拉应力 F 之间的夹角；φ 为样件接触的压头侧面相平行的方向和滑移面旋转轴之间的夹角。等效剪切应力和纳米硬度之间成反比关系，那么如果晶向改变，$\cos\lambda\cos\phi\cos\varphi$ 的值也随之改变，这说明 σ_{erss} 是随晶向变化的一个函数。因此，KDP 晶体沿晶向试验所得纳米硬度是各向异性的。弹性模量和纳米硬度之间成正比关系，这导致了弹性模量也是各向异性的。

KDP 晶体最常用的(001)晶面、二倍频晶面和三倍频晶面的纳米压痕试验结果表明：三个试验晶面都存在压痕尺寸效应。应用 MPSR 模型和应变梯度理论能够很好地解释和说明 KDP 晶体压痕尺寸效应是一种载荷和压痕深度的非线性比例阻尼现象，并且非线性程度和试件的表面加工残余应力密切相关，上述研究结果进一步揭示了 KDP 晶体的纳米力学性能。KDP 晶体(001)晶面、二倍频晶面和三倍频晶面纳米硬度和弹性模量随压痕方向变化呈现周期性。这是由晶体结构和压头形状对称性及压头下等效剪切应力随晶向变化决定的。(001)晶面、二倍频晶面和三倍频晶面纳米硬度和弹性模量周期分别为 90°、120° 和 120°。此外，(001)晶面纳米硬度各向异性程度 α 为 46.2%，弹性模量各向异性程度 β 为 63.9%；二倍频晶面纳米硬度各向异性程度 α 为 32.9%，弹性模量各向异性程度 β 为 75.6%；三倍频晶面纳米硬度各向异性程度 α 为 36.3%，弹性模量各向异性程度 β 为 51.2%。对载荷位移曲线的进一步分析结果表明：滑移是 KDP 晶体产生塑性变形的主要模式，塑性变形初始是 pop-in 现象发生的原因；卸载曲线末端发生变化是由于压头和 KDP 晶体表面的黏附作用；在卸载曲线中，没有出现 pop-out 现象。

3.3　材料的各向异性对微纳划痕结果的影响

软脆的 KDP 晶体具有易潮解、各向异性、对温度变化敏感和易溶于水等物理特性，在加工过程中极易出现损伤，因此需要对 KDP 晶体材料的去除机理，找到合适的加工方法很有必要。本节应用摩擦学理论研究两方面内容：①纳米尺度下材料的去除机理和摩擦学行为；②材料在显微单颗粒划痕条件下的裂纹分布规律和材料去除机理。实验主要采用纳米/显微划痕仪进行，探究纳米与微米尺度下，各向异性、划痕速度以及载荷对划痕的影响规律。并从加工角度对试验结果进行分析，综合考虑材料的力学性能，确定最优的加工方向，为 KDP 晶体的超精密加工提供理论依据。

3.3.1　KDP 晶体在纳米尺度下的变形和摩擦学特性试验分析

首先使用线切割的方法把 KDP 晶体切成 10mm×10mm×5mm 的长方体，然后对晶体表面进行抛光，抛光液为无水乙醇和纳米级 SiO_2 球体混合而成的溶胶。抛光后的晶体表面使用 ZYGO NewView 5022 三维光学表面轮廓仪进行检测，扫描区域大小为 0.278mm×0.278mm。试验选择(001)晶面和三倍频晶面作为研究对象，经抛光后表面粗糙度 RMS 分别为 1.556nm 和 2.413nm。

使用 TI 950 TriboIndenter 纳米压痕仪来执行纳米划痕试验，这台仪器还配备了一个原子力显微镜（atomic force microscope，AFM），用于试验中进行原位扫描。压头形状为锥形，锥角为 120°，压头前端钝圆半径为 1μm。加载正向载荷范围为 250～2000μN，加载方式为恒定正向载荷。所有试验的划痕距离为 10μm。划痕过程中的正向载荷、侧向力（摩擦力）、正向位移和侧向位移随时间的变化都被系统记录下来。摩擦力和正向载荷的比值被定义为摩擦系数，在一次划痕试验中，至少使用 600 个数据点的平均值来计算摩擦系数。为了研究划痕速度对 KDP 晶体摩擦学特性的影响，试验选择 50nm/s、100nm/s、333nm/s、500nm/s 和 1000nm/s 作为速度参数。使用不同的划痕方向来试验 KDP 晶体摩擦行为的各向异性特性。此时，正向载荷选择为 500μN，划痕速度为 333nm/s。对于(001)晶面和三倍频晶面，规定沿[100]晶向的滑动方向为 $\theta=0°$，每隔 15° 进行一次划痕，划痕角度范围为 0°～90°，如图 3.27 所示。最后，为研究摩擦系数的载荷依赖效应，进行了载荷线性增加的划痕试验。在划痕试验后，使用 AFM 对划痕产生的沟槽进行原位扫描，所有的试验都是在室温下进行的。

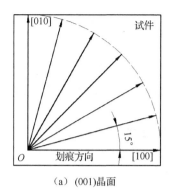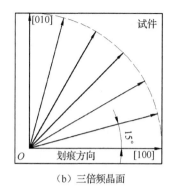

（a）(001)晶面   （b）三倍频晶面

图 3.27   KDP 晶体纳米划痕试验示意图

1. 各向异性对纳米划痕的影响

图 3.28 为正向载荷 P=500μN 和滑动速度为 333nm/s 时沿不同方向划痕得到的摩擦系数。从图中可以看出，(001)晶面和三倍频晶面的摩擦系数都存在轻微的各向异性特征，这和晶面的对称性有很好的吻合。(001)晶面具有四重旋转对称性，其摩擦系数也体现了这一特征。

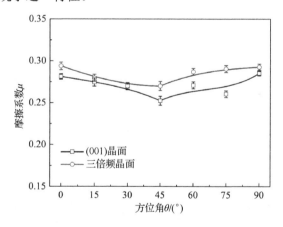

图 3.28   KDP 晶体摩擦系数各向异性

而三倍频晶面的摩擦系数却没有这样的特点，在试验晶向范围内三倍频晶面不具有对称性。摩擦系数是由摩擦力和正向力的比值得到的，正向载荷在试验过程中为恒定值，因此摩擦系数的各向异性和摩擦力的变化息息相关。摩擦力受滑移系上的分解剪切应力影响[26]，在划痕过程中，沿不同晶向进行划痕试验，滑移系上分解剪切应力的幅度和分布形式的差别造成了摩擦力的变化。这个分解剪切应力可由下式给出[27]：

$$\tau = \sigma \cos\alpha \cos\lambda'$$

（3.26）

式中，τ 为分解剪切应力；σ 为名义应力；α 为划痕产生的应力轴方向和滑移面的垂直方向之间的夹角；λ' 为划痕产生的应力轴方向和滑移方向之间的夹角。因此，当沿不同滑动方向进行试验时，应力轴方向会发生变化，进而导致 α 和 λ' 发生变化，最终摩擦力也会发生变化。摩擦力的变化导致沿不同晶向试验所得的摩擦系数不同。

图 3.29 和图 3.30 为划痕试验后使用 AFM 扫描得到的沟槽表面形貌。由于晶体的各向异性特征，划痕沟槽两边边脊凸起并不是对称的。并且在 500μN 的正向载荷下进行划痕，没有观察到裂纹出现。在进行原位扫描过程中（扫描力为 2μN），由于材料的软脆特性，探针移动了边脊上的材料。

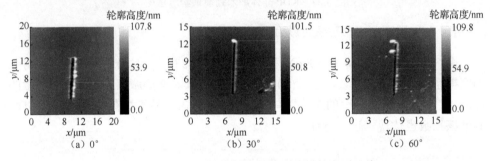

图 3.29　(001)晶面上不同划痕方向沟槽的表面形貌

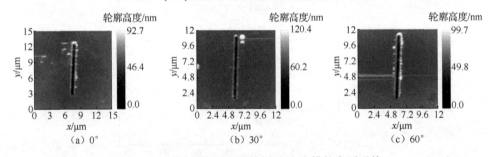

图 3.30　三倍频晶面上不同划痕方向沟槽的表面形貌

2. 划痕速度对纳米划痕的影响

保持正向载荷 P=500μN，研究划痕速度对摩擦系数的影响。图 3.31 为划痕速度在 50～1000nm/s 时的摩擦系数变化。在(001)晶面上，摩擦系数并没有随着划痕速度的改变而改变。然而，三倍频晶面的摩擦系数在划痕速度小于 333nm/s 时却展示了速度依赖性，随着速度的增加而减小；当划痕速度大于这个值时摩擦系数不再变化。

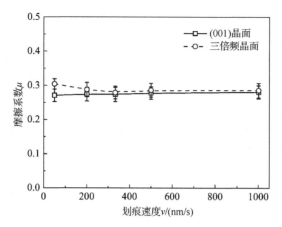

图 3.31　划痕速度在 50～1000nm/s 时的摩擦系数变化

在使用纳米压痕研究 KDP 晶体力学性能时，第一个 pop-in 现象出现时的载荷为材料的弹塑性阈值，这个值为 566μN[16]。这表明在(001)晶面上进行划痕时主要变形是弹性的。对于弹性接触，摩擦系数主要由表面黏附决定，表面黏附产生的摩擦是不随速度变化而变化的。三倍频晶面在低速划痕时摩擦系数随速度增大而减小，这可能是在划痕过程中发生了纳米尺度塑性变形。鉴于上述结果，可以发现三倍频晶面的弹塑性阈值应该低于 500μN。此外，在较高的划痕速度下，应变率效应可以改变材料的屈服点，进而可以产生弹性行为。

3. 载荷对纳米划痕的影响

图 3.32 和图 3.33 分别为(001)晶面和三倍频晶面在不同正向载荷下的摩擦系数。这个划痕试验的划痕速度为 333nm/s，划痕方向平行于[100]晶向。两个晶面的摩擦系数都是随着正向载荷的增加而增大。在初始划痕阶段，摩擦系数迅速增加，而后随正划痕位移的增加，摩擦系数达到一个相对稳定的状态。然而，当正向载荷 P >1000μN 时摩擦系数出现波动，并且正向载荷越大波动越显著。值得注意的是，这种现象和弹性材料滑动过程中出现的黏附现象很相似。从正向载荷-摩擦系数曲线中可以看到摩擦系数明显分为两段，随着正向载荷的增大，摩擦系数随之增加；载荷大于 750μN 时，随着正向载荷的增加，摩擦系数基本保持不变。

为了清晰地描述摩擦行为随载荷变化的特点，在 KDP 晶体上进行了连续加载的划痕。试验采用线性加载方式，载荷范围为 0～2500μN。图 3.34 为两个晶面沿[100]晶向的划痕沟槽原位扫描图片。试验开始时划痕主要是弹性变形行为。随着载荷的增加，针尖前端材料发生弹塑性变形，这些材料最后被压实，沟槽两侧形成边缘堆积。载荷继续增加，针尖前端的材料变形程度增大，最后在沟槽两侧观察到切屑。切屑的尺寸随载荷增加，在沟槽末端可以清晰地观察到有大量切屑的堆积。这些切屑的形成导致了侧向力（摩擦力）的波动。被针尖压实后的材料堆积在针尖前端，当这些材料承受的压力超过屈服极限，便形成切屑，即压实材料松散形成切屑。在压实材料松散时，针尖承受的侧向力也同时减小，引起了针尖的瞬时波动。针尖继续移动，又在前端形成材料的堆积。当堆积材料达到屈服极限时，再一次形成切屑，完成一次能量交换，导致侧向力发生波动。侧向力的波动引起了摩擦系数的波动。摩擦系数的波动周期为 0.5μm，这和切屑生成距离相吻合。

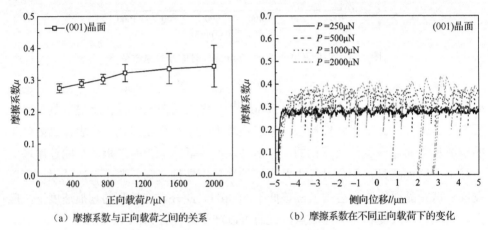

（a）摩擦系数与正向载荷之间的关系　　　　　（b）摩擦系数在不同正向载荷下的变化

图 3.32　不同正向载荷下(001)晶面摩擦系数

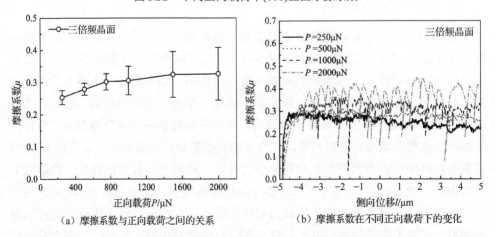

（a）摩擦系数与正向载荷之间的关系　　　　　（b）摩擦系数在不同正向载荷下的变化

图 3.33　不同正向载荷下三倍频晶面摩擦系数

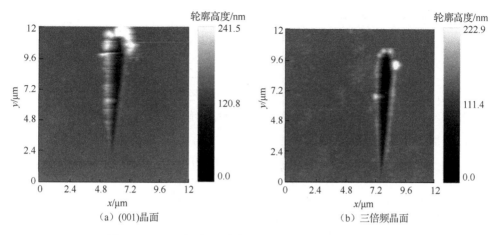

图 3.34 (001)晶面和三倍频晶面划痕沟槽原位扫描图片

图 3.35 为(001)晶面和三倍频晶面侧向力随正向载荷的变化曲线。这个曲线展示了一个双线性的变化趋势，转变点在 750～1000μN。一般说来，这种变化趋势由以下几种原因产生。一方面，表面损伤可以产生这种行为，主要是裂纹的生成[28]。然而，在原位扫描的表面形貌图片中并没有观察到裂纹生成。因此，这里对于 KDP 晶体的这种摩擦行为排除了由表面裂纹生成导致侧向力的双线性行为。另一方面，材料因压力增大导致结构相变时也可能引起侧向力的斜率发生变化。依据 Bao 等[29]和 Kucheyev 等[15]的报道，在室温时，划痕试验使用的压力不足以使 KDP 晶体形成压力相变。因此，这里认为针尖的几何形状可以解释侧向力的双线性行为。

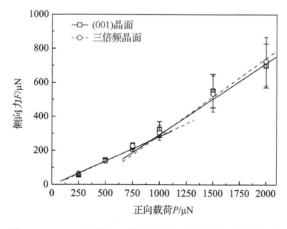

图 3.35 (001)晶面和三倍频晶面不同载荷下的侧向力

试验中采用尖端为球形的锥形压头，钝圆半径为 1μm。针尖的几何形状如图 3.36 所示。当 $a < a_0$ 时，和表面发生作用的只有针尖的球形部分。考虑弹性恢

复效应，球形针尖的耕犁摩擦系数可计算如下[30]：

$$\mu_{\text{plough}} = \frac{2}{a^2} \frac{\rho^2 \sin^{-1}\left(\dfrac{a}{\rho}\cos\omega\right) - a\cos\omega\sqrt{\rho^2 - a^2\cos^2\omega}}{\pi + 2\omega + \sin 2\omega} \tag{3.27}$$

式中，$\rho = \sqrt{R^2 - a^2\sin^2\omega}$，为球形针尖的有效半径；$R$ 为球形针尖的半径；a 是接触半径；ω 为弹性恢复形成的后角。a_0 是极限接触半径，a_r 是接触长度，当 $a > a_0$ 和 $a_r > a_0$ 时，耕犁摩擦系数由式（3.28）给出：

$$\mu_{\text{plough}} = \frac{2}{\pi}\cot\theta\left[\frac{\pi(1 - \sin\omega)\cos\omega}{\pi + 2\omega + \sin 2\omega}\right] \tag{3.28}$$

当 $a > a_0$ $a_r < a_0$ 时，耕犁摩擦系数由式（3.29）给出：

$$\mu_{\text{plough}} = \frac{2\left[\rho_0^2 \sin^{-1}\left(\dfrac{a_0}{\rho_0}\right)\cos\omega_0 - a_0\cos\omega_0\sqrt{\rho^2 - a_0^2\cos^2\omega_0} + \dfrac{a^2(1 - \sin\omega)\cos\omega - a_0^2(1 - \sin\omega_0)\cos\omega_0}{\tan\theta}\right]}{a^2[\pi + 2\omega + \sin(2\omega)]} \tag{3.29}$$

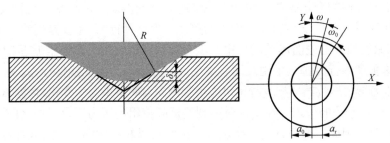

图 3.36　针尖几何形状示意图

　　为了计算这个摩擦系数，需要知道弹性恢复形成的后角 ω。Gauthier 等[31]提出式（3.30）来计算材料划痕的弹性恢复：

$$\frac{a_r}{a_f} = \sqrt{2c\tan\theta\frac{\sigma_y}{E_r}} \tag{3.30}$$

式中，a_f 是前端接触半径；σ_y 是材料的屈服应力；E_r 是材料的减少模量；c 是一个依赖于材料特性的常数。对于 KDP 晶体，σ_y 和 E_r 可由 Guin 等[32]和 Kucheyev 等[15]的研究数据得到。由于 KDP 晶体具有软脆物理特性，故 c 值取为 1.5。弹性恢复形成的后角 ω 可由式（3.29）计算得出，根据试验数据得到 ω 值约为 0.2rad。如果只考虑最大临界位置，把这些值代入式（3.27）和式（3.29），(001)晶面的耕犁摩擦系数分别为 0.17 和 0.26。很明显试验得到的摩擦系数大于计算得到的摩擦系数。

　　根据滑移和流线模型[33]，因为 KDP 晶体的滑移方向并不是水平的，因此在小黏附摩擦状态时界面剪切强度的正向分量不应该被忽略。也就是说，在划痕过程中黏附也贡献了一部分摩擦。根据库仑摩擦定律，摩擦力是由黏附力和耕犁力

两项之和组成的,可通过式(3.31)给出[34]:

$$F_t = \tau A + \mu_{plough} F_n \qquad (3.31)$$

式中,τA 项是黏附作用项,即界面剪切强度 τ 和实际接触面积 A 的乘积;μ_{plough} 是耕犁摩擦系数;F_n 为正压力。最后,摩擦系数可以由黏附摩擦系数和耕犁摩擦系数之和来表达,可写成下式:

$$\mu = \mu_{adhesion} + \mu_{plough} \qquad (3.32)$$

根据式(3.32),比较计算所得的耕犁摩擦系数和试验中得到的摩擦系数,可以得到在 KDP 晶体纳米划痕试验中,摩擦是由黏附和耕犁作用共同组成的。更进一步地说,随着载荷的增加,黏附作用逐渐减小,耕犁作用增大。但是应该注意到即使在载荷达到最大加载时,黏附仍然对摩擦有所贡献。

当针尖的球形部分在划痕中起主要作用时,摩擦力趋于线性。这种行为主要是由于耕犁摩擦项依赖锥形针尖的形状,而球形针尖引起的耕犁摩擦是依赖于接触宽度[35]。为了验证侧向力双线性行为是针尖几何形状引起的,图 3.37 描述了两次加载的正向位移曲线。由于针尖的钝圆半径为 1μm,故球形针尖的最大切深为 134nm。由图中可以看出,要使针尖的最大正向位移达到球形切深值,要求两个晶面上正向载荷的大小都在 750~1000μN 范围内,这和侧向力双线性行为的转变点吻合得很好。因此,针尖几何形状的改变能够解释侧向力随正向力变化而出现双线性行为这一现象。

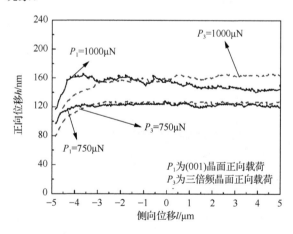

图 3.37 (001)晶面和三倍频晶面在 P=750μN 和 P=1000μN 时的正向位移曲线

3.3.2　KDP 晶体在微米尺度下的变形和摩擦学特性试验分析

微划痕试验试件经抛光后表面粗糙度 RMS 在 1～3nm。微划痕试验采用具有 120° 锥角和 30μm 前端半径的洛氏金刚锥。划痕采用恒定的正向加载，载荷范围 10～300mN。所有的试验划痕距离为 10mm，划痕速度为 5mm/min。为了分析 KDP 晶体划痕各向异性效应，选择不同的划痕方向进行试验。对于(001)晶面和三倍频晶面，规定 $\theta=0°$ 为针尖平行于[100]晶向滑动；而对于二倍频晶面，规定 $\theta=0°$ 是平行于 [110]晶向。不同晶面上，针尖划痕方位角参数列于表 3.5 中。所有试验均在室温下进行。

表 3.5　不同晶面的划痕方位角

晶面	划痕方位角/（°）							
(001)晶面	0（平行于[100]）	30	45	60	90	—	—	—	—
二倍频晶面	0（平行于[110]）	30	45	60	90	120	135	150	180
三倍频晶面	0（平行于[100]）	30	45	60	90	120	135	150	180

1. 载荷对微划痕的影响

试验选择 P=20mN、50mN、100mN 三种正向载荷，划痕方向选择 0° 方向。不同载荷下的划痕表面形貌通过光学显微镜观测得到，如图 3.38 所示。

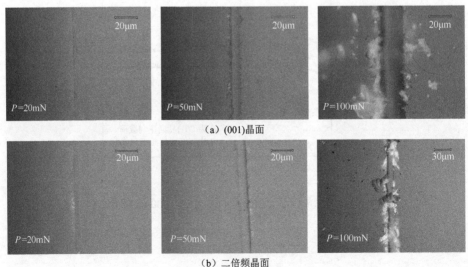

（a）(001)晶面

（b）二倍频晶面

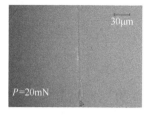

（c）三倍频晶面

图 3.38 不同载荷下的划痕表面形貌

三个晶面划痕宽度随着载荷的增加而增加。切屑从无到有，P=100mN 时，沟槽边缘出现侧向裂纹和崩碎现象。然而，二倍频晶面在 P=20mN 时就出现切屑，在 P=50mN 时沟槽边缘也出现了侧向裂纹。这主要是由于二倍频晶面划痕晶向为 [110]晶向，这个晶向的力学性能相对较弱，具有较低的弹性模量和纳米硬度（E=20.4GPa 和 H=1.4GPa）。而(001)晶面和三倍频晶面的弹性模量都是 66.5GPa，纳米硬度分别为 1.8GPa 和 1.3GPa。不同的力学性能，造成了三个晶面划痕行为的不同。从材料变形和去除角度来看，在 P=10mN 时，由于表面无切屑和侧向裂纹，划痕以塑性耕犁形式出现。在 P=20mN 时，(001)晶面和三倍频晶面仍然以塑性变形为主，几乎观察不到切屑，而二倍频晶面产生的切屑清晰可见，说明针尖前端材料已经达到塑性极限。当 P=50mN 时，(001)晶面和三倍频晶面划痕沟槽两侧均出现大量尺寸较小的切屑，但沟底和沟槽两边未见裂纹，二倍频晶面沟槽两侧已经出现侧向裂纹。当载荷继续增大时，三个晶面划痕沟槽两侧均出现侧向裂纹，大尺寸的切屑堆积在沟槽两侧，脆性断裂导致了局部崩碎。

图 3.39 为三个晶面的摩擦系数随载荷变化曲线。摩擦系数由摩擦力（侧向力）和正向载荷的比值定义。试验中，当摩擦系数处于稳态后，选取全部划痕距离的数据点的平均值作为某一特定载荷的摩擦系数，选取数据点不少于 1500 点。当针尖切深大于 4.02μm 时（R=30μm），针尖的锥形部分才能开始进入材料。根据沟槽宽度试验结果，当 P=100μN 时，三个晶面的划痕深度分别为 2.7μm、4.18μm 和 7.28μm。此时，锥形部分已和二倍频晶面及三倍频晶面接触，由压头的锥形部分和球形部分共同执行划痕试验。但是，由于(001)晶面硬度较大，因此压入深度比二倍频晶面和三倍频晶面压入深度小，只有球形针尖和晶体发生相互作用。在低载荷时的摩擦系数较小，这是由于针尖为钝圆形，针尖和材料接触面积较大，压入深度仅为 0.35μm，材料变形主要是弹性的，塑性变形占比较小，这时摩擦力主要由表面黏附力贡献。当载荷增加时，材料塑性变形加剧，摩擦力主要由耕犁作用力贡献，因此摩擦系数增大。当加载应力大于材料的屈服极限时，首先有切屑生成，然后继续增大应力将导致沟槽两侧和沟底有裂纹产生。切屑和裂纹的生成导致了摩擦系数的波动，因此当 P≥50μN 时，摩擦系数的标准偏差也随之增加。

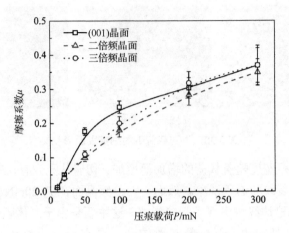

图 3.39　不同晶面摩擦系数随载荷变化曲线

2. 各向异性对微划痕的影响

图 3.40、图 3.41 和图 3.42 为(001)晶面、二倍频晶面和三倍频晶面不同划痕方向的沟槽表面形貌。(001)晶面沿 0°和 90°方向划痕得到的沟槽比较光滑；沿 30°和 60°方向的沟槽次之，且沟槽两侧切屑增多；沿 45°方向的沟槽两侧出现较大切屑。但是，不论哪个划痕方向，沟槽两侧都未出现侧向裂纹。而对于二倍频晶面，只有沿 120°和 135°方向的沟槽无侧向裂纹产生，其余划痕方向的沟槽两侧有明显的切屑堆积和侧向裂纹产生。三倍频晶面 0°划痕方向的沟槽较光滑，30°、60°、90°和 120°方向次之，45°和 135°方向沟槽两侧则出现侧向裂纹并有尺寸较大的切屑产生。不同晶面在不同划痕方向力学性能的各向异性造成材料的去除形式有差别。

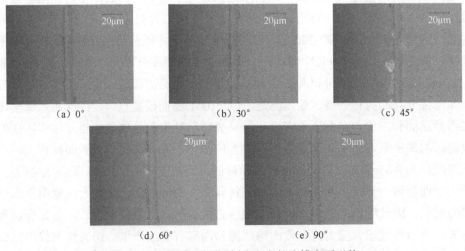

图 3.40　(001)晶面不同划痕方向的沟槽表面形貌

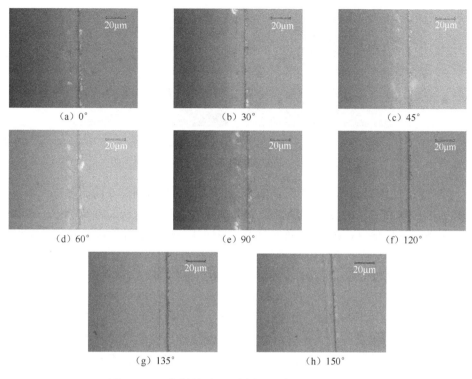

(a) 0°　　　　　　　　(b) 30°　　　　　　　　(c) 45°

(d) 60°　　　　　　　　(e) 90°　　　　　　　　(f) 120°

(g) 135°　　　　　　　　(h) 150°

图 3.41　二倍频晶面不同划痕方向的沟槽表面形貌

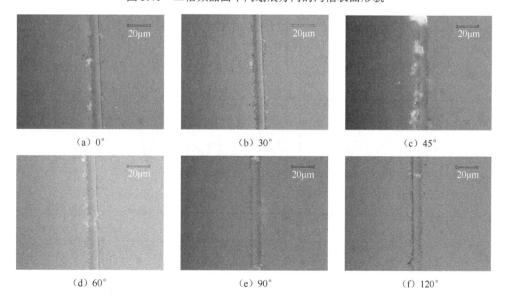

(a) 0°　　　　　　　　(b) 30°　　　　　　　　(c) 45°

(d) 60°　　　　　　　　(e) 90°　　　　　　　　(f) 120°

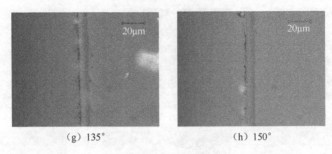

（g）135°　　　　　　　　　　（h）150°

图 3.42　三倍频晶面不同划痕方向的沟槽表面形貌

图 3.43 为(001)晶面、二倍频晶面和三倍频晶面不同划痕方向的摩擦系数。三个晶面摩擦系数的各向异性程度在表 3.6 中给出。使用 $\delta_f = (\mu_{max} - \mu_{min})/\mu_{max} \times 100\%$ 来计算各向异性程度，(001)晶面、二倍频晶面和三倍频晶面的 δ_f 值分别为 50%、43.8% 和 43.8%。摩擦系数强烈的各向异性具有周期性，三个晶面分别为 90°、180°、180°，这恰好是晶面本身结构的周期性。根据式（3.26），沿不同晶向滑动，分解剪切应力作用的大小和分布各异，这和晶体本身的结构密切相关，进而导致了摩擦力的不同。不同晶向上摩擦力的幅度决定了材料的去除机理的差异。当针尖和前端材料的接触压力大于材料屈服强度，又不足以使材料发生断裂，那么此时的划痕沟槽处于塑性耕犁状态；如果接触压力大于材料的强度极限，在沟槽两侧便出现侧向裂纹。

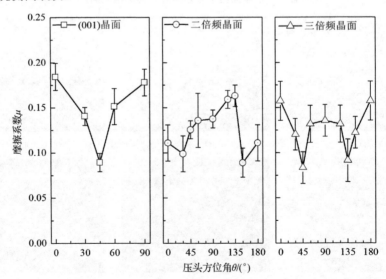

图 3.43　(001)晶面、二倍频晶面和三倍频晶面不同划痕方向的摩擦系数

表 3.6 不同划痕方向摩擦系数各向异性程度

晶面	最大摩擦系数		最小摩擦系数		各向异性程度/% $\left(\delta_f = \dfrac{\mu_{max} - \mu_{min}}{\mu_{max}} \times 100\% \right)$
	方位角/(°)	μ_{max}	方位角/(°)	μ_{min}	
(001)晶面	0, 90	0.18±0.02	45	0.09±0.01	50
二倍频晶面	135	0.16±0.01	150	0.09±0.02	43.8
三倍频晶面	0, 180	0.16±0.02	45, 135	0.09±0.02	43.8

为了分析 KDP 晶体在不同尺度下材料去除机理和动态摩擦磨损特性,分别执行纳米划痕试验和微划痕试验,可以得到如下结论:①KDP 晶体的不同晶面在不同尺度下的摩擦系数范围相同,都小于 0.4,且由划痕过程中材料的变形机理决定。②KDP 晶体划痕变形机理可分为弹塑性变形、塑性耕犁、微切屑生成和表面损伤4 个阶段。由于 KDP 晶体具有软脆特性,弹塑性变形阶段和塑性耕犁阶段区分并不明显,并且变形机理受晶向影响强烈。③无论划痕深度在纳米尺度下还是在微米尺度下,KDP 晶体不同晶面的摩擦系数都受晶向的影响。(001)晶面、二倍频晶面和三倍频晶面摩擦系数变化周期分别为 90°、180° 和 180°,各向异性程度分别为 50%、43.8%和 43.8%。④在纳米划痕中,摩擦系数受针尖的几何形状和材料变形机理影响。针尖几何形状的变化使得摩擦力随正向载荷增加呈现双线性变化,摩擦系数随载荷增加而增大,在弹塑性变形和塑性耕犁阶段,摩擦系数由黏附摩擦系数和耕犁摩擦系数两部分组成,并且黏附摩擦系数对总摩擦系数的贡献随着正向载荷的增加逐渐减小。

3.4 KDP 晶体压痕断裂试验与结果分析

KDP 晶体的硬度低,脆性大,且对温度变化极为敏感,因此在加工过程中极易引起工件损伤。作为光学变频元件,KDP 晶体的一个重要参数是激光损伤阈值。如果加工表面或亚表面存在损伤,会大大降低激光损伤阈值,严重影响晶体的光学特性。此外,在工业应用中,KDP 晶体元件的表面完整性要求极高,表面粗糙度 RMS<5nm。因此,加工 KDP 晶体一般采用超精密加工技术,且使晶体处于延性域加工,以减少加工过程中引起的损伤。本节选择光学元件中最常用的三个晶面作为研究对象,即(001)晶面、二倍频晶面和三倍频晶面。然后使用维氏压痕方法对三个晶面进行维氏硬度、压痕引起的表面裂纹分布和断裂韧性各向异性试验分析,并考虑结合键的解离能,对 KDP 晶体变形、损伤等机理进行了解释说明。

3.4.1 KDP 晶体压痕断裂试验方法

使用线切割的方法把 KDP 晶体切成 15mm×15mm×10mm 的长方体，再使用 3000 目砂纸对试件进行研磨，去除线切割带来的加工损伤，最后使用传统的超精密抛光方法进行抛光，抛光液为一种自制的无水醇类和含纳米级 SiO_2 球体的混合液。抛光后使用 ZYGO NewView 5022 三维光学表面轮廓仪进行检测，扫描区域大小为 0.278mm×0.278mm。试验中选择(001)晶面、二倍频晶面和三倍频晶面作为研究对象，测得三个晶面的表面粗糙度 Ra 均小于 3nm。压痕设备为德国兹韦克罗睿集团生产的显微维氏硬度计 Vickers，压头为顶部两相对面夹角为 136° 的正四棱锥体金刚石维氏压头。压痕载荷分别为 0.1N、0.25N、0.5N、1N 和 2N。当加载载荷达到最大时，停留 15s。为了分析断裂韧性的晶向效应，使压头对角线沿某一方向旋转。由于(001)晶面具有四重旋转对称性，故选择 90° 作为一个周期。压头对角线和[100]晶向平行时，定义 $\theta=0°$，每隔 15° 执行一次压痕试验。对于二倍频晶面，定义压头对角线方向和[110]晶向平行时 $\theta=0°$，每隔 15° 执行一次压痕试验，试验角度范围为 0°～180°。对于三倍频晶面，定义压头对角线方向和[100]晶向平行时 $\theta=0°$，试验角度范围为 0°～180°。每个方向至少执行 6 次压痕，所有的试验在室温下执行。

3.4.2 维氏硬度压痕尺寸效应和各向异性试验研究

表 3.7 给出了维氏硬度压痕尺寸效应试验压头晶向，压痕方向对应着 $\theta=0°$。维氏硬度 H_v 计算如下[36]：

$$H_v = 1.8544 \frac{P}{d^2} \tag{3.33}$$

式中，P 为压痕载荷；d 为压痕对角线长度；$d = \sqrt{d_1 d_2}/2$。

表 3.7 维氏硬度压痕尺寸效应试验压头晶向

晶面	压头晶向
(001)晶面	[100]晶向
二倍频晶面	[110]晶向
三倍频晶面	[100]晶向

图 3.44 是三个晶面在不同载荷下的维氏硬度。(001)晶面硬度最大。在载荷小于 50mN 时，二倍频晶面硬度大于三倍频晶面硬度；当载荷大于 50mN 时，三倍频晶面硬度稍大于二倍频晶面硬度。(001)晶面和三倍频晶面压痕尺寸效应不明显，二倍频晶面表现出明显的压痕尺寸效应。

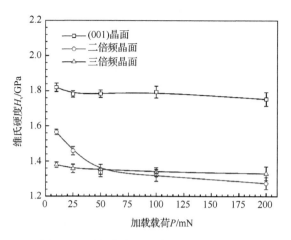

图 3.44 不同载荷下三个晶面的维氏硬度

单晶体显微维氏硬度的各向异性是随着载荷的增加而减小的[37, 38]，因此硬度各向异性试验是使用最小载荷 0.1N 进行试验的。图 3.45 描述了 KDP 晶体不同晶面的维氏硬度。每个晶面最软方向和最硬方向，以及各向异性程度 δ 在表 3.8 中给出。使用维氏压痕方法试验所得的维氏硬度各向异性并不显著。三倍频晶面稍大一些，也只有 13.2%；(001)晶面次之，为 7.3%；二倍频晶面几乎没有各向异性，仅为 4.7%。这主要有两个原因：一是载荷效应，即载荷越大硬度各向异性愈小；二是维氏压头具有四次对称性，不利于各向异性试验。对于四方晶系，(001)晶面具有四次对称结构，因此周期为 90°。三倍频晶面关于[100]晶向二次对称，因此周期为 180°。尽管二倍频晶面关于[110]晶向二次对称并且维氏压头的对称性高，但在压痕载荷较大的情况下，并没有显现周期性特征。

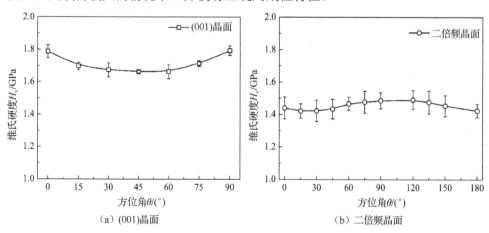

（a）(001)晶面   （b）二倍频晶面

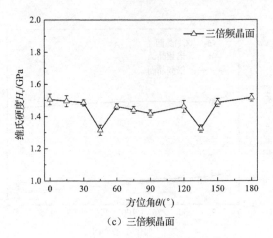

（c）三倍频晶面

图 3.45　KDP 晶体不同晶面的维氏硬度

表 3.8　不同晶面硬度各向异性表

晶面	最软方向		最硬方向		各向异性程度/% $\left(\delta = \dfrac{H_{max} - H_{min}}{H_{max}} \times 100\%\right)$
	$\theta/(°)$	H_v /GPa	$\theta/(°)$	H_v /GPa	
(001)晶面	45	1.66	0, 90	1.79	7.3
二倍频晶面	15	1.42	120	1.49	4.7
三倍频晶面	45	1.31	0, 180	1.51	13.2

　　为了研究 KDP 晶体相对塑性程度，需要知道压痕过程的塑性变形和总变形量。对于维氏压头，试验材料的相对塑性可根据式（3.34）计算[39]：

$$\delta_H = 1 - \frac{14.3(1 - \upsilon - 2\upsilon^2)H_v}{E} \tag{3.34}$$

式中，H_v 为维氏硬度；υ 为泊松比；E 为弹性模量。把 KDP 晶体的相应数据代入式（3.34），可以得到不同晶面的相对塑性，详见表 3.9。

表 3.9　不同晶面的相对塑性

方位角/（°）	(001)晶面的相对塑性	二倍频晶面的相对塑性	三倍频晶面的相对塑性
0	0.74	0.33	0.78
15	0.62	0.30	0.73
30	0.36	0.29	0.61
45	0.23	0.31	0.58
60	0.36	0.33	0.54
75	0.62	0.38	0.62
90	0.74	0.48	0.66
120	—	0.80	0.54

续表

方位角/（°）	(001)晶面的相对塑性	二倍频晶面的相对塑性	三倍频晶面的相对塑性
135	—	0.83	0.58
150	—	0.64	0.61
180	—	0.34	0.78

3.4.3　断裂韧性试验分析

　　三个晶面在 0.1N 载荷下进行压痕试验，裂纹开始出现，这和 Sengupta 等[39]进行 KDP 晶体维氏硬度试验的结果吻合，如图 3.46 所示[40]。低载荷时，裂纹规则地出现在压头的对角线处。图 3.47 描述了三个晶面在 0.5N 载荷下压痕表面形貌。随着载荷的加载，径向裂纹长度增加。在(001)晶面上，垂直于压痕棱边方向出现裂纹；在二倍频晶面上，压痕棱边出现破碎，只在一条对角线方向上径向裂纹长度增加；在三倍频晶面上，只有径向裂纹长度增加。

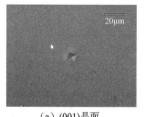
（a）(001)晶面

（b）二倍频晶面

（c）三倍频晶面

图 3.46　0.1N 载荷下压痕表面形貌

（a）(001)晶面

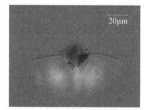
（b）二倍频晶面

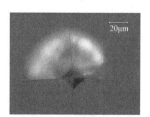
（c）三倍频晶面

图 3.47　0.5N 载荷下压痕表面形貌

　　压痕产生的径向裂纹和侧向裂纹是至关重要的，因为它们强烈影响试件表层的断裂强度。压痕断裂韧性试验方法是基于表面径向裂纹长度计算的。裂纹类型分析可以为断裂韧性计算提供理论基础和分析依据。维氏压头产生的裂纹类型主要有径向裂纹、侧向裂纹、中位裂纹和微裂纹，如图 3.48 所示[41]。不同类型裂纹断裂韧性的计算公式不同，维氏压头产生的裂纹参数如图 3.49 所示。

（a）径向裂纹　　　　（b）侧向裂纹　　　　（c）中位裂纹　　　　（d）微裂纹

图 3.48　维氏压头压痕产生的裂纹类型

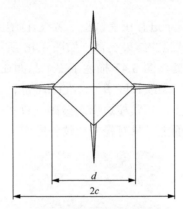

图 3.49　维氏压头产生的裂纹参数

广濑浩一（Koichi Niihara）公式适合描述径向裂纹，而不是微裂纹[42]。根据 Niihara 等的建议，这个公式更适合描述短裂纹情形，即 $c/(d/2)<2.5$。对于径向裂纹，裂纹长度随着压痕载荷呈线性变化[43]。Lawn 等[44]和 Anstis 等[45]却提出了一个不同的关系，他们在研究压痕裂纹中包含中位裂纹和径向裂纹两种类型时，发现压痕载荷 P 和裂纹长度 c 呈 $P/c^{1.5}=$ 常数的关系，并且指出这个值依赖于试件材料，最终给出断裂韧性的计算公式如下：

$$K_c = k \left(\frac{E}{H}\right)^n \frac{P}{c^{1.5}} \qquad (3.35)$$

式中，$k=0.016$；$n=0.5$；E 是弹性模量；H 是纳米硬度；P 是压痕载荷。

Laugier[46]根据试验结果，提出了另一个公式：

$$K_c = \lambda \left(\frac{d/2}{c-d/2}\right)^{0.5} \left(\frac{E}{H}\right)^{0.5} \frac{P}{c^{1.5}} \qquad (3.36)$$

式中，$\lambda=0.015$。他们发现对于径向裂纹和微裂纹，裂纹长度对载荷的依赖关系是相同的。上面这两个断裂韧性计算公式是基于表面产生了较大的径向裂纹的假设，因此可以近似认为 $P/c^{1.5}=$ 常数这样的规律均适用。

Evans[47]对多晶陶瓷材料裂纹长度进行了曲线拟合分析,裂纹长度和压痕对角线长度的比值 $c/(d/2)$ 范围在 $1.5\sim7$,推导出断裂韧性如下:

$$
\begin{cases}
K_c = H\left(\dfrac{D}{2}\right)^{0.5}\left(\dfrac{E}{H}\right)^{0.4}10^{f(x)} \\[2mm]
x = \lg\left(\dfrac{c}{d/2}\right) \\[2mm]
f(x) = -1.59 - 0.34x - 2.02x^2 + 11.23x^3 - 24.97x^4 + 16.32x^5
\end{cases}
\tag{3.37}
$$

显然这个模型对长裂纹和短裂纹都适用,并且埃文斯(Evans)模型给出压痕载荷 P 和裂纹长度 c 约呈线性关系,即 $P/c=$ 常数。

从上述模型中可以发现,不同类型裂纹的断裂韧性计算使用不同的公式。这集中表现在对裂纹类型的判断依据上,有两个评价标准:一个是裂纹长度和压痕对角线长度的比值 $c/(d/2)$;另一个是压痕载荷 P 和裂纹长度 c 之间的关系。在 KDP 晶体断裂韧性试验中, $c/(d/2)$ 这个数值在 $2\sim4$ 变化。从这个数值变化来看,KDP 晶体在低载荷时是径向裂纹,高载荷时可能是径向裂纹、中位裂纹或微裂纹中的一种。压痕载荷 P 和裂纹长度 c 之间的关系如图 3.50 所示。对于(001)晶面,当 $P<0.5\mathrm{N}$ 时, P 和 c 之间呈非线性关系,当 $P\geqslant0.5\mathrm{N}$ 时,呈线性关系。二倍频晶面 P 和 c 之间的关系和(001)晶面相类似,只是在小载荷时非线性程度稍大。三倍频晶面 P 和 c 之间的关系是两段线性关系。对于(001)晶面和二倍频晶面小载荷时 P 和 c 之间的非线性关系需要进一步研究。

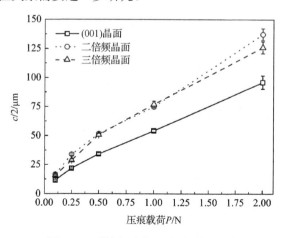

图 3.50　裂纹长度与压痕载荷的关系

图 3.51 展示了裂纹长度和较低压痕载荷之间的关系。(001)晶面和二倍频晶面在 $P<0.5\mathrm{N}$ 时，呈现了 $P/c^{1.5}$=常数的规律。尽管在三倍频晶面上裂纹长度和压痕载荷之间观察到了显著的线性相关性，但是拟合直线并未通过原点。进一步分析可知 P 和 $c^{1.5}$ 也保持了线性关系，并且恰好通过原点。此外，当 $P \geqslant 0.5\mathrm{N}$ 时裂纹类型复杂，选取裂纹长度不一致得到的结果也不一致，且压痕时常有块状碎屑产生，不适宜做断裂韧性分析。

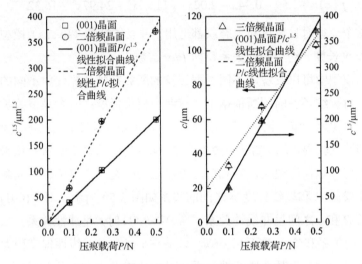

图 3.51　裂纹长度和低压痕载荷之间的关系

鉴于上述分析结果，Koichi Niihara 模型和式（3.37）不适于压痕载荷较低时 KDP 晶体断裂韧性的计算。此外，式（3.36）必须满足 $\kappa=[(d/2)/(c-d/2)]^{0.5}$ 为常值，然而对于 KDP 晶体这个数值变化程度$(\kappa_{\max}-\kappa_{\min})/\kappa_{\max}>30\%$。且随着压痕载荷增大，$\kappa$ 值减小程度继续加大，因此这个数值程度将继续增大。故对 KDP 晶体断裂韧性计算首选式（3.36）。

使用压痕方法评价断裂韧性通常被应用在各向同性材料上。这种方法被应用到单晶体上就和压痕晶面的对称性、弹性模量、塑性各向异性紧密相关。KDP 晶体弹性数矩阵如下[1]：

$$C = \begin{bmatrix} s_{11} & s_{12} & s_{13} & 0 & 0 & 0 \\ s_{12} & s_{11} & s_{13} & 0 & 0 & 0 \\ s_{13} & s_{13} & s_{33} & 0 & 0 & 0 \\ 0 & 0 & 0 & s_{44} & 0 & 0 \\ 0 & 0 & 0 & 0 & s_{44} & 0 \\ 0 & 0 & 0 & 0 & 0 & s_{66} \end{bmatrix} \qquad (3.38)$$

每个晶面的弹性模量可通过表 3.1 给出的弹性系数，依据式（3.3）、式（3.5）和式（3.7）计算得到。硬度值通过维氏压痕方法试验得到。图 3.52 展示不同载荷下三个晶面的断裂韧性。不同载荷下三个晶面的断裂韧性各不相同，主要是因为三个晶面的原子排布不同。试验参数列在表 3.10 中。

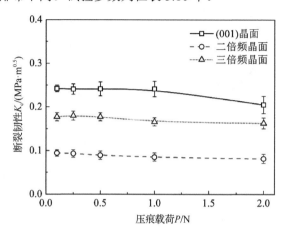

图 3.52 不同载荷下三个晶面的断裂韧性

表 3.10 不同载荷下压痕试验参数表

晶面	压头对角线方位角/（°）
(001)晶面	0（平行于[100]）
二倍频晶面	0（平行于[110]）
三倍频晶面	0（平行于[100]）

工业上对 KDP 晶体元件表面质量要求极高，表面和亚表面应无缺陷。为了获得高精度表面质量，KDP 晶体加工都采用极小切削深度来达到材料的延性域去除，即加工表面不能有裂纹形成。因此，试验中采用 0.1N 压痕载荷来研究 KDP 晶体断裂韧性各向异性。图 3.53 分别展示了 KDP 晶体三个晶面断裂韧性的各向异性。(001)晶面是关于 z 轴的四重旋转对称，因此断裂韧性周期也表现出和弹性模量及硬度一样的周期，即 90°。二倍频晶面关于[110]晶向二次对称，断裂韧性周期表现为 180°。同样，三倍频晶面关于[100]晶向二次对称，断裂韧性周期也表现为 180°。断裂韧性的各向异性程度可由 $\eta=(K_{cmax}-K_{cmin})/K_{cmax}\times100\%$ 来表示，参见表 3.11。(001)晶面、二倍频晶面和三倍频晶面断裂韧性的各向异性程度分别为 63.8%、64.3%和 34.1%。(001)晶面和二倍频晶面断裂韧性的各向异性程度相近，都相对较大；三倍频晶面断裂韧性的各向异性程度相对较小。

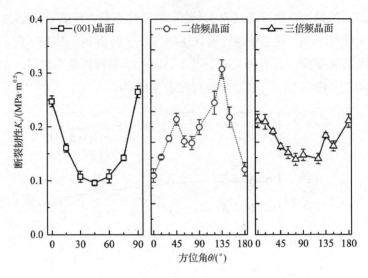

图 3.53　KDP 晶体压痕断裂韧性的各向异性

表 3.11　不同晶面断裂韧性的各向异性

晶面	最难开裂方向		最易开裂方向		各向异性程度/% $\left(\eta = \dfrac{K_{cmax} - K_{cmin}}{K_{cmax}} \times 100\%\right)$
	$\theta/(°)$	K_{cmax}	$\theta/(°)$	K_{cmin}	
(001)晶面	0, 90	0.265±0.010	45	0.096±0.005	63.8
二倍频晶面	135	0.269±0.015	0	0.096±0.011	64.3
三倍频晶面	0,180	0.185±0.010	75	0.122±0.009	34.1

　　断裂韧性和表面张力及弹性模量密切相关，可表示如下：

$$G_{1c} = (1 - \upsilon^2)\frac{K_c^2}{E} \tag{3.39}$$

$$G_{1c} = \psi G_1 + \sum G_i \tag{3.40}$$

式中，E 是断裂面的弹性模量；υ 是泊松比；G_{1c} 是临界应变能释放率；G_1 是形成新表面吸收能；ψ 是表面粗糙度 RMS；G_i 是塑性变形和解理断裂等吸收能[48,49]。把试验所得的断裂韧性、弹性系数和泊松比代入式（3.40）中，可以得到 KDP 晶体不同晶面的应变能释放率，计算结果参见表 3.12。

表 3.12　KDP 晶体压痕断裂韧性和应变能释放率

晶面	断裂韧性 $K_c/$（MPa·m$^{0.5}$）	应变能释放率 $G_{1c}/$（J/m^2）
(001)晶面	0.096～0.265	0.43～1.00
二倍频晶面	0.096～0.269	0.43～0.79
三倍频晶面	0.122～0.185	0.40～0.49

KDP 晶体中，原子间连接包含如下类型：两种键长不同 K—O 离子键，P—O 共价键，O—H⋯O 键。每个 PO_4^{3-} 基团通过 O 原子和 6 个 K 离子相连接，两个 PO_4^{3-} 基团由 O—H⋯O 键连接。其中，O—H⋯O 键中包含 O—H 共价键和 H⋯O 氢键两种结合键。图 3.54 绘出了分子结构图。K—O 键的解离能为 271.5kJ/mol；P—O 键的解离能为 589kJ/mol；O—H⋯O 键中的共价键解离能为 429.91kJ/mol，氢键的解离能为 13.29kJ/mol。从结合键角度来看，O⋯H 键解离能最低，应该是晶体结构随压力和温度变化的根本原因。裂纹形成扩展能 W_c 和压痕总能量 W_t 表示如下：

$$W_c \propto G_{1c}\pi c^2 \tag{3.41}$$

$$W_t \propto \frac{Pd}{7} \tag{3.42}$$

式中，P 是压痕名义载荷；c 是裂纹长度；d 是压痕对角线长度。相应数据见表 3.13。结果表明裂纹形成扩展能只消耗了小于总能量 0.3%，其余主要被材料的塑性变形吸收。其他的能量耗散还包括位错生成和位错运动等，但这些消耗对断裂的影响很小[50-52]。

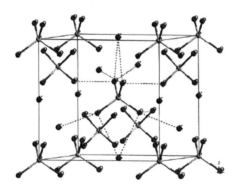

图 3.54 KDP 晶体分子结构示意图

表 3.13 不同晶面的裂纹形成扩展能和压痕总能量

晶面	压痕名义载荷 P/N	压痕对角线长度 d/μm	裂纹长度 c/μm	裂纹形成扩展能 W_c/(J/10^9)	压痕总能量 W_t/(J/10^9)	W_c/W_t
(001)晶面	0.1	5.15	11.67	0.43	147	0.29
	0.25	8.01	21.89	1.24	572	0.22
	0.5	11.11	34.20	3.04	1587	0.19

续表

晶面	压痕名义载荷 P/N	压痕对角线长度 d/μm	裂纹长度 c/μm	裂纹形成扩展能 W_c（J/10^9）	压痕总能量 W_t（J/10^9）	W_c/W_t
二倍频晶面	0.1	5.58	16.76	0.41	159	0.26
	0.25	8.91	33.84	1.67	636	0.26
	0.5	13.40	51.67	3.15	1914	0.16
三倍频晶面	0.1	3.133	15.82	0.36	164	0.22
	0.25	9.31	28.74	1.34	665	0.20
	0.5	13.09	50.73	3.75	1870	0.20

参 考 文 献

[1] Hosford W F. The mechanics of crystals and textured polycrystals[M]. New York: Oxford University Press, 1993: 24-38.

[2] Fang T, Lambropoulos J C. Microhardness and indentation fracture of potassium dihydrogen phosphate (KDP)[J]. Journal of the American Ceramic Society, 2002, 85(1): 174-178.

[3] Oliver W C, Pharr G M. An improved technique for determining hardness and elastic modulus using load and displacement sensing indentation experiments[J]. Journal of Materials Research, 1992, 7(6): 1564-1583.

[4] Pharr G M. Measurement of mechanical properties by ultra-low load indentation[J]. Materials Science & Engineering A, 1998, 253(1-2): 151-159.

[5] Pal T, Kar T. Studies of microhardness anisotropy and young's modulus of nonlinear optical crystal l-arginine hydrochlorobromo monohydrate[J]. Materials Letters, 2005, 59(11): 1400-1404.

[6] Huang H, Wang B L, Wang Y, et al. Characteristics of silicon substrates fabricated using nanogrinding and chemo-mechanical-grinding[J]. Materials Science and Engineering A, 2008, 479(1-2): 373-379.

[7] Withers P J , Turski M , Edwards L ,et al.Recent advances in residual stress measurement[J]. International Journal of Pressure Vessels and Piping, 2008(3):85.

[8] Kölemen U. Analysis of ISE in microhardness measurements of bulk MgB$_2$ superconductors using different models[J]. Journal of Alloys and Compounds, 2006, 425(1-2): 429-435.

[9] Gong J H, Zhao Z, Guan Z D, et al. Load-dependence of Knoop hardness of Al$_2$O$_3$-TiC composites [J]. Journal of the European Ceramic Society, 2000, 20(12): 1895-1900.

[10] Pal T, Kar T. Vickers microhardness studies of L-arginine halide mixed crystals[J]. Materials Science and Engineering A, 2003, 354(1): 331-336.

[11] Gong J H, Wu J J, Guan Z D. Examination of the indentation size effect in low-load Vickers hardness testing of ceramics [J]. Journal of the European Ceramic Society, 1999, 19(15): 2625-2631.

[12] Nix W D, Gao H J. Indentation size effects in crystalline materials: A law for strain gradient plasticity [J]. Journal of the Mechanics and Physics of Solids, 1998, 46(3): 411-425.

[13] Lu G W, Sun X. Raman study of lattice vibration modes and growth mechanism of KDP single crystals[J]. Crystal Research and Technology, 2002, 37(1): 93-99.

[14] Rao K, Sirdeshmukh D. Microhardness of some crystals with potassium dihydrogen phosphate structure[J]. Indian Journal of Pure Applied Physics, 1978, 16: 860-861.

[15] Kucheyev S O, Siekhaus W J, Land T A, et al. Mechanical response of KD$_{2x}$H$_{2(1-x)}$PO$_4$ crystals during nanoindentation[J]. Applied Physics Letters, 2004, 84(13): 2274-2276.

[16] Swadener J G, George E P, Pharr G M. The correlation of the indentation size effect measured with indenters of

various shapes[J]. Journal of the Mechanics and Physics of Solids, 2002, 50(4): 681-694.

[17] Lin Y H, Chen T C, Yang P F, et al. Atomic-level simulations of nanoindentation-induced phase transformation in mono-crystalline silicon[J]. Applied Surface Science, 2007, 254(5): 1415-1422.

[18] Page T F, Oliver W C, Mchargue C J. The deformation behavior of ceramic crystals subjected to very low load (nano)indentations[J]. Journal of Materials Research, 1992, 7(2): 450-473.

[19] Yan J W, Takahashi H, Gai X H, et al. Load effects on the phase transformation of single-crystal silicon during nanoindentation tests [J]. Materials Science and Engineering A-Structural Materials Properties Microstructure and Processing, 2006, 423(1-2): 19-23.

[20] Zhang Z Y, Gao H, Jie W Q, et al. Chemical mechanical polishing and nanomechanics of semiconductor CdZnTe single crystals[J]. Semiconductor Science & Technology, 2008, 23(10): 105023.

[21] Kucheyev S O, Bradby J E, Williams J S, et al. Mechanical deformation of single-crystal ZnO[J]. Applied Physics Letters, 2002, 80(6): 956-958.

[22] Brookes C A, Oneill J B, Redfern B A W. Anisotropy in hardness of single crystals [J]. Proceedings of the Royal Society of London Series A-Mathematical and Physical Sciences, 1971, 322(1548): 73-88.

[23] Sirdeshmukh D B, Sirdeshmukh L, Subhadra K G. Micro- and macro-properties of solids [M]. Springer Series in Materials Science, 2006, 80 (2):245-286.

[24] Daniels F W, Dunn C G. The effect of orientation on Knoop hardness of single crystals of zinc and silicon ferrite[J]. Transactions of the American Society for Metals, 1949, 41: 419-422.

[25] Brookes C A, Burand R P. The science of hardness testing and its research applications [M]. Ohio: American Society of Metals, 1973.

[26] Henshall J L, Brookes C A. The measurement of K_{IC} in single-crystal SiC using the indentation method[J]. Journal of Materials Science Letters, 1985, 4(6): 783-786.

[27] Bowden F P, Brookes C A. Frictional anisotropy in nonmetallic crystals [J]. Proceedings of the Royal Society of London Series A-Mathematical and Physical Sciences, 1966, 295(1442): 244-258.

[28] Axen N, Kahlman L, Hutchings I M. Correlations between tangential force and damage mechanisms in the scratch testing of ceramics[J]. Tribology International, 1997, 30(7): 467-474.

[29] Bao Z X, Schmidt V H, Howell F L. Phase transitions in KH_2PO_4 and RbH_2PO_4 to 14 GPa observed by capacitance change in a diamond anvil cell[J]. Journal of Applied Physics, 1991, 70(11): 6804-6808.

[30] Lafaye S, Troyon M. On the friction behaviour in nanoscratch testing[J]. Wear, 2006, 261(7): 905-913.

[31] Gauthier C, Lafaye S, Schirrer R. Elastic recovery of a scratch in a polymeric surface: Experiments and analysis[J]. Tribology International, 2001, 34(7): 469-479.

[32] Guin C H, Katrich M D, Savinkov A I, et al. Plastic strain and dislocation structure of the KDP group crystals[J]. Crystal Research and Technology, 1980, 15(4): 479-488.

[33] Childs T H C. Sliding of rigid cones over metals in high adhesion conditions [J]. International Journal of Mechanical Sciences, 1970, 12(5): 393-403.

[34] Moore D. The friction and lubrication of elastomers [M]. London: Pergamon Press, 1972.

[35] Lafaye S. True solution of the ploughing friction coefficient with elastic recovery in the case of a conical tip with a blunted spherical extremity[J]. Wear, 2008, 264(7-8): 550-554.

[36] Fischer-Cripps A C , Johnson K .Introduction to Contact Mechanics. Mechanical Engineering Series[J]. Applied Mechanics Reviews, 2002, 55(3).

[37] Mogilevsky P, Parthasarathy T A. Anisotropy in room temperature microhardness and indentation fracture of xenotime[J]. Materials Science & Engineering A, 2007, 454: 227-238.

[38] Mogilevsky P, Parthasarathy T A, Petry M D. Anisotropy in room temperature microhardness and fracture of CaWo(4) scheelite [J]. Acta Materialia, 2004, 52(19): 5529-5537.

[39] Milman Y V, Chugunova S I. Mechanical properties, indentation and dynamic yield stress of ceramic targets [J]. International Journal of Impact Engineering, 1999, 23(1): 629-638.

[40] Sengupta S. Microhardness studies in gel-grown ADP and KDP single crystals[J]. Bulletin of Materials Science, 1992, 15(4): 333-338.

[41] Cook R F, Pharr G M. Direct observation and analysis of indentation cracking in glasses and ceramics [J]. Journal of the American Ceramic Society, 1990, 73(4): 787-817.

[42] Niihara K, Morena R, Hasselman D P H. Evaluation of K_{IC} of brittle solids by the indentation method with low crack-to-indent ratios [J]. Journal of Materials Science Letters, 1982, 1(1): 13-16.

[43] Niihara K. A fracture mechanics analysis of indentation-induced Palmqvist crack in ceramics[J]. Journal of Materials Science Letters, 1983, 2(5): 221-223.

[44] Lawn B R, Evans A G, Marshall D B. Elastic-plastic indentation damage in ceramics - the median-radial crack system [J]. Journal of the American Ceramic Society, 1980, 63(9-10): 574-581.

[45] Anstis G R, Chantikul P, Lawn B R, et al. A critical evaluation of indentation techniques for measuring fracture toughness: I, direct crack measurements [J]. Journal of the American Ceramic Society, 1981, 64(9): 533-538.

[46] Laugier M T. New formula for indentation toughness in ceramics [J]. Journal of Materials Science Letters, 1987, 6(3): 355-356.

[47] Evans A G. Energies for crack propagation in polycrystalline MgO[J]. The Philosophical Magazine: A Journal of Theoretical Experimental and Applied Physics, 1970, 22(178): 841-852.

[48] Henshall J L, Rowcliffe D J, Edington J W. Fracture toughness of single-crystal silicon carbide[J]. Journal of the American Ceramic Society, 1977, 60(7-8): 373-374.

[49] Evans A G. Fracture toughness : The role of indentation techniques[J]. Fracture Mechanics Applied to Brittle Materials, 1979, 678: 112-135.

[50] 鲁春鹏. 面向 KDP 晶体材料可延性加工的力学行为研究[D]. 大连: 大连理工大学, 2010.

[51] Lu C P, Gao H, Wang J H, et al. Mechanical properties of potassium dihydrogen phosphate single crystal by the nanoindentation technique [J]. Materials and Manufacturing Processes, 2010, 25(8): 740-748.

[52] 鲁春鹏, 高航, 王奔, 等. 磷酸二氢钾晶体单点划痕试验研究[J]. 机械工程学报, 2010, 46(13): 179-185.

4 基于微乳液的 KDP 晶体水溶解材料去除原理与平坦化机制

4.1 KDP 晶体水溶解抛光原理

易溶于水的物质能自发吸收空气中的水蒸气，在晶体表面逐渐形成饱和溶液的现象称为潮解。潮解过程某些属于物理变化，某些属于化学变化。KDP 晶体的组成成分是磷酸二氢钾盐，极易溶于水，长时间暴露在空气中会吸收空气中的水分而在晶体表面产生雾化，甚至操作者呼出的气体吹到晶体表面也会发生潮解，所以无论是加工还是保存，KDP 晶体对环境条件的要求都极为苛刻。从宏观上来看，发生潮解的晶体光亮表面会变暗，严重时表面像被一层膜覆盖，变得粗糙。从微观角度来看，用光学显微镜观测发生潮解现象的表面，如图 4.1 所示，在温度为 50℃、相对湿度为 95% 的空气中静置 8h 后，KDP 晶体原本光滑的表面被连成片的潮解点所覆盖，晶体发生严重潮解。

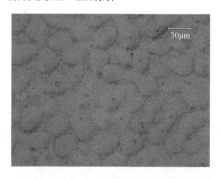

图 4.1 温度为 50℃、相对湿度为 95% 条件下 KDP 晶体放置 8h 后表面形貌

为了判断潮解产物成分及潮解变化过程，本书作者采用拉曼光谱技术对 KDP 晶体光滑表面和潮解表面进行了分析，发现在潮解过程中并没有新物质生成，由此说明 KDP 晶体的潮解过程仅是材料溶于水的物理溶解过程，晶体表面与水没有发生化学反应，潮解点成分仍是 KH_2PO_4。另外，环境温度、相对湿度和晶体原始表面质量对潮解速度也有一定的影响。温度越高，潮解速度越快。相对湿度存

在一个临界值，大于此值时，晶体表面才会发生潮解，一旦潮解，其速度会随时间的变化而越来越快。表面较为粗糙的晶体短时间内更容易发生潮解，相反，超光滑表面短时间内很难潮解。

当空气相对湿度较大时，KDP 晶体表面会发生潮解。如果将 KDP 晶体暴露于去离子水（若无特殊说明，本书中的水均为去离子水）中，其溶解速度会更快。把 14mm×14mm×6mm 的 KDP 晶体静置于水中，其溶解速度高达 69.09μm/min，因而采用传统水基抛光液对其加工时，材料去除率难以控制。作者尝试完全采用水作为抛光液，使用国产黑色绒毛抛光垫对 KDP 晶体进行抛光加工，通过优化加工参数，可获得表面粗糙度 RMS 为 65.6nm 的表面，抛光加工后晶体外形如图 4.2 所示，可见 KDP 晶体四个侧面被水严重溶解，形成不规则腐蚀沟，面形精度无法保证，影响实际使用，必须抑制这种情况的发生。使用市售无水乙醇（纯度≥95%）对 KDP 晶体抛光，由于其中含有少量水分，材料去除率高达 4μm/min，与其他晶体材料的化学机械抛光去除率（通常小于 1μm/min）相比也较高。图 4.3 为无水乙醇抛光加工后 KDP 晶体表面形貌，由于无水乙醇易吸收空气中的水分，使得晶体表面存在大量潮解点，同样无法保证晶体已加工表面的质量。

图 4.2　使用水加工后的 KDP 晶体外形

图 4.3　使用无水乙醇抛光后的 KDP 晶体表面形貌

基于 KDP 晶体易潮解易溶于水这一特性,我们提出了用极少量水对其进行抛光的加工方法,只需要控制抛光过程中的材料去除率即可获得超光滑表面,这就是 KDP 晶体水溶解抛光方法。该方法通过研制一种油包水型微乳液,并通过抛光垫的机械作用来实现微乳液中水分子对材料的溶解,水溶解抛光是 KDP 晶体溶于水这一过程与抛光垫的机械去除作用相结合的加工方法。

4.2 微乳液及其性能表征

4.2.1 微乳液的结构

KDP 晶体水溶解抛光方法的关键在于如何通过控制抛光液中的含水量 W_p(本书中抛光液含水量均指水的质量分数)和抛光液的稳定性来控制晶体材料去除率。设想在静止状态时,抛光液中的极少量水分被油相(与 KDP 晶体不发生反应的化学物质)包裹起来形成纳米级水核,在静止状态下,水核不易破坏,因此不易溶解 KDP 晶体。而在抛光过程中,抛光垫和晶体间存在相对运动,一方面产生的剪切力破坏水核,使 KDP 晶体裸露在水中,另一方面摩擦产生的温度加速了 KDP 晶体的溶解,从而实现材料去除。在传统化学机械抛光过程中,磨料在材料的机械去除方面起决定性作用,晶体表面的钝化膜通过磨料的耕犁、碾压作用而去除。而在基于 KDP 晶体潮解作用的抛光过程中,KDP 晶体溶于水变成磷酸二氢钾盐,抛光垫的机械作用足以去除并带走抛光产物,因此可以通过控制油包水型微乳液中的含水量来达到控制材料去除率的目的。众所周知,油水互不相容是一种自然现象。要想获得极少量水在大量油相中的稳定分散体系,表面活性剂的存在是必要条件之一。比较成熟的微乳液理论为此奠定了坚实的基础。油包水(water-in-oil,W/O)型微乳液即为所设想的基抛光液原型,如图 4.4 所示,溶剂通过表面活性剂将水分子包裹起来,形成热稳定体系,在很长时间内不发生结构变化。

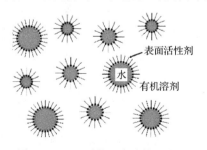

图 4.4 W/O 型微乳液结构示意图

1943 年，Hoar 等[1]首次报道了一种分散体系：水和油与大量表面活性剂和助表面活性剂（一般为中等长链醇）混合能自发地形成透明或半透明的体系。这种体系可以是油分散在水中［水包油（oil-in-water，O/W）型］，也可以是水分散在油中［油包水（W/O）型］。分散相为球形，半径非常小，通常为 1~100nm，是热力学稳定体系，这种体系被称为微乳液。微乳液的应用早在 20 世纪 30 年代就已出现。当时的一些地板抛光蜡液、燃料、机械切削油、香油、干洗剂等即是微乳液。研究表明，在许多工业和技术领域，如三次采油、洗涤去污、催化、化学反应介质、药物传递等领域中，微乳液都具有潜在的应用价值[2]。本书首次提出将微乳液应用于晶体超精密抛光加工领域。

在结构方面，微乳液有 O/W 型和 W/O 型，类似于普通乳状液。但微乳液与普通乳状液有根本的区别：普通乳状液是热力学不稳定体系，分散相大、不均匀、外观不透明，靠表面活性剂或其他乳化剂维持动态稳定；而微乳液是热力学稳定体系，分散相很小、呈球状、外观透明或近乎透明，经高速离心分离不发生分层现象，即在 100 倍的重力加速度下离心分离 5min 不发生相分离，只要各组分比例适当，不需外力做功即可形成，且与油、水相的加入顺序无关。含有增溶剂的胶团溶液也是热力学稳定体系，它是极少量表面活性剂在大量油相或水相中的匀相分散体系，大小一般小于 10nm。因此，微乳液更接近于胶团溶液。从大小看，微乳液是胶团和普通乳状液之间的过渡物，因此，它兼有胶团和普通乳状液的性质。所以说，微乳液是两种不同溶液体系形成的热力学稳定的、各向同性的、外观透明或半透明的分散体系。适用于所设想的 KDP 晶体加工的微乳液是通过表面活性剂膜所稳定的水滴在油相中的分散体系。

一般认为微乳液的形成机理是瞬时负界面张力机理[3, 4]。该机理可表述如下：油/水界面的张力在表面活性剂作用下降至 1~10mN/m，形成乳状液，当加入助表面活性剂后，表面活性剂和助表面活性剂吸附在油/水界面上，产生混合吸附，油/水界面张力迅速降至 $10^{-5}\sim10^{-3}$mN/m，甚至产生瞬时负界面张力。由于负界面张力是不能存在的，所以体系将自发扩张界面，使更多的表面活性剂和助表面活性剂吸附于界面而使表面活性剂和助表面活性剂体积分数降低，直至界面张力恢复为零或微小的正值而形成微乳液。如果液滴发生聚集，微乳液总界面面积缩小，又将产生瞬时负界面张力，从而对抗微乳液滴的聚集。这就解释了微乳液的稳定性。另外一种微乳液的形成机理是增溶理论[5]。表面活性剂胶团（或反胶团）混合增溶剂（或水）后可以形成膨胀胶团，增溶作用达到一定程度就可以形成 O/W（或 W/O）型微乳相。在用非离子表面活性剂制备微乳时通常不需要助表面活性剂，这就从侧面支持了微乳相是膨胀胶团溶液的看法。

根据以上讨论，总结出微乳液形成的两个必要条件：①在油/水界面有大量表面活性剂吸附；②界面具有高度柔性。条件①要求所用的表面活性剂要与具体体系相匹配，条件②通常是通过加入助表面活性剂来满足的。

抛光液是决定超精密抛光最终抛光质量的主要因素之一。传统抛光液以水为载体，配以各种化学成分及磨料来实现对工件材料的化学和机械作用，最终获得超光滑表面。抛光指标（如抛光速度和抛光表面质量）在很大程度上依赖于抛光液的组成成分及配比。KDP 晶体具有较强的吸湿潮解性，在水中极易溶解，且硬度较低，纳米磨料会在其表面产生划痕，导致器件的功能性被破坏，因此传统水基有磨料抛光液不再适用于 KDP 晶体的超精密抛光。在研究 KDP 晶体潮解规律的基础上，通过控制抛光液中的含水量，将 KDP 晶体易溶于水这一不利条件变为有利条件，提出 KDP 晶体水溶解抛光新方法探究微乳液的化学成分优选及配置，并对其性能进行表征，进而将合适配比的微乳液用作 KDP 晶体加工的专用抛光液，为后续加工机理及试验研究奠定基础。

4.2.2　微乳液基载液的优选

抛光过程不是一个独立的过程，除满足加工需求外，还必须考虑对周围环境的影响，如是否影响操作者健康、抛光后晶体表面如何清洗等。适用于 KDP 晶体加工的微乳液基载液（油相）的选择必须具备以下特点：①无毒、无味；②不易挥发，稳定性较好；③黏度适中，有利于抛光液在抛光垫上的流动；④化学成分简单，有利于后续清洗液的选择；⑤不溶于水。

微乳液主要由大量油相、少量水相和表面活性剂构成。根据设计，水相需要完全被包裹在油相中，这里的油相是指基本不与水混溶的有机相，相对呈非极性，因此不溶解水的有机溶剂成为最佳选择。有机溶剂的种类很多，常用的微乳液基载液包括短链醇、长链醇以及大分子酯类，其特点如表 4.1 所示。大分子酯类溶剂通常价格昂贵，且黏度较大，不利于在抛光表面的流动，因此不采用。

表 4.1　微乳液备选基载液特点

有机溶剂	特点
短链醇	易挥发，易燃，可以与水任意比例互溶，造成晶体表面雾化潮解
长链醇 A	无色油状液体，有轻微花香味，黏度适中
长链醇 B	固态物质
大分子酯	黏度较大，价格昂贵

醇类中，短链醇易挥发、易燃，可以与水任意比例互溶。采用市售无水乙醇抛光试验证明：只要含有少量水分，抛光过程的材料去除便难以控制，因此无法获得光滑表面。同时短链醇易挥发，容易吸收空气中的水分造成晶体表面雾化潮解，降低表面质量；随着碳原子数的增多，醇类分子量逐渐增大，长链醇 B 在常温下为固态物质，不能作为微乳液基载液；而长链醇 A 在室温大于 24℃时为无色

油状液体，有轻微花香味，黏度适中。有国外学者尝试使用另外几种有机溶剂（丙三醇、乙二醇、聚乙二醇、液状石蜡和萘烷）作为 MRF 液基载液，发现它们不是黏度太大就是容易引起潮解雾化，同样不适合作为微乳液基载液。

根据以上分析，长链醇 A 脱颖而出成为微乳液基载液。长链醇 A 分子式简单，抛光结束后对晶体表面清洗时，可选择与其互溶的有机溶剂，因此清洗工艺简单可行。长链醇 A 常被用作助表面活性剂[6, 7]，可改变油/水界面膜强度，降低界面的刚性，提高界面膜的流动性，减少微乳液形成时所需的弯曲能，使微乳液滴易自发形成。

4.2.3　表面活性剂的优选

表面活性剂是微乳液形成所必需的物质，其主要作用是降低界面张力形成界面膜，促使微乳液形成。如何使有机溶剂与水形成稳定的 W/O 型分散体系，表面活性剂的选择也至关重要。表面活性剂的类型和性质对微乳液形成过程有着重要的影响。从分子结构看（图 4.5），表面活性剂由非极性的链尾和极性的头基两部分组成。非极性部分是直链的碳氢链或碳氟链，它们与水的亲和力极弱，而与油的亲和力较强，因此被称为憎水基或亲油基。极性头基为阴、阳离子或极性的非离子，它们通过离子-偶极或偶极-偶极作用与水分子强烈相互作用，因此被称为亲水基。在 W/O 型微乳液中，分子的非极性端朝向油相，极性端朝向水相，W/O 型微乳液可以和多余的油相共存；增加表面活性剂的疏水链长即增加疏水性，有利于形成 W/O 型微乳液；O/W 型微乳液结构与 W/O 型微乳液相反，可以和多余的水相共存，增加表面活性剂的极性头部及增加水溶性，有利于形成 O/W 型微乳液。图 4.5 中的圆圈代表 KDP 晶体微乳液中表面活性剂的亲水基，短直线代表亲油基。亲油基与大部分油相接触，使得少量水分被亲水基包围起来形成 W/O 型微乳液。

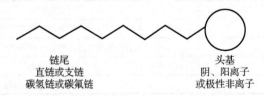

链尾　　　　　　　　　　　头基
直链或支链　　　　　　　　阴、阳离子
碳氢链或碳氟链　　　　　　或极性非离子

图 4.5　表面活性剂分子结构示意图

与基载液的选择相类似，适用于 KDP 晶体加工的微乳液中表面活性剂的选择必须具备以下特点：①无毒、无味；②不易挥发，稳定性较好；③黏度适中，有利于微乳液在抛光垫上的流动；④化学成分简单，有利于后续清洗液的选择；⑤分子中不含金属离子，减少对加工后表面的污染。

表面活性剂分为阳离子表面活性剂、阴离子表面活性剂和非离子表面活性剂。三种表面活性剂的特点如表 4.2 所示。阳离子表面活性剂的亲水基带正电，绝大多数为含氮原子的阳离子，少数为含硫原子或磷原子的阳离子，亲油基一般是长碳链烃基，分子中的阴离子不具有表面活性，通常是单个原子或基团，如氯、溴、醋酸根离子等，具有代表性的阳离子表面活性剂有胺盐、季铵盐；阴离子表面活性剂在水中解离后生成憎水性阴离子，具有表面活性，羧酸盐、硫酸酯盐、磺酸盐和磷酸盐为最具代表性的阴离子表面活性剂；非离子表面活性剂在水中的体积分数是由于分子中具有强亲水性的官能团（羟基或醚键），要使分子具有足够的亲水性，必须增加亲水性官能团的数量，即含有的醚键越多，亲水性越好。

表 4.2 三种表面活性剂的特点

表面活性剂种类	特点
阳离子表面活性剂	一般含有氮、硫或磷元素，在水中容易解离，稳定性差
阴离子表面活性剂	一般含有金属元素，在水中容易解离，稳定性差
非离子表面活性剂	在水中不发生电离，不易受到电解质无机盐和酸、碱的影响，本身毒性、刺激性小

阳离子表面活性剂和阴离子表面活性剂在水中容易解离，稳定性差，且均含有除碳、氢之外的其他元素，容易对 KDP 晶体表面造成二次污染；而非离子表面活性剂在水中不发生电离，与水和有机溶剂都有较好的溶解性，在溶液中稳定性高，不易受到强电解质无机盐和酸、碱的影响，本身毒性、刺激性小。KDP 晶体的成分是磷酸二氢钾，采用非离子表面活性剂作为微乳液中的组分时，不会对其物理化学性能产生影响，有利于维持稳定性。非离子表面活性剂 S 在常温下呈液态，能溶于水、甲苯、二甲苯和醇类，是一种常用的 W/O 型表面活性剂，主要用作乳化剂、润湿剂、洗涤剂、增溶剂等，因此选它作为微乳液的成分之一。

由长链醇 A、表面活性剂 S 和水通过比例优化所组成的系统即为适用于 KDP 晶体加工的微乳液，被定名为 AFPF-1，下面小节中将介绍该微乳液的研制及含水量的控制方法。

4.2.4 微乳液的配制

1. 水/油/表面活性剂三元相图

微乳液体系是多组分体系，至少有三个组分——水、油和表面活性剂，如果再加上助表面活性剂和盐，则为五元体系。在等温等压下三元体系可以是单相、两相或三相体系。三组分体系的相行为可以采用平面三角形来表示，称为三元相图。图 4.6 为水/油/表面活性剂三元相图示意图。正三角形的三个顶点分别代表水、油和表面活性剂，三条边分别代表水-油、油-表面活性剂、表面活性剂-水二元体系，即二元体系的组成落在三条边上。两组分的相对质量分数由该点至边线端点的距离来确定，如 A 点所示的组成为：油 75%、表面活性剂 25%。三角形内任意一点表示三元体系，其总组成由从该点出发的与三角形的三边分别平行的直线与边线的交点确定，如图中 B 点的组成为：油 50%、水 25%、表面活性剂 25%。边线上的任意一点与顶点的连线表示底边上两组分的配比保持不变的体系，如图中的 C 点，水/表面活性剂比（质量比）为 3∶1，从油顶点到 C 点的连线，体系的水/表面活性剂比（质量比）始终为 3∶1。

图 4.7 为典型的水/醇/表面活性剂三元相图，其中醇既作为助表面活性剂，又作为油相。在此图中，有两个各向同性的单相区，即 O/W 和 W/O 微乳区，两个各向异性的单相区，即液晶区，四个三相区（3φ，醇、水和胶团溶液共存体系）和八个两相区（图中直线部分，为醇与胶团溶液共存体系或水与胶团溶液共存体系）。W/O 微乳区从水在醇中的真溶液延伸出来。在其左边界，该相与含少量表面活性剂及醇的稀水溶液相平衡；在其右边界，与含少量水、表面活性剂及醇的混合溶液相平衡；下端边界与液晶相共存。当表面活性剂浓度低于临界胶束浓度（critical micelle concentration，CMC）时，该单相区是一个含极少量醇的表面活性剂水溶液。随着表面活性剂浓度的增加，醇的增溶作用加大，该区域逐渐扩大，形成 O/W 微乳区。在微乳液的配制过程中，我们更关心的是 W/O 单相区，该区域是 W/O 型小液滴在醇中的均匀分散体系。任意改变其中两组分的比例，仍可保持单相。

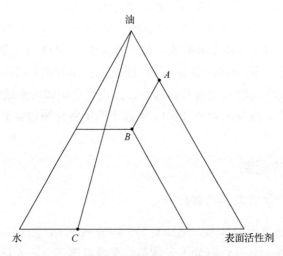

图 4.6　水/油/表面活性剂三元相图示意图

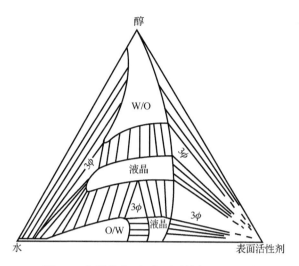

图 4.7 典型的水/醇/表面活性剂三元相图

2. 水/长链醇 A/表面活性剂 S 三元相图的绘制

三元相图是判断微乳液的一种有效方法，通过它可以直观地观测到微乳液的形成区域。在制备微乳液前，首先要利用三元相图来寻找形成 W/O 型微乳液体系的最佳条件，以确定微乳的存在区域及微乳区面积大小。通常采用滴定法来绘制水/油/表面活性剂三元相图。

1）试验材料及条件

长链醇 A（试剂级，纯度>98%）、表面活性剂 S，室温 22℃。

2）试验过程

首先配制长链醇 A 与表面活性剂 S 质量比为 9∶1、8∶2、7∶3、6∶4、5∶5、4∶6、3∶7、2∶8、1∶9 的混合液；在搅拌器搅拌下逐滴加入等体积（等质量）的水，充分混合，静置 20 min 以上；观察混合液从浑浊变澄清、由澄清又变浑浊的现象；记录出现变化时所加入的水量 m_1 和 m_2，计算水在体系中所占的质量分数和其余两组分的质量分数；在三元相图中标出相应的点，连成曲线即得到水/长链醇 A/表面活性剂 S 三元相图。

3）试验结果

根据发生相变时的各组分含量所绘制的水/长链醇 A/表面活性剂 S 三元相图如图 4.8 所示。该相图与 Guo 等[8]报道的水/十醇/表面活性剂 S 三元相图相似。图中 W/O 型单相区是透明的各向同性微乳液体系，由 a、b 两部分组成。a 部分靠近长链醇 A 与表面活性剂 S 两相区，其中含有极少量水分（质量分数<4%）；b 部分位于相图中靠右侧区域，即含水量相对较少的区域，说明该 W/O 型微乳液可增溶的水量有限。在 b 区域，表面活性剂 S 含量相对较大，这印证了微乳液的形成

需通过加入大量表面活性剂来实现。

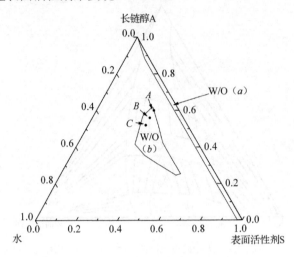

图 4.8　水/长链醇 A/表面活性剂 S 三元相图

3. 油包水型微乳液的选取

在传统化学机械抛光过程中，低黏度、流动性好的抛光液有利于带走抛光过程中所产生的热量及磨粒摩擦产生的抛光碎屑。KDP 晶体对温度变化较为敏感，温度变化过大时晶体容易开裂，因此应选择流动性较好的抛光液。KDP 晶体与水的反应也较为敏感，含水量极小时，晶体表面材料不容易被去除，含水量过大时，晶体与水的反应过快，难以控制，无法形成超光滑表面，因此抛光液的含水量应该适中。

图 4.8 中，在 W/O 型 a 区域，微乳液含水量较小，无论是在静止溶解状态下还是动态抛光过程中，都难以获得较高的表面材料去除率；在 W/O 型 b 区域下半部分，随着表面活性剂或含水量的增加，微乳液黏度增大，流动性变差，大量热量聚集在抛光区，产生瞬间高温，使晶体发生碎裂，黏稠的抛光液无法带走抛光过程中所溶解的材料，使得被去除的材料滞留在晶体表面或抛光垫的孔隙中，无法获得光滑表面，同时给抛光垫的后续使用带来不利影响。

综上所述，W/O 型 b 区域上半部分的微乳液适合作为抛光液，选取 A、B、C 三种不同含水量的 W/O 型微乳液作为抛光液（含水量 $W_{PA} < W_{PB} < W_{PC}$），其表面活性剂含量相等，质量分数为 40%。所配制的抛光液外观如图 4.9（a）所示，该抛光液与传统白色乳状抛光液不同，是一种透明澄清的液体，即使通过外力进行搅拌，抛光液性状也不发生变化。由于微乳液可以长期放置而不发生变化，因此所配制的微乳液可以长久保存。如图 4.9（b）所示为静置 9 个月以后，同一抛光

液的外观状态,从图中可以发现,抛光液仍然为无色透明的液体,没有发生变化,说明该抛光液稳定性较好。

（a）新抛光液 　　　　　　　　　　　　（b）静置 9 个月以后

图 4.9　抛光液外观

自然万物并非绝对静止,微乳液的形成是一个动态平衡过程。布朗运动对微乳液的热力学稳定性起重要作用,诱导了球形分散相的大小及形状波动,而使微乳液具有极好的流变性。尽管微乳液体系在热力学上是稳定的,但其内部动态过程却相当活跃。液滴在体系中经历着持续的聚集、破坏和变形过程,同时,连续相与包围液滴的界面膜之间也进行着快速且不断的组分交换。因此,将微乳液看作是具有固定的几何形状和不变的体系。对于所配制的微乳液,我们通过外观粗略地判断其为 W/O 型微乳液,要想进一步表征其动态特性,选择合适的微乳液,必不可少的试验参数包括电导率、黏度、核磁共振、光散射技术等。

4.2.5　电导率表征

电导率的物理意义是表征物质的导电性能。电导率越大则导电性能越强,反之越弱。通常 O/W 型微乳液具有较大的电导率,而 W/O 型微乳液的电导率则较小。微乳液的导电性主要由微乳液液滴（分散相）的导电性和连续相中离子的导电性两部分决定。关于 W/O 型微乳液的导电机理有两种观点:一种认为液滴粒子在电场力的作用下产生运动而发生碰撞,使界面层中的表面活性剂分子跃迁从而使 W/O 型微乳液具有导电性[9];另一种认为是水内核中电解质离子穿过界面层的跃迁引起导电[10]。

在 W/O 型微乳液中,存在两种不同类型的微乳液导电体系。第一种体系的电导率在水相体积分数 Φ（水与微乳液的体积比）增加到一个临界值 Φ_c 后急速增加,这种体系可以用电导率的渗滤理论来分析[11]，被称为渗滤微乳液。当 $\Phi < \Phi_c$ 时，在此区域生成的 W/O 型微乳液滴的数量少，体系几乎是不导电的；当 $\Phi \geqslant \Phi_c$ 时，体系中微乳液滴的数量增多导致导电链形成而使电导率发生急剧变化。第二种体系的电导率很低，并且有一个最大值和最小值，被称为非渗滤微乳液。这种体系最初电导率的增加可能是含水量的增加导致表面活性剂的增溶作用加强而引起的，当电导率达到一个最大值后又呈下降趋势，这是因为水合表面活性剂聚集被微乳液液滴所取代，而电导率降至最小值后的上升归因于液滴的团聚和连接[12]。

本次试验采用美国奥立龙（Orion）公司生产的 170 型便携式电导率仪对微乳液进行测量。图 4.10 为三元相图中水的稀释路线，在长链醇 A 与表面活性剂 S 比值（质量比）不同（图中 9∶1、8∶2、7∶3 等）的溶液中逐滴加入水，静置 20min，测量不同含水量时的电导率。

通过试验测得水、长链醇 A 和表面活性剂 S 的电导率分别为 1.08μS/cm、0μS/cm 和 0.03μS/cm。随着含水量（质量分数）的增加，不同溶液中电导率的变化如图 4.11 所示。从图中可以看到，含水量不变时，微乳液的电导率随着表面活性剂含量的增加而逐渐增大，在这个过程中，表面活性剂 S 逐渐成为溶液中的连续相，水分子逐渐由受限状态过渡到自由状态，其分子布朗运动加快，因而电导率增大。与前面微乳液导电行为的分析相类似，在水/长链醇 A/表面活性剂 S 三元相图中电导率的变化存在两种完全不同的趋势。

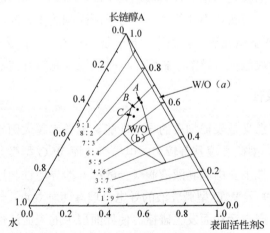

图 4.10　三元相图中水的稀释路线

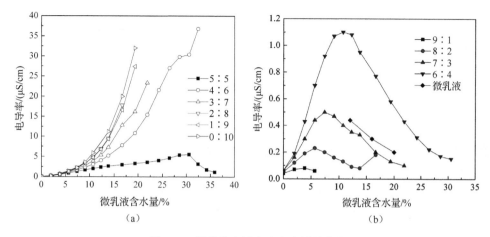

图 4.11　微乳液电导率随含水量的变化

当长链醇 A 与表面活性剂 S 的比值≥1 时，随着含水量的增加，微乳液电导率逐渐增大，到一定值后开始变小，此时的微乳液对应于非渗滤微乳液。在非渗滤微乳液中，长链醇 A 为连续相，微乳液电导率相对较小。随着表面活性剂 S 的增加，水的增溶作用变大，因此最大电导率所对应的抛光液含水量也相应增加。Liu 等[13]认为表面活性剂含量一定时，电导率最大时所对应的微乳液液滴（水核）半径 r_{max} 是表面活性剂界面膜厚度 l 的 1.5 倍，当含水量较小时（$r<r_{max}$），随着微乳液含水量的增加，表面活性剂的增溶作用增强，液滴尺寸变大，液滴半径增加使得其表面更容易携带电荷，而电导率变化取决于液滴的表面带电状态，因而电导率增大。当含水量继续增加（$r≥r_{max}$），液滴的布朗运动决定了电导率的大小，液滴半径进一步增大，运动变缓，电导率下降。在电导率降低的过程中，微乳液逐渐变稠，电导率降至最低点时，表面活性剂的水增溶作用最大，微乳液发生相变，由 W/O 相逐渐过渡到各向异性的液晶相或双连续相，而后随着含水量增加，体系向 O/W 型微乳液转变，此时水变成连续相。

当长链醇 A 与表面活性剂 S 的比值小于 1 时，在含水量增加初期，微乳液的电导率缓慢变化，当含水量大于临界值时，随着含水量的进一步增大，电导率急速上升，此时的微乳液为渗滤微乳液。在临界值以上，含水量增大意味着 W/O 型微乳液滴的浓度、体积均增大，这会导致液滴间由于相互吸引而发生频繁的黏性碰撞，同时使液滴的间距逐渐减小至相连，这种黏性碰撞导致在油或表面活性剂连续相中形成狭窄而细小的水管或通道，水分子运动加速，带电液滴的迁移速度增大，另外液滴的膨胀使得界面膜中的分子密度降低从而使膜强度降低，因此溶液的导电能力迅速上升[14]。

在图 4.10 中，A、B、C 三点为含水量不同的微乳液对应的电导率值，可见随着微乳液含水量的增加，电导率下降，此过程与非渗滤微乳液电导率的下降过程相对应，液滴半径逐渐增加，水核运动变缓。三种微乳液的电导率值分别为 0.44μS/cm、0.3μS/cm 和 0.22μS/cm，远远小于水的电导率值 1.08μS/cm，说明所配制的微乳液是 W/O 型微乳液。

4.2.6　黏度表征

黏度同样可以作为判断微乳液类型的方法之一。黏度很大程度依赖于微乳液的结构，如类型、液滴形状、分散相浓度和液滴间的相互作用[15]。当含水量较小时，W/O 型微乳液由相互独立的球状纳米级水核组成，水核之间的相互作用较小，因而黏度较低。含水量增加时，W/O 型微乳液系统过渡到双连续相（或液晶相），水、油、表面活性剂呈相互交错结构，混合液变得十分黏稠，此时黏度达到最大值。含水量进一步增大，系统向 O/W 型微乳液转变，水成为连续相，随着系统中油相和表面活性剂的减少，系统重水分子的质量数逐渐增加，因而黏度降低（图 4.12）[16]。

在化学机械抛光中，抛光液的黏度直接影响着抛光液在抛光垫表面的流动，甚至影响表面平坦化效果[17]。抛光液黏度较大时，进入抛光垫的抛光液无法快速扩散到抛光区域，抛光垫与工件表面处于少润滑摩擦或干摩擦状态，材料表面容易产生黏着磨损、划痕等缺陷。由于抛光液流动缓慢，抛光产物及摩擦所产生的热量无法被及时带走，抛光产物残留在已加工表面，降低了抛光表面质量，同时由于热量集中，极易在抛光区域形成热损伤，尤其对于对温度变化敏感易开裂的 KDP 晶体来说，更需避免此过程的发生。

Mullany 等[18]指出抛光液黏度的变化受温度变化影响较大，根据理论模型得到抛光过程中抛光液膜厚度随着抛光液黏度的增加而增加，而在硅片表面从中心到边缘处抛光液黏度分布对抛光液膜厚度的影响不大。抛光液黏度对材料去除率有一定影响，黏度较小时摩擦力较大，对应的材料去除率较高。因此，低黏度抛光液有利于获得超光滑表面和较高的材料去除率。

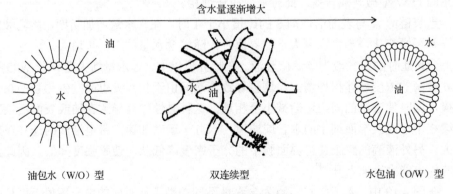

图 4.12　微乳液类型的转变

本试验选取 A、B、C 三种不同含水量的 W/O 型微乳液作为抛光液，并采用芬氏黏度计测量抛光液黏度，通过液体流经一定距离所需时间与黏度计常数的乘积来计算得到抛光液黏度，所得到的结果如图 4.13 所示。Amar 等[19]通过试验得出：当含水量（质量分数）小于 40%时，微乳液黏度逐渐上升，此时水相被包裹于油相中；当含水量增至大约 50%时，黏度达到最大值，此时微乳液为双连续型；随着含水量的进一步增大，油相被包裹于水相中，转变为 O/W 型微乳液，微乳液被水稀释，黏度逐渐降低。从图 4.13 中可知，随着含水量的增加，抛光液黏度增大，且抛光液含水量小于 30%，因此，我们所配制的抛光液是 W/O 型微乳液。前面分析得出黏度增大不利于抛光过程的进行，因此拟采用黏度较小的抛光液对 KDP 晶体进行水溶解抛光。

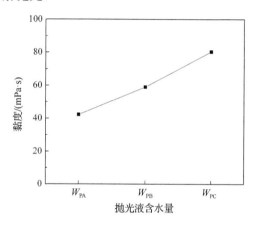

图 4.13 抛光液黏度随抛光液含水量的变化

4.2.7 自扩散特性表征

自扩散系数是一个与分子结构和介质聚集状态有关的物理参数，定义为浓度梯度趋近于零时的定向扩散系数，它能够反映分子在热平衡状态下的自由（布朗）运动特性。任何能够改变分子整体运动状态的物理和化学变化都可以在扩散系数上表现出来，其数值与分子的大小、聚集状态、形状、温度、溶液的黏度以及分子间的相互作用等密切相关。

核磁共振法是研究微乳液结构的有效方法。早期核磁共振技术主要用于元素化学位移的测定，当今核磁共振法在分子的自扩散特性领域中也得到了广泛的应用。脉冲梯度自旋-回波核磁共振技术能够测量多组分体系中差异大到两个数量级的各组分的自扩散系数，称为扩散系数分离的核磁共振波谱法。通过判断微乳液体系中组分是处于自由运动的连续相中还是处于受限运动的液滴中，可确定微乳液的结构和微乳液中各组分的作用。对于 O/W 型微乳液，水为连续相，微乳液中水的自扩散系数 D_w 与水的自扩散系数 D_w^0 相等或稍低，油的自扩散系数 D_o 则较纯油的自扩散系数 D_o^0 低 2~3 个数量级；对于 W/O 型微乳液，情况刚好相反。不论是 O/W 还是 W/O 型微乳液，表面活性剂的自扩散 D_s 都较慢，大体上接近于分散相的扩散速度。对于双连续相，D_w 和 D_o 都比较大，与纯溶剂处于同一数量级。上述关系可用以下关系式表达。

（1）O/W 型：$D_o \ll D_w$ 且 $D_s \approx D_o$。

（2）W/O 型：$D_w \ll D_o$ 且 $D_s \approx D_w$。

（3）双连续型：D_w 和 D_o 都比较大，而 D_s 较低，因为表面活性剂分子存在于聚集体中，运动受限。

抛光液中含有一定量的表面活性剂与抑制剂，对于铜化学机械抛光来说，油溶性苯丙三氮唑是最具代表性的抑制剂。由于它不易溶于水，因此通过表面活性剂微囊将其包裹起来，其有效浓度会随着表面活性剂浓度的变化而变化，同时自扩散系数也会发生相应变化，Zhang 等[20]通过脉冲梯度自旋-回波核磁共振技术测得苯丙三氮唑的自扩散系数，从而判断苯丙三氮唑在铜化学机械抛光过程中的作用形式。本章采用核磁共振法来判断活性水分子在 W/O 型微乳液中的存在形式，为抛光机理的揭示奠定理论基础。

1. 试验条件与方法

抛光液各组分的自扩散系数均在 Bruker Avance 400MHz 核磁共振波谱仪上测得。本章采用扩散排序谱（diffusion-ordered spectroscopy，DOSY）方法来测量抛光液中各组分的自扩散系数，回波衰减和自扩散系数之间的关系如下：

$$I = I_0 \exp[-D(\gamma G \delta)^2 (\Delta - \delta / 3)] \qquad (4.1)$$

式中，I_0 为梯度场强度为 0 时所得到的信号强度；D 是自扩散系数；γ 是质子 ^{1}H 4.258×10^3 的旋磁比；G 是梯度场强度；δ 是梯度场脉冲持续时间；Δ 为脉冲系列中两梯度间的时间间隔。各组分自扩散系数通过保持 δ 和 Δ 不变，改变梯度场强度 G 来获得。各参数设置为：δ 值的范围为 1~8ms；对于不同组分和不同含水量，Δ 的范围为 200~350ms；G 的变化范围为最大梯度场强度的 10%到 90%，分为 10 步。选取重水 [D$_2$O，99.9%，购于剑桥同位素实验室有限公司（Cambridge Isotope Laboratories, Inc., CIL）] 为匀场溶剂，用氘锁场。

将抛光液试样装入外径 5mm 标准核磁共振波谱法（nuclear magnetic resonance spectroscopy，NMR）核磁管中静置 2 天以达到系统稳定。抛光液中的水分被 D$_2$O 所替代，以减少水中 OH 峰的强度。通过对抛光液的 ^{1}H NMR 波谱图（图 4.14）

分析得到：水的—OH 峰（$\delta = 4.696 \times 10^{-6}$）、长链醇 A 的 α-CH$_3$ 峰（$\delta = 1.061 \times 10^{-6}$）和表面活性剂 S 的 α-CH$_3$ 峰（$\delta = 0.887 \times 10^{-6}$）不受到其他峰的干扰且信号足够强，经衰减后仍可准确测定。因此，选取这三个峰为特征峰（特征峰在含水量发生变化时化学位移会有少许变化），对其进行自扩散系数测量。

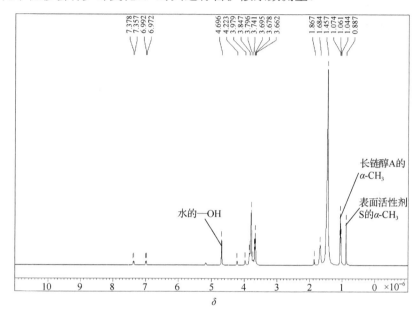

图 4.14　KDP 晶体抛光液的 ^{1}H NMR 波谱图

2. 试验结果与分析

试验测得水、长链醇 A 和表面活性剂 S 的自扩散系数如表 4.3 所示。抛光液中各组分自扩散系数随抛光液含水量的变化如图 4.15 所示。由图可知：与纯水自扩散系数相比，抛光液中水分子的自扩散系数降低了 2 个数量级，水分子运动受限；抛光液中长链醇 A 自扩散系数的变化与纯溶剂相比仍在同一数量级，只是略有降低；表面活性剂自扩散系数变化不明显。随着含水量的增加，抛光液中长链醇 A 和表面活性剂 S 的自扩散系数略有降低，而水分子的自扩散系数变化较大。抛光液中表面活性剂 S 含量不变，而含水量增大时，越来越多的水分子被增溶到表面活性剂微囊中，水核尺寸变大，溶胀的胶团运动变缓，使得水分子的自扩散系数降低；而长链醇 A 与表面活性剂 S 由于受到抛光液黏度增大的影响，自扩散系数稍有变化。

表 4.3　纯化学成分的自扩散系数

试剂	自扩散系数/（m²/s）
水	2.25×10^{-9}
长链醇 A	7.15×10^{-11}
表面活性剂 S	1.73×10^{-11}

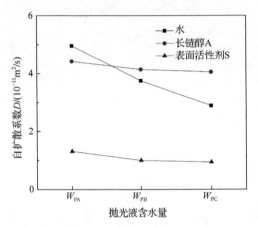

图 4.15　抛光液中各组分自扩散系数随抛光液含水量的变化

　　相对自扩散系数也常用作微乳液类型的判断，能更好地分析微乳液中各组分的运动是自由运动还是受限运动。KDP 晶体抛光液的各组分相对自扩散系数随抛光液含水量的变化如图 4.16 所示。前面提到，水和油与大量表面活性剂和助表面活性剂（一般为中等长链醇）混合能自发地形成透明或半透明的微乳液体系。若长链醇 A 单纯作为油相，其相对自扩散系数应该接近于 1，但是由图可知，长链醇 A 在抛光液中的自扩散系数为纯长链醇 A 自扩散系数的 0.6 倍，说明长链醇 A 同时作为助表面活性剂存在，吸附在油/水界面（图 4.17），由于水核运动受到限制，其自扩散系数变得相对较低。此外，该体系中表面活性剂含量较大，表面活性剂的烷烃链对油分子的增溶作用也较为明显。油相和助表面活性剂共同作用导致长链醇 A 的相对自扩散系数只有 0.6 左右。随着含水量的增加，长链醇 A 的相对自扩散系数变化不大，说明长链醇 A 在系统中主要作为油相存在。随着含水量的增加，为了增溶更多的水分，越来越多的表面活性剂 S 吸附在油/水界面，水核半径逐渐增大，运动变缓，因此表面活性剂 S 的相对自扩散系数逐渐降低。所有抛光液中水相的相对自扩散系数均小于 0.02，说明与自由水相比，水分子的运动受到限制，被油相通过表面活性剂包裹到微囊中，这也间接证明了 W/O 型微乳液结构的存在。

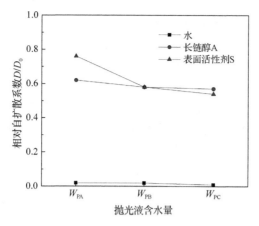

图 4.16 抛光液中各组分相对自扩散系数随抛光液含水量的变化

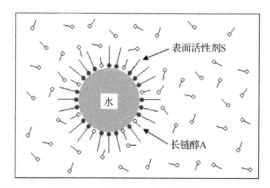

图 4.17 长链醇 A 作为助表面活性剂存在于抛光液中

4.2.8 水分子微囊尺寸表征

当分散体系的粒子小于光的波长时，将产生散射光。散射光的强度与粒子大小和分布、粒子形状以及两相的折射率有关。据此，利用光散射技术可测定粒子的大小和分布。微乳液的粒子在 1~100nm 范围，远小于可见光的波长，因此白光能通过微乳液，使肉眼看上去微乳液是完全透明的。由于分子的热运动，使得本应与入射光的频率相同的散射光的频率发生位移，这种测定频移及其角度依赖性的光散射称为动态光散射（dynamic light scattering，DLS），其测定的是由入射光与溶液中做布朗运动的粒子相互作用所产生的散射光随时间的涨落，故而称为动态。根据光强-强度时间关联函数可以直接测得粒子的平移扩散系数，进而由斯托克斯-爱因斯坦关系算出粒子扩散系数 D

$$D = \frac{k_B T}{6\pi \eta r} \tag{4.2}$$

式中，k_B 为波尔兹曼常数；T 为绝对温度；η 为黏度；r 为粒子半径。

　　本章采用 ALPHA LASER GmbH 德国阿尔法激光有限公司生产的 ALV/CGS-3
广角动态同步激光散射仪测定抛光液中水核尺寸大小。图 4.18 为使用广角动态同
步激光散射仪测得的抛光液水核半径分布曲线。从图中可以看到，水核半径呈正
态分布，说明抛光液由大小不一、半径在一定范围内的水微囊组成。表 4.4 为抛
光液水核平均直径。随着抛光液含水量的增加，抛光液水核均有不同程度的增大，
为抛光液中水的增溶所致。通过对抛光液中水分子微囊（水核）尺寸的测量，我
们发现所配制的抛光液水核平均直径（<10nm）在微乳液粒子范围之内，因此，
可断定该抛光液由稳定的微乳液结构组成。

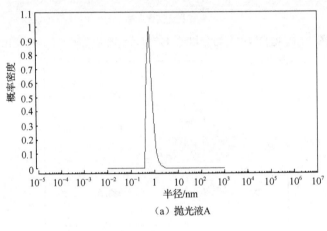

（a）抛光液A

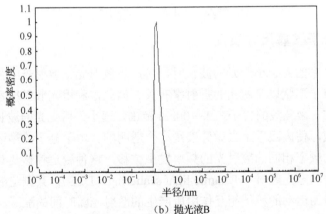

（b）抛光液B

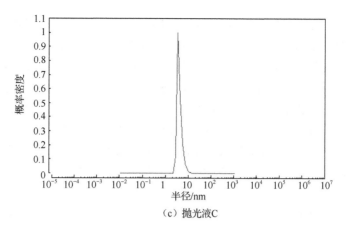

（c）抛光液C

图 4.18　不同抛光液中水核半径分布曲线

表 4.4　动态光散射法测得的抛光液水核平均直径

抛光液	水核平均直径/nm
A	1.4
B	2.8
C	8.0

4.3　基于微乳液的 KDP 晶体水溶解抛光机理分析

在基于传统游离磨料抛光液的化学机械抛光加工中，磨料在材料去除过程中起主要作用；在铜的无磨料抛光过程中，抛光液的化学成分对铜的材料去除率影响最大。当使用 W/O 型微乳液加工 KDP 晶体时，其材料去除机理是机械作用占主导地位还是水溶解作用占主导地位暂时未知，抛光过程中的材料去除方式将直接影响到抛光后 KDP 晶体的表面质量，同时抛光过程中材料的去除率直接影响抛光加工的效率。本节将围绕 KDP 晶体水溶解抛光加工材料去除机理进行分析和探讨。

4.3.1　材料去除模型的建立

由于 KDP 晶体硬度较低（莫氏硬度为 2.5），而一般纳米磨料的硬度远远大于2.5，因此采用有磨料抛光液加工 KDP 晶体时，硬度较高的磨料很容易嵌入晶体已加工表面，造成划痕等表面缺陷，影响 KDP 晶体的实际使用。根据 KDP 晶体易潮解、在水中易溶解的特性，作者将水溶性这一不利条件变为有利条件，提出了 KDP 晶体水溶解抛光新方法，所配制的抛光液是 W/O 型微乳液。

　　KDP 晶体水溶解抛光材料去除模型如图 4.19 所示。在 W/O 型微乳液中，水类似于铜无磨料抛光液中的氧化剂，被包裹在表面活性剂微囊中，微囊控制了水与 KDP 晶体的物理溶解反应。在没有外力作用下 [图 4.19（a）]，晶体表面材料与抛光液中的油相（长链醇 A）相接触，水核形状不发生改变，只有少量水分子突破表面活性剂界面膜与 KDP 晶体相接触，溶解少量表面材料，在晶体表面形成一层磷酸二氢钾盐，置于表面活性剂中的大部分水分子没有机会溶解 KDP 晶体。在抛光过程中，施加一定的抛光压力 F，且抛光垫与 KDP 晶体分别以线速度 v_w 和 v_p 做同向运动，由于 $v_w \neq v_p$，抛光垫与晶体表面间发生相对运动，水核受到来自晶体表面和抛光垫凸起部分的剪切作用而发生变形 [图 4.19（b）和（d）]，水分子脱离水核的约束溶解晶体表面材料，剪切作用优先发生在位于晶体凸起部分的水核上，所以可以选择性地对表面不同区域的材料进行去除。此外，晶体表面和抛光垫凸起部分摩擦所产生的热量使得 W/O 型微乳液向油相和水相分离方向变化，水分子脱离表面活性剂的束缚，逐渐变成自由运动状态，这也加速了 KDP 晶体的溶解，KDP 晶体静态刻蚀率随抛光液温度升高而增大这一结论间接证明温度对抛光过程中材料去除有一定影响。通常抛光前 KDP 晶体表面凸起和低凹部分的高度差均在微米级以上，而 W/O 型微乳液中的水核直径只有不到 10nm，因此位于晶体表面低凹部分的水核完好无损，仍均匀分散在抛光液中。低凹处的晶体材料受到油相保护，直到外力作用于此。被水溶解的 KDP 晶体形成磷酸二氢钾盐后被新进入该区域的抛光液和抛光垫的旋转运动所带走，最终实现平坦化抛光 [图 4.19（c）]。

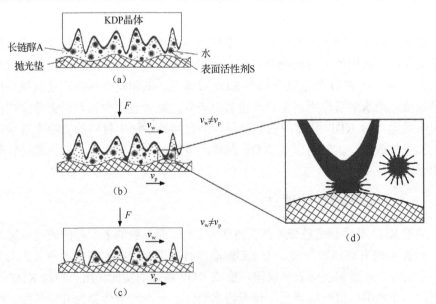

图 4.19　KDP 晶体水溶解抛光材料去除模型

由于 KDP 晶体抛光液中没有磨料，因而不会发生磨料团聚。抛光完成后，如果抛光液中的磷酸二氢钾盐溶液没有达到饱和，旧的抛光液可以再次利用，直至无法溶解更多的 KDP 晶体。在传统的游离磨料化学机械抛光过程中，磨料很容易滞留在抛光垫的微孔结构中，继而恶化晶体表面质量。因此，在每一步抛光进行之前对抛光垫的修整是必要的。而我们所设计的抛光液由于不包含磨料，可以省去抛光垫修整这一步，既减少了工艺复杂性，节约工时，也延长了抛光垫的使用寿命，从而降低生产成本。

4.3.2 材料去除机理试验验证

所有试验在环境温度为 22℃左右的 1000 级超净实验室进行。在 ZYP200 型旋转摆动重力式研磨抛光机上进行抛光过程材料去除机理试验。采用石蜡粘片方法，将三块 15mm×15mm×5mm 的 KDP 晶体以图 4.20 所示的黏结方式粘在铝合金载物盘上。抛光试验前采用 3000 目砂纸干磨 KDP 晶体表面。试验采用聚氨酯单层抛光垫（图 4.21），抛光垫表面开有螺旋形沟槽，以容纳更多抛光液，使抛光液有效作用于抛光区域。抛光垫表面为多孔结构，孔径分布在 10～50μm。试验过程中，配重质量为 4kg，抛光转速为 150r/min，抛光液流量为 10mL/min。晶体材料去除率试验抛光时间为 20min，测量试验前后晶体的质量差，再通过式（4.3）计算得到抛光过程的材料去除率（material removal rate，MRR）。材料去除率计算公式为

$$MRR = \frac{\Delta m}{t\rho s} \tag{4.3}$$

式中，Δm 为质量差；t 为试验时间；ρ 为 KDP 晶体密度；s 为与抛光垫接触的 KDP 晶体表面积，取 3 次试验的平均值作为试验结果。

图 4.20 KDP 晶体黏结方式

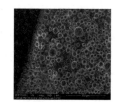

（a）抛光垫外观　　　　　　　　（b）抛光垫表面扫描电子显微镜照片

图 4.21 聚氨酯单层抛光垫

　　根据 KDP 晶体水溶解抛光材料去除模型可知，抛光过程中晶体低凹部分的材料在抛光开始时没有受到摩擦力作用，因而去除率较低。随着抛光的继续进行，凸起部分材料逐渐被去除，抛光垫与晶体间的摩擦作用逐渐作用于低凹部分，最终实现低凹处材料去除。为了证明这一理论，本节设计了宏观和微观两种抛光试验来进行验证。试验过程所使用的 KDP 晶体试样被加工成如图 4.22 和图 4.23 所示的表面。图 4.22 中宏观材料去除试验所使用的晶体表面由高低不平的台阶组成，台阶尺寸为 4mm×0.15mm，这种结构类似于正常晶体表面的凹凸部分，是一种宏观的表述。图 4.23 微观去除试验所使用的晶体表面轮廓制备方法为：在 KDP 晶体表面滴一小滴水，待其自然风干得到如图 4.23 所示的凹坑，直径约为 2mm，坑深约为 5μm，这个深度与 KDP 晶体 3000 目砂纸干磨后产生的划痕深度相当，如图 4.24 所示，该图由 ZYGO NewView 5022 三维光学表面轮廓仪测得，由于白光干涉方法所测量的景深有限，因此图中表现出的划痕深度比实际划痕深度要浅一些，也就是说砂纸干磨后的 KDP 晶体表面划痕深度在数微米。因此，我们所设计的微观材料去除试验可以看作是被 3000 目砂纸干磨后 KDP 晶体表面局部形貌的一个缩影，这一试验可以模拟 KDP 晶体实际材料的去除过程。

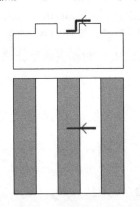

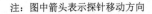
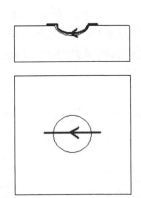

图 4.22　宏观去除试验晶体表面轮廓设计　　　图 4.23　微观去除试验晶体表面轮廓设计

注：图中箭头表示探针移动方向　　　　　　　　注：图中箭头表示探针移动方向

　　采用 TALYSURF CLI 2000 三维表面轮廓仪探针接触方式按图 4.22 和图 4.23 中轨迹测量随时间变化的 KDP 晶体表面轮廓，通过水溶解抛光，最终获得超光滑表面。此外，在宏观材料去除试验中，用 TALYSURF CLI 2000 三维表面轮廓仪分别测量凸起和低凹部分的表面粗糙度 RMS，用来佐证 KDP 晶体水溶解抛光材料去除机理（图 4.24）。

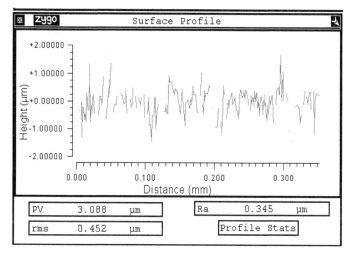

图 4.24 3000 目砂纸干磨后 KDP 晶体表面线轮廓

4.3.3 材料去除机理试验结果与分析

1. 抛光过程材料去除率分析

在铜化学机械抛光过程中，材料去除率与静态刻蚀率的比值常作为评价抛光液性能的指标。静态刻蚀率越小，抛光液对晶体材料的腐蚀作用越小，表面可以得到更好的保护；材料去除率越大，晶体凸起部分材料去除越快，抛光效率越高。同时材料去除率与静态刻蚀率的比值也是决定表面划痕存在的一个重要因素，比值越小，划痕越难以去除，比值越大，越有利于形成超光滑表面。

在 KDP 晶体水溶解抛光过程中，材料去除率与动态刻蚀率的比值与铜化学机械抛光过程材料去除率与静态刻蚀率的比值相类似，比值越大，抛光效果越好。由图 4.25 可知，KDP 晶体的动态刻蚀率为 76.24nm/min，而材料去除率为 717.26nm/min，材料去除率是动态刻蚀率的 9.4 倍。动态刻蚀过程中，KDP 晶体表面各处所受到的来自抛光液的水溶解速度相同，抛光液中的活性物质水分子均匀溶解表面材料，对表面材料的去除没有选择性。而在水溶解抛光过程中，水溶解首先发生在晶体表面凸起部分，除动态刻蚀外，摩擦机械作用与摩擦产生的热量加速该处 KDP 晶体的溶解，低凹部分的晶体受到油相保护而不被溶解，此处的材料去除率与动态刻蚀率相当，因此，在抛光过程中，KDP 晶体表面各处材料的去除率不尽相同，抛光液对表面材料的去除具有较高的选择性。水溶解抛光过程的材料去除率可用下式表示：

$$\text{MRR} = \text{MRR}_{溶解} + \text{MRR}_{机械} + \text{MRR}_{溶解机械交互} \tag{4.4}$$

式中，MRR 为抛光过程的材料去除率；$\text{MRR}_{溶解}$ 为溶解 KDP 晶体引起的材料去除率；

$MRR_{机械}$ 为机械作用产生的材料去除率；$MRR_{溶解机械交互}$ 为溶解机械交互作用产生的材料去除率。通过 KDP 晶体纯机械作用抛光试验（抛光液为纯长链醇 A）可知，抛光垫与长链醇 A 对 KDP 晶体抛光过程的材料去除贡献几乎为零，即 $MRR_{机械} \approx 0$，而溶解引起的材料去除率 $MRR_{溶解}$ 为 KDP 晶体在抛光液中的动态刻蚀率（dynamic etching rate，DER），因此，KDP 晶体水溶解抛光过程材料去除率可以最终表达为

$$MRR \approx DER + MRR_{溶解机械交互} \tag{4.5}$$

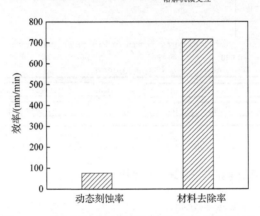

图 4.25　动态刻蚀率和抛光过程的材料去除率对比

　　KDP 的动态刻蚀和抛光过程中的溶解机械交互作用是影响材料去除率的两个因素。根据试验得知，抛光过程的材料去除率是动态刻蚀率的 9.4 倍，因此溶解机械交互作用所产生的材料去除是 KDP 晶体水溶解抛光过程材料去除的最主要影响因素，即必须有剪切作用才能产生较大的材料去除率。

2. 宏观材料去除试验结果与分析

　　图 4.26 为 KDP 晶体宏观材料去除过程表面轮廓高度随时间的变化。KDP 晶体原始表面凸起和低凹部分的高度差为 150μm，表面粗糙度 RMS 均较大，分别为 410nm 和 366nm（图 4.27 和图 4.28），低凹处为前道工序加工所形成的沟槽。从这两幅图中可知，抛光 5min 后，凸起部分表面粗糙度 RMS 显著降低，为 18.9nm，而低凹处变化不大。从宏观角度来看，W/O 型微乳液只对凸起部分材料进行选择性去除，低凹处材料只受动态刻蚀率的作用，由于其去除率较低，表面轮廓不改变。抛光至 60min 时，抛光垫的变形使其接触到低凹处晶体，低凹处表面轮廓发生改变，由于抛光液刚刚作用于此，表面仍然较为粗糙（表面粗糙度 RMS32.6nm），而此时凸起部分表面状态已达到稳定。

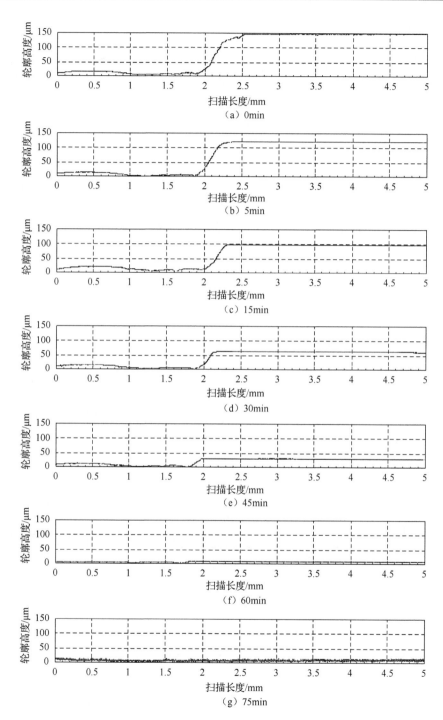

图 4.26　KDP 晶体宏观材料去除过程表面轮廓高度随时间的变化

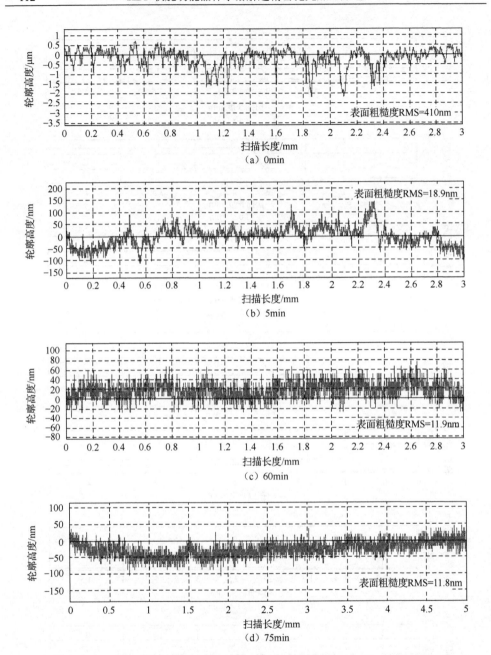

图 4.27　宏观材料去除过程晶体凸起部分表面粗糙度 RMS 随时间的变化

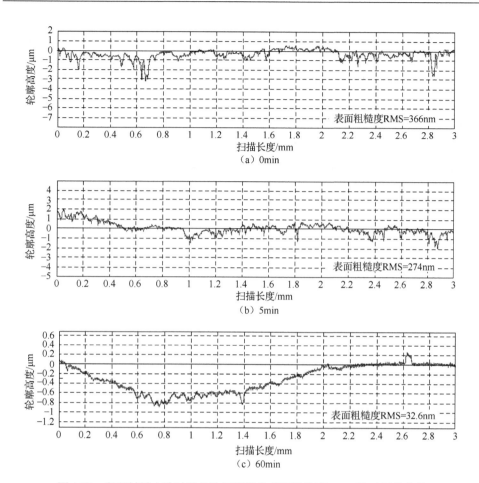

图 4.28　宏观材料去除过程晶体低凹部分表面粗糙度 RMS 随时间的变化

此后，在对 KDP 晶体进行抛光到 75min 时，凸起和低凹部分晶体表面形貌基本一致，表面粗糙度 RMS 达到 11.8nm（图 4.27），最终实现全局平坦化抛光。此试验证明 W/O 型微乳液对晶体表面材料进行选择性去除，当晶体表面粗糙度 RMS 达到一定值后不再降低。从图 4.26 得知，晶体表面凸起部分在 60min 时已基本消失，由此得出，宏观过程材料去除率约为 2.5μm/min，这是所设计的 KDP 晶体样件与抛光垫的实际接触面积变小，随之产生的抛光压力增大所致。

3. 微观材料去除试验结果与分析

在已抛光的 KDP 晶体表面滴一滴水形成如图 4.29（a）中所示的凹坑。随着时间的增加，被溶解的晶体不断在凹坑的边缘析出，形成隆起，与坑底之差大约 10μm。这个隆起类似于晶体表面的凸起，在抛光过程中逐渐被抛光垫去除，而凹坑的中间为晶体表面的低凹部分，抛光最开始不参与材料去除。同时，砂纸研磨后 KDP 晶体表面划痕深度在数微米,因此,此抛光过程又可类比为划痕去除过程。可见,在抛光前 3min 之内,坑底表面形貌没有发生变化,只是凸起部分逐渐降低,同时原本光滑的 KDP 晶体表面材料也被去除,高度逐渐降低。坑底晶体被油相覆盖,避免了水与其直接发生反应。随着抛光的进行,抛光垫变形,摩擦和剪切作用最终作用到坑底晶体材料,实现平坦化抛光。此抛光过程的材料去除率高达 $1\mu m/min$,可见 KDP 晶体水溶解抛光效率之高。

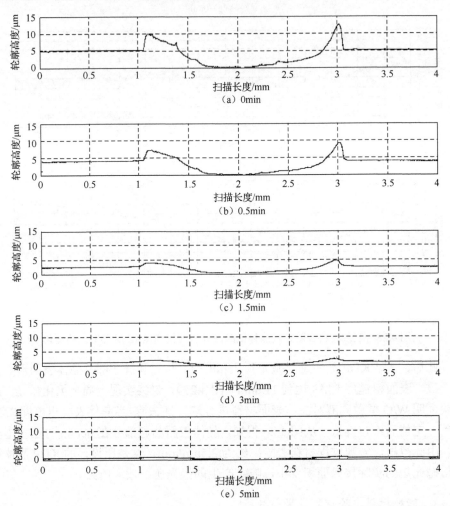

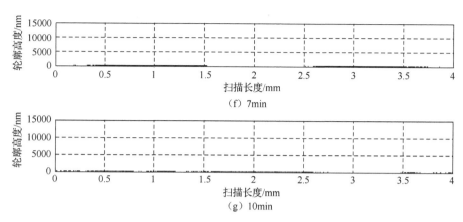

图 4.29　微观去除过程表面轮廓随时间的变化

4.3.4　抛光前后晶体表面化学成分分析

KDP 晶体水溶解抛光机理建立在 KDP 晶体的水溶解性基础之上，抛光过程中抛光液中的水分溶解晶体表面材料，在晶体表面富集一层磷酸二氢钾盐，而后被抛光垫与抛光液所带走。抛光过程只是 KDP 晶体的水溶解过程，不应该有其他化学物质生成。为进一步揭示 KDP 晶体水溶解抛光材料去除机理，使用 X 射线光电子能谱仪（X-ray photoelectron spectrometer，XPS）对 KDP 晶体抛光前后的表面进行元素分析。试验过程中真空室气压为 2×10^{-8}Pa，工作电压 12.5kV，工作压强 3.5×10^{-6}Pa。试验中对 KDP 晶体表面的 C1s、K2p、P2p、O1s 进行了图谱分析，数据以表面污染碳 C1s（284.6eV）为标准进行修正。

图 4.30 为抛光前后 KDP 晶体表面 XPS 的扫描结果。从图中可以看到，使用所配制的抛光液对 KDP 晶体进行水溶解抛光后发现晶体表面没有新的特征峰出现，即没有新物质生成。图 4.31～图 4.33 为 KDP 晶体抛光前后表面 K、P、O 元素的扫描结果。$K2p_{3/2}$ 和 $K2p_{1/2}$ 分别向低结合能方向漂移了 0.2eV 和 0.1eV，这一微小变化说明 KDP 晶体中 K 元素没有发生价态变化，漂移由试验误差引起；P2p 结合能没有发生变化，同样 P 元素价态不变；而 O1s 元素在抛光后向低结合能方向漂移 0.5eV，这是因为抛光液由长链醇 A 和非离子表面活性剂组成，抛光后晶体表面可能残留抛光液，长链醇 A 中的 O、表面活性剂醚键中的 O 和 KDP 晶体 PO_4^{3-} 中的 O 共同作用，造成结合能漂移，而 O 元素价态不变。因此，在对 KDP 晶体进行水溶解抛光后，晶体表面成分仍然为 KH_2PO_4，这说明 KDP 晶体水溶解抛光过程是晶体溶于水和机械共同作用的平衡过程。

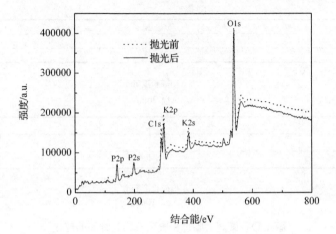

图 4.30　抛光前后 KDP 晶体表面 XPS 的扫描结果

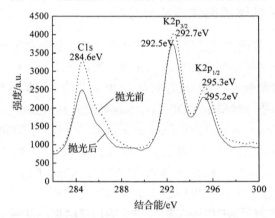

图 4.31　抛光前后 KDP 晶体 K2p 的 XPS 扫描结果

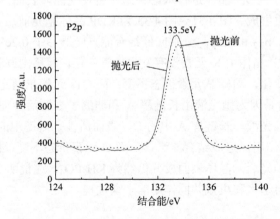

图 4.32　抛光前后 KDP 晶体 P2p 的 XPS 扫描结果

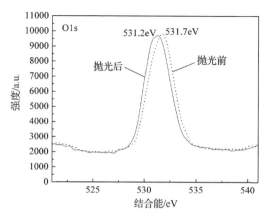

图 4.33　抛光前后 KDP 晶体 O1s 的 XPS 扫描结果

4.4　工艺条件和参数对 KDP 晶体抛光效果影响的试验与分析

　　KDP 晶体水溶解抛光是晶体的溶解和机械共同作用的过程，整个系统受到诸多因素（如抛光液、抛光垫、抛光加工参数等）的影响。材料去除率和晶体表面质量是评价 KDP 晶体水溶解抛光效果的两个主要因素，本节研究不同工艺条件和参数对这两个因素的影响，提出获得低表面粗糙度、无加工缺陷的 KDP 晶体水溶解抛光加工工艺，同时研究了 KDP 晶体专用抛光液的使用寿命。

4.4.1　工艺条件对 KDP 晶体水溶解抛光效果的影响

　　试验在 1000 级洁净间中进行，环净温度 20℃，相对湿度 45%。在 ZYP200 型旋转摆动重力式研磨抛光机上进行 KDP 晶体水溶解抛光试验，抛光液输送到抛光垫中心位置。采用石蜡粘片方法，将三块 15mm×15mm×5mm 的 KDP 晶体黏结在铝合金载物盘上，抛光时铝合金载物盘与不锈钢配重通过螺纹方式连接，通过增加或减少配重块来调节抛光过程的抛光压力。选取 5 种含水量不同的抛光液，试验时间为 20min，其他各影响因素参数值的选取见表 4.5。

表 4.5　抛光过程各参数选择

影响因素	参数值
KDP 晶体晶面	(001)、二倍频、三倍频
抛光垫	聚氨酯抛光垫、黑色绒毛抛光垫
抛光液含水量	$W_{PA} < W_{PB} < W_{PC} < W_{PD} < W_{PE}$
抛光液流量/（mL/min）	3、10、20
抛光液温度/℃	22、27、32

影响因素	参数值
抛光盘转速/（r/min）	25、50、75、100、125、150、175
抛光压力/kPa	0.8、2.5、6、10、20、30、40、50、60

　　测量抛光前后 KDP 晶体的质量差，通过计算得到不同加工参数下的材料去除率，使用 ZYGO NewView 5022 三维光学表面轮廓仪分别测量三块晶体的表面粗糙度 RMS，取其平均值。抛光前采用 3000 目砂纸对 KDP 晶体进行干磨，表面形貌如图 4.34 所示。从图中可以看到，KDP 晶体表面布满划痕，深度在数微米，表面粗糙度 RMS 为 475.064nm。

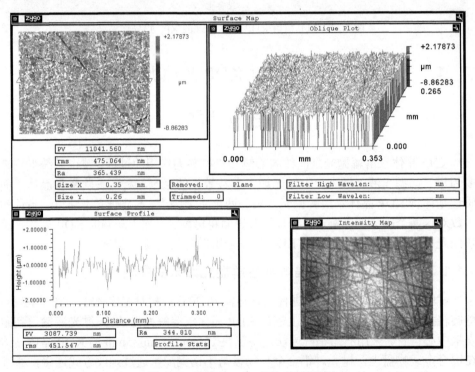

图 4.34　抛光前 KDP 晶体表面形貌

4.4.2　抛光垫对加工过程的影响

　　通常抛光垫和抛光盘通过双面胶粘在一起。W/O 型微乳液的基载液是醇类，根据相似相容原理，醇类可以溶解抛光垫背面的双面胶，使得抛光垫脱离抛光盘，抛光过程无法继续进行。黑色绒毛抛光垫为无纺布结构，虽然可以容纳更多的抛光液，但是抛光液很容易渗透到抛光垫中，溶解背部双面胶。此外，黑色绒毛抛光垫硬度较低，压缩比较大，使得抛光垫与晶体间的剪切作用变弱，不利于提高材料去除率并且会将材料带离抛光区。因此选择硬度稍大的聚氨酯抛光垫，该抛光垫成分为聚氨酯，可压缩性较小，抛光液无法透过致密的聚氨酯分子而溶解双面胶，经试验证明适合用于 KDP 晶体抛光。

4.4.3　不同晶面的 KDP 晶体材料去除率和表面形貌对比

本组试验所采用的抛光加工参数为：抛光液 A，抛光压力 40kPa，抛光盘转速 150r/min，抛光液流量 10mL/min，抛光液温度 27℃，环境相对湿度 75%。

在激光聚变点火装置中，将使用到 KDP 晶体的(001)晶面、二倍频晶面和三倍频晶面，各个晶面的力学性能存在一定差异。因此研究 KDP 晶体抛光过程中不同晶面的抛光加工特性对实际生产有着重要的指导意义。在对 KDP 晶体进行切削、磨削加工时，各加工面或同一加工面上不同加工方向显示出强烈的各向异性，其临界切削深度也有所不同，因此，对不同晶面进行加工时，其加工参数应合理选择。而抛光加工是轨迹重叠的一种加工方法，材料去除过程与切削磨削截然不同，因此本小节主要研究 KDP 晶体不同晶面的材料去除特性和表面粗糙度 RMS 差异，为各晶面的加工提供合理的抛光工艺参数。

图 4.35 为水溶解抛光加工后 KDP 晶体不同晶面的材料去除率和表面粗糙度 RMS 变化。从图中可知，对于不同晶面来说，抛光过程材料去除率和晶体表面粗糙度 RMS 变化略有不同。(001)晶面材料去除率最小，表面粗糙度 RMS 最大，二倍频晶面次之，三倍频晶面材料去除率最大，表面粗糙度 RMS 最小，这是各晶面硬度不同所致。表 4.6 为 KDP 晶体不同晶面的维氏硬度，可见，不论是在最软方向还是最硬方向，(001)晶面的硬度最大，二倍频晶面和三倍频晶面次之，因而在加工(001)晶面时，材料去除率最小。但是各晶面材料去除率均在 900～1000nm/min，变化率不超 10%，表面粗糙度 RMS 在 2.4～2.6nm，变化率同样不超 10%，并且各晶面间表面质量相差很小（图 4.36），因此，在对 KDP 晶体不同晶面进行抛光加工时，可以选择相同的加工参数。后续试验均以(001)晶面的 KDP 晶体为研究对象。

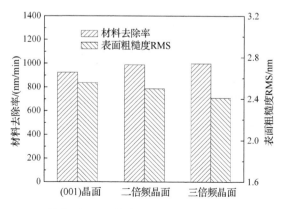

图 4.35　KDP 晶体不同晶面的材料去除率和表面粗糙度 RMS 对比

表 4.6　KDP 晶体各晶面维氏硬度

晶面	维氏硬度/GPa	
	最软方向	最硬方向
(001)晶面	1.66	1.79
二倍频晶面	1.42	1.49
三倍频晶面	1.31	1.51

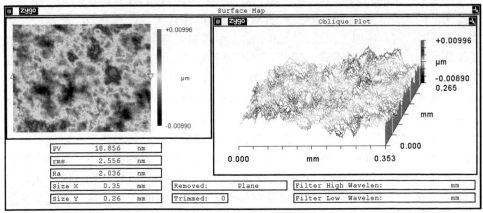

（a）(001)晶面

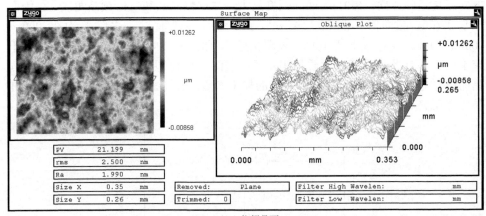

（b）二倍频晶面

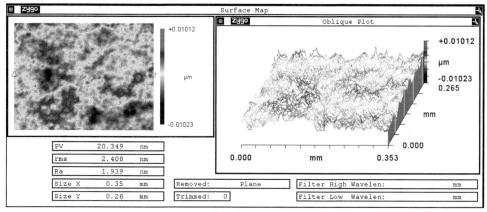

（c）三倍频晶面

图 4.36　KDP 晶体不同晶面表面形貌对比

4.4.4　抛光液对 KDP 晶体材料去除率和表面形貌的影响

1. 抛光液含水量对材料去除率和表面形貌的影响

本组试验所采用的抛光加工参数为：KDP 晶体(001)晶面，抛光压力 40kPa，抛光盘转速 150r/min，抛光液流量 10mL/min，抛光液温度 22℃，相对湿度 45%。在传统金属化学机械抛光过程中，氧化剂是参与化学反应的活性物质，与金属在被加工表面生成一层氧化膜，随着氧化剂含量的增加，抛光过程的材料去除率呈现先增大后减小的趋势，如图 4.37 所示。在达到临界氧化剂含量 w_0 之前，由于抛光液中络合剂的作用，氧化膜质地疏松，很容易被机械摩擦作用去除，因而材料去除率增大；当氧化剂含量大于 w_0 时，氧化膜厚度增加，密度也逐渐变大，这层膜在金属表面起到钝化作用，形成钝化膜，阻碍了摩擦作用对材料的进一步去除，因此材料去除率逐渐降低。

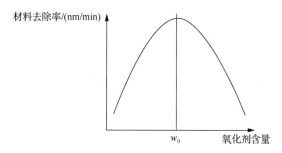

图 4.37　金属化学机械抛光过程中材料去除率随氧化剂含量的变化

在 KDP 晶体抛光液中，水作为参与反应的活性物质而存在。抛光液含水量的大小代表了材料去除能力的强弱，直接影响着抛光过程的材料去除率和抛光后晶体表面质量。图 4.38 为 KDP 晶体抛光液含水量对材料去除率和抛光后晶体表面粗糙度 RMS 的影响（图 4.38 为多次试验取平均值）。与金属化学机械抛光材料去除变化趋势不同，随着含水量的增加，材料去除率线性增加，表面粗糙度 RMS 相应增大。

当表面活性剂含量一定时，随着抛光液含水量的增加，微乳液中的水核无法容纳更多的水分子，因而部分水分子吸附在油、水界面层或游离于微乳液的连续相（长链醇 A）中，使其能够溶解更多的 KDP 晶体材料，增大了材料去除率。此外，根据前文对 KDP 晶体水溶解抛光材料去除机理的分析得知，水与晶体反应并没有在被加工表面生成钝化膜，晶体表面受到长链醇 A 的保护，而这一保护作用并没有因为含水量的增加而增强，因此材料去除率随着含水量的增加而增大，并不存在一个临界值。

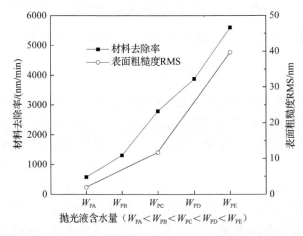

图 4.38　KDP 晶体材料去除率和表面粗糙度 RMS 随抛光液含水量的变化

材料去除率的增大并不意味着表面质量提高，从图 4.38 可见，含水量增加，表面粗糙度 RMS 也相应增加。当含水量较高时，如抛光液 E，表面粗糙度 RMS 平均值高达 39.7nm。这是由于 KDP 晶体水溶解抛光是一个动态过程，当晶体表面水溶解速度与反应产物的机械去除速度相互协调时，有助于形成超光滑表面。反之，当水溶解速度过高或过低，容易产生相对粗糙的表面。使用各抛光液加工所获得的 KDP 晶体表面形貌如图 4.39 所示，含水量增加，大量 KDP 晶体材料溶解，晶体表面 PV 逐渐增大，抛光垫与晶体表面凸峰间的机械作用小于抛光液的水溶解作用（图 4.39 为单次试验取值）。使用抛光液 E 时，PV 高达 0.69μm。因此，合理控制抛光液与晶体表面的水溶解速度（抛光液含水量），是获得 KDP 晶体超光滑表面的关键所在。

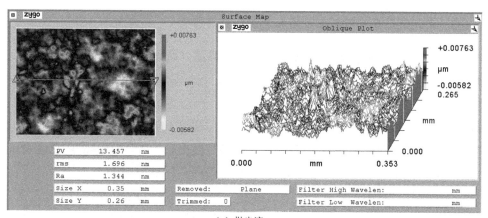

（a）抛光液 A

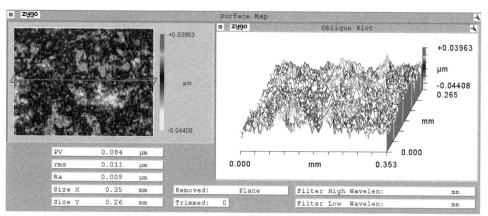

（b）抛光液 C

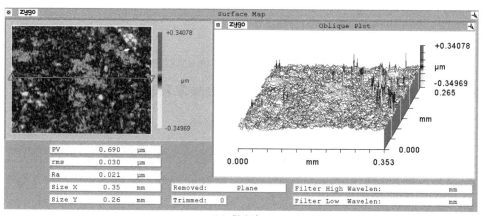

（c）抛光液 E

图 4.39　KDP 晶体表面形貌随抛光液含水量的变化

2. 抛光液温度对材料去除率和表面形貌的影响

采用的抛光加工参数为：KDP 晶体(001)晶面，抛光液 A，抛光压力 40kPa，抛光盘转速 150r/min，抛光液流量 10mL/min，相对湿度 45%。通过前面的静态刻蚀率试验得知，随着抛光液温度的升高，水分子运动加剧，静态刻蚀率增大，在抛光过程中，得到同样的材料去除率变化趋势（图 4.40），其最主要的原因在于温度升高促进了 KDP 晶体的水溶解速度。但是，抛光后晶体表面粗糙度 RMS 并没有因为抛光液温度的升高而发生显著变化，其表面形貌基本相同。

众所周知，摩擦过程会产生一定热量，该热量加速了 KDP 晶体与水的反应，但是反应速度的加快与抛光垫与晶体间的机械作用相比，仍然较为微弱，也就是说，更多被溶解的材料仍然可以及时被带离已加工表面，表面质量不会发生明显变化。因此，在不影响 W/O 型微乳液理化性质、晶体表面质量和使用要求的前提下，可适当提高环境温度或抛光液温度来提高生产效率。

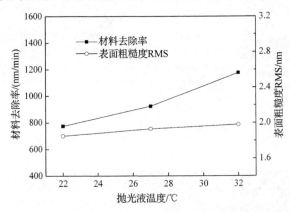

图 4.40　KDP 晶体材料去除率和表面粗糙度 RMS 随抛光液温度的变化

4.4.5　抛光加工参数对 KDP 晶体材料去除率和表面形貌的影响

1. 抛光时间对材料去除率和表面形貌的影响

本组试验所采用的抛光加工参数为：KDP 晶体(001)晶面，抛光液 A，抛光压力 40kPa，抛光盘转速 150r/min，抛光液流量 10mL/min，抛光液温度 22℃，相对湿度 45%。

图 4.41 为 KDP 晶体水溶解抛光过程中表面粗糙度 RMS 随抛光时间的变化情况（图 4.41 为多次试验取平均值）。在未进行抛光加工前，晶体表面形貌如图 4.34 所示，PV 为 11.04μm，KDP 晶体在砂纸磨料作用下产生较深划痕。抛光至 2min

时，晶体表面粗糙度 RMS 从 475.064nm 迅速下降到 79.953nm，从图 4.42（a）中可以看到，此时 KDP 晶体表面的划痕仍然较为明显，PV 为 4.17μm。当抛光至 5min时［图 4.42（b）］，表面粗糙度 RMS 已经下降到 9.561nm，划痕完全消失，晶体表面由高低起伏的"丘陵"组成，随着抛光的继续进行，KDP 晶体表面粗糙度RMS 进一步下降。当抛光时间为 20min 时［图 4.42（d）］，晶体表面粗糙度 RMS达到 1.696nm，PV 为 13.457nm，加工表面无任何可见缺陷。随着抛光时间的进一步增加，晶体表面粗糙度 RMS 维持在 2nm 以下，且表面形貌没有发生实质性改变，因此抛光时间定为 20min（图 4.42 为单次试验取值）。

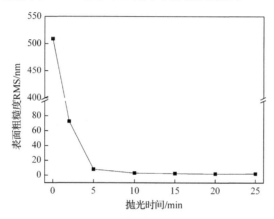

图 4.41　KDP 晶体表面粗糙度 RMS 随抛光时间的变化

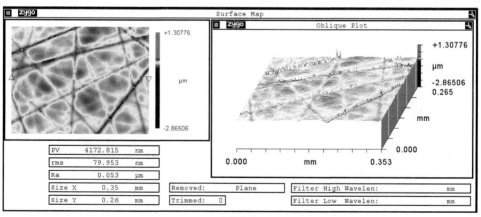

（a）2min

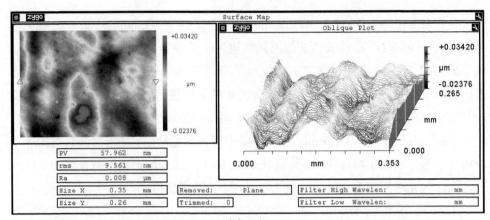

(b) 5min

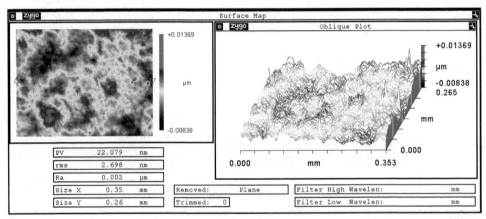

(c) 10min

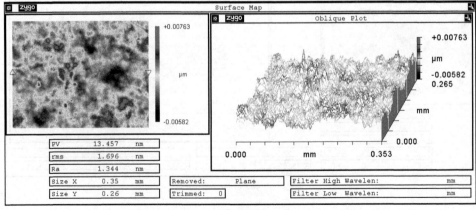

(d) 20min

图 4.42　KDP 晶体表面形貌随抛光时间的变化

2. 抛光压力对材料去除率和表面形貌的影响

本试验的抛光加工参数为：(001)晶面，抛光液 A，抛光盘转速 150r/min，抛光液流量 10mL/min，抛光液温度 22℃。图 4.43 为 KDP 晶体材料去除率和表面粗糙度 RMS 随抛光压力的变化规律（图 4.43 为多次试验取平均值）。当抛光压力小于 20kPa 时，材料去除率增大速度较快；当压力大于 20kPa 时，材料去除率增大速度变缓。抛光压力相对较小时，抛光垫与晶体间的剪切力也相应较低，抛光液中的水核可以抵抗剪切所产生的变形，不至于被破坏，少量 KDP 晶体被溶解及去除，因而材料去除率较低。随着压力的增大，KDP 晶体表面与抛光垫间的接触面积增大，机械摩擦作用增强，位于晶体表面凸起部分的水核在剪切力作用下发生变形，水分子脱离水核的束缚与 KDP 晶体直接接触，发生水解反应，此外，摩擦所产生的热量加速了 KDP 晶体表面材料的溶解，因此材料去除率增加较快。

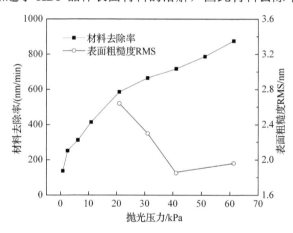

图 4.43　KDP 晶体材料去除率和表面粗糙度 RMS 随抛光压力的变化

随着抛光压力增加，抛光后晶体表面粗糙度 RMS 与材料去除率变化趋势正好相反，表面粗糙度 RMS 随着压力的增加而有所降低（图 4.43）。当抛光压力为 20kPa 时，晶体表面粗糙度 RMS 为 2.456nm［图 4.44（a）］；压力增加到 40kPa 时，表面粗糙度 RMS 最小，为 1.696nm［图 4.44（b）］。压力继续增大，表面粗糙度 RMS 略有上升，但表面形貌变化不明显。当压力较小时，抛光垫与晶体间的机械摩擦作用较弱，无法有效去除 KDP 晶体表面凸起部分被溶解的材料，因此表面粗糙度 RMS 较高。当压力增加时，KDP 晶体表面凸起部分的材料被很快去除，直至与晶体低凹处相平，从而形成超光滑表面。随着压力的继续增加，机械摩擦作用进一步增强，抛光过程机械作用与溶解作用平衡被破坏，晶体表面粗糙度 RMS 增大。从图 4.44（c）中晶体二维表面形貌可以看出，晶体表面由于抛光摩擦出现了微划痕（图 4.44 为单次试验取值）。

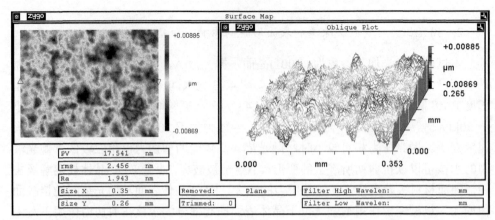

(a) 20kPa

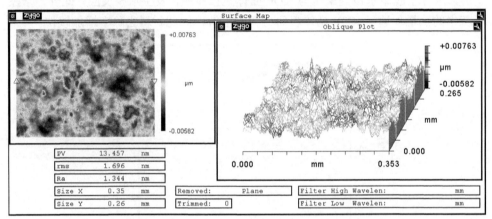

(b) 40kPa

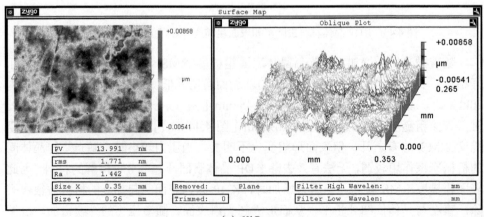

(c) 60kPa

图 4.44　KDP 晶体表面形貌随抛光压力的变化

3. 抛光盘转速对材料去除率和表面形貌的影响

本组试验所采用的抛光加工参数为：KDP 晶体(001)晶面，抛光液 A，抛光压力 40kPa，抛光液流量 10mL/min，抛光液温度 22℃，相对湿度 45%。

图 4.45 为晶体材料去除率和表面粗糙度 RMS 随抛光盘转速的变化趋势。随着抛光盘转速的增加，抛光过程的材料去除率逐渐增大。当抛光盘转速小于 50r/min 时，材料去除率显著上升；抛光盘转速大于 50r/min 时，材料去除率基本饱和，在 600～700nm/min 变化。这一变化趋势不同于 Preston（普雷斯顿）经典材料去除率方程[21]中描述的材料去除率与抛光转速呈线性增加，其原因在于 KDP 晶体水溶解抛光是机械作用与材料物理溶解相互协调的过程。当转速为零时，KDP 晶体的材料去除以抛光垫中所承载抛光液的静态刻蚀为主，其值较小。当转速较低时，抛光垫与晶体表面间所建立起来的抛光液膜厚度较小，位于此区域的抛光液不是十分充分，加上抛光液中的含水量有限，使得材料去除率相对较低。当抛光盘转速增加时，抛光垫与晶体表面间形成稳定的抛光液膜，通常在数微米，充足的抛光液可以持续溶解晶体表面材料，因此材料去除率有所增加且变化趋势不明显。

表面粗糙度 RMS 与材料去除率变化趋势相反，抛光盘转速从 50r/min 增加到 150r/min，表面粗糙度 RMS 从 3.03nm 线性减小到 1.83nm。抛光盘转速增大，抛光液膜趋于稳定，KDP 晶体溶解率相对变化不大，但是抛光系统机械作用增强，在相同时间内 KDP 晶体可以获得更好的表面质量。

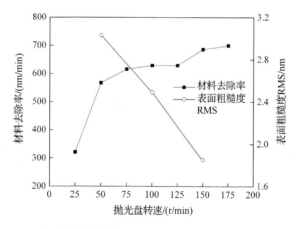

图 4.45 KDP 晶体材料去除率和表面粗糙度 RMS 随抛光盘转速的变化

4. 抛光液流量对材料去除率和表面形貌的影响

本试验采用的抛光参数为：(001)晶面，抛光液 A，抛光压力 40kPa，抛光盘转速 150r/min，抛光液温度 27℃，相对湿度 45%。图 4.46 为抛光液流量对 KDP 晶体材料去除率和表面粗糙度 RMS 的影响（图 4.46 为多次试验取平均值）。随着抛光液流量的增加，抛光过程材料去除率和抛光后晶体表面粗糙度 RMS 均增大，表面质量有所降低。当抛光液流量从 3mL/min 增加到 20mL/min 时，材料去除率从 627.05nm/min 增加到 1526.93nm/min，而表面粗糙度 RMS 平均值则从 1.449nm 升高至 2.512nm（图 4.47）。抛光液流量增加，单位时间内流入抛光区的抛光液数量增大，同时新抛光液能更快地取代旧抛光液，从而溶解更多的 KDP 晶体，晶体材料去除率明显增大。当更多的抛光液进入抛光区时，单位时间内与 KDP 晶体表面接触的水分子增多，晶体凸起部分和低凹部分同时受到水分子的溶解作用，低凹处晶体溶解速度加快。由于其他抛光加工参数不变，晶体凸起部分受到的机械剪切作用不发生改变，凸起部分溶解速度与低凹处晶体溶解速度比值有所降低，因而抛光后表面质量下降。

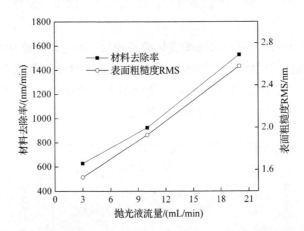

图 4.46　KDP 晶体材料去除率和表面粗糙度 RMS 随抛光液流量的变化

如果抛光前晶体表面损伤层较深，使用较小的抛光液流量加工 KDP 晶体，会使去除该损伤层所需的抛光时间增加，降低了实际生产效率。此外，抛光液流量较小无法及时带走摩擦产生的热量。因此，在满足晶体表面质量使用要求的前提下，可适当增加单位时间内抛光液流量，减少抛光加工时间。

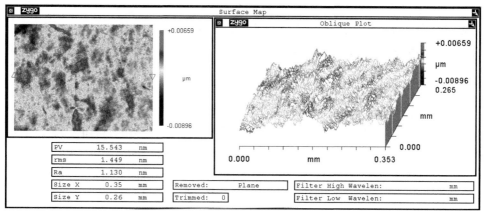

（a）3mL/min

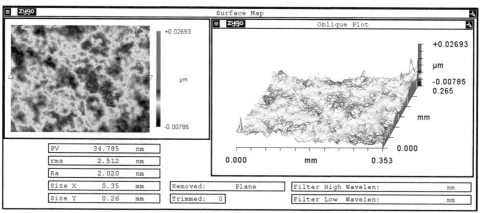

（b）20mL/min

图 4.47　KDP 晶体表面形貌随抛光液流量的变化

4.4.6　KDP 晶体水溶解抛光后面形精度

KDP 晶体光学零件的加工精度直接影响光学系统的性能。光学零件面形精度传统评价指标主要有反射或透射波前的峰谷值 PV 和表面粗糙度 RMS。随着对光学性能要求的不断提高，现代光学系统对光学零件的质量评价有了新的要求，即要求对波前误差的频谱分布进行评价和控制。NIF 中光学零件面形误差被划分为三个空间波段[22]：① 低频段，空间频率 $0 \leqslant f < 0.03 \mathrm{mm}^{-1}$，即空间周期 $L > 33 \mathrm{mm}$，这部分波前相位畸变主要影响聚焦光斑尺寸和主瓣分布，由平面度控制；② 中频段，空间频率 $0.03 \mathrm{mm}^{-1} \leqslant f < 8 \mathrm{mm}^{-1}$，即空间周期 $0.12 \mathrm{mm} < L < 33 \mathrm{mm}$，一般使用波前功率谱密度来描述，主要影响聚焦光斑的旁瓣分布和光束的近场调制，由表面波纹度控制；③ 高频段，空间频率 $f \geqslant 8 \mathrm{mm}^{-1}$，即空间周期 $L < 0.12 \mathrm{mm}$，对聚焦光斑尺寸没有影响，但是会降低中央亮斑的强度，由表面粗糙度 RMS 控制。

　　KDP 晶体水溶解抛光过程中，不会产生由机床振动引起的小尺寸纹理，因此可以忽略中频段提出的波纹度要求，只考虑晶体平面度和表面粗糙度 RMS 影响。前面几个小节主要针对表面粗糙度 RMS 指标进行了抛光加工参数优化，试验证明通过水溶解抛光，表面粗糙度 RMS 已基本满足激光聚变系统中 KDP 晶体的表面质量要求。本小节主要研究抛光前后 KDP 晶体平面度变化情况。

　　试验中，将三块尺寸为 3cm×3cm 的 KDP 晶体粘在载物盘上，抛光前使用 3000 目砂纸对其进行干磨，抛光试验过程加工参数为：KDP 晶体(001)晶面，抛光液 A，抛光压力 40kPa，抛光盘转速 150r/min，抛光液流量 10mL/min，抛光液温度 22℃，相对湿度 45%。使用 FlatMaster 200 平面度仪（康宁，美国）对抛光前后晶体进行面形精度测量，抛光前 KDP 晶体平面度为 22.53μm，抛光后晶体平面度为 2.54μm[23, 24]。经双面抛光加工后 KDP 晶体外观如图 4.48 所示。由此可见，抛光以后 KDP 晶体面形并没有发生恶化，但是晶体表面仍然存在塌边现象，这是由于被加工晶体边缘受到较大的压强，从而引起抛光垫的变形所致。塌边现象会影响实际使用中激光光束质量，降低激光聚变装置功率。

图 4.48　抛光后 KDP 晶体外观

参 考 文 献

[1] Hoar T P, Schulman J H. Transparent water-in-oil dispersions: The oleopathic hydro-micelle[J]. Nature, 1943, 152(3847): 102-103.

[2] 王笃政, 王鹏, 刘晓逾, 等. 微乳化技术及应用进展[J]. 当代化工研究, 2011, 8(9): 6-8.

[3] Prince L M. A theory of aqueous emulsions I. Negative interfacial tension at the oil/water interface[J]. Journal of Colloid and Interface Science, 1967, 23(2): 165-173.

[4] Schulman J H, Stoeckenius W, Prince L M. Mechanism of formation and structure of micro emulsions by electron microscopy[J]. The Journal of Physical Chemistry, 1959, 63(10): 1677-1680.

[5] Shinoda K, Araki M, Sadaghiani A, et al. Lecithin-based microemulsions: Phase behavior and microstructure[J]. The Journal of Physical Chemistry, 1991, 95(2):989-993.

[6] 滕弘霓, 陈宗琪. 醇对非离子表面活性剂所形成微乳液的影响[J]. 吉林化工学院学报, 1996(4): 8-12.

[7] 汪志银, 朱慧, 王兆伦, 等. 醇的链长对 Triton X-100 微乳液的调控[J]. 应用化学, 2006, 23(10): 1081-1084.

[8] Guo R, Ding Y H, Liu T Q. Phase behavior and structural properties of the Triton X-100/n-C$_n$H$_{2n+1}$OH/H$_2$O system[J].

Journal of Dispersion Science and Technology, 2002, 23(6): 777-788.

[9] Eicke H F, Hilfiker R, Thomas H. Connectivity-controlled charge transport in water-in-oil microemulsions[J]. Chemical Physics Letters, 1986, 125(3): 295-298.

[10] Mukhopadhyay L, Bhattacharya P K, Moulik S P. Additive effects on the percolation of water/AOT/decane microemulsion with reference to the mechanism of conduction[J]. Colloids and Surfaces, 1990, 50: 295-308.

[11] Lagourette B, Peyrelasse J, Boned C, et al. Percolative conduction in microemulsion type systems[J]. Nature, 1979, 281(5726): 60-62.

[12] Bumajdad A, Eastoe J. Conductivity of water-in-oil microemulsions stabilized by mixed surfactants[J]. Journal of Colloid and Interface Science, 2004, 274(1): 268-276.

[13] Liu D J, Ma J M, Cheng H M, et al. Conducting properties of mixed reverse micelles[J]. Colloids and Surfaces A Physicochemical and Engineering Aspects, 1999, 148(3): 291-298.

[14] Fletcher P D I, Robinson B H, Dynamic processes in water-in-oil microemulsions[J]. Berichte der Bunsengesellschaft für Physikalische Chemie, 1981, 85(10): 863-867.

[15] Gradzielski M, Hoffmann H. Rheological properties of microemulsion[M]. New York: Marcel Dekker, 1999: 357-386.

[16] Garti N, Yaghmur A, Leser M E, et al. Improved oil solubilization in oil/water food grade microemulsions in the presence of polyols and ethanol[J]. Journal of Agricultural and Food Chemistry, 2001, 49(5): 2552-2562.

[17] Grover G S, Liang H, Ganeshkumar S, et al. Effect of slurry viscosity modification on oxide and tungsten CMP[J]. Wear, 1998, 214(1): 10-13.

[18] Mullany B, Byrne G. The effect of slurry viscosity on chemical—Mechanical polishing of silicon wafers[J]. Journal of Materials Processing Technology, 2003, 132(1): 28-34.

[19] Amar I, Aserin A, Garti N. Microstructure transitions derived from solubilization of lutein and lutein esters in food microemulsions[J]. Colloids and Surfaces B: Biointerfaces, 2004, 33(3-4): 143-150.

[20] Zhang W, Lu X C, Liu Y H, et al. Effect of corrosion inhibitor in the chemical mechanical polishing of copper[J]. Tribology, 2007, 27(5): 401-405.

[21] Preston F W. The theory and design of plate glass polishing machines[J]. Journal of the Society of Glass Technology, 1927, 11: 214-256.

[22] Lawson J K, Auerbach J M, English R E, et al. NIF optical specifications: The importance of the RMS gradient[C]. Third International Conference on Solid State Lasers for Application to Inertial Confinement Fusion, 1999, 3492: 336-343.

[23] Gao H, Wang B L, Guo D M, et al. Experimental study on abrasive-free polishing for KDP crystal[J]. Journal of The Electrochemical Society, 2010, 157(9): H853-H856.

[24] Wang B L, Li Y Z, Gao H. Water-in-oil dispersion for KH_2PO_4 (KDP) crystal CMP[J]. Journal of Dispersion Science and Technology, 2010, 31(12): 1611-1617.

5 KDP 晶体可控溶解原理及材料 去除与平坦化机制

5.1 KDP 晶体可控溶解的概念

5.1.1 晶体的结晶与溶解

1. 晶体结晶

在自然界中，固态物质从熔融物、溶液或蒸汽中以晶体形态析出的过程叫作结晶。作为晶体材料中重要分支的水溶性晶体，如 NaCl 晶体、KDP 晶体、磷酸二氘钾（DKDP）晶体、硫酸三甘肽（triglycine sulfide，TGS）晶体、ADP 晶体、甘氨酸晶体、季戊四醇晶体、L-精氨酸磷酸盐（L-arginine phosphate，LAP）晶体[1-5]，通常是在液-固结晶机制作用下析出的[6]。水溶性晶体的结晶在过饱和度足够大的 KDP 溶液中才能够触发，其实现的具体条件为：①KDP 溶液的浓度处于较高水平；②KDP 溶液的温度处于较低水平。为了阐明结晶的原理，以最典型的水溶性晶体——KDP 晶体为例，对其结晶过程进行论述。

KDP 晶体结晶原理如图 5.1 所示。过饱和 KDP 溶液中，K^+ 和 $H_2PO_4^-$ 并非独立存在，而是分别与 H_2O 分子结合成水合阳离子 $[K(H_2O)_m]^+$ 和水合阴离子 $[H_2PO_4(H_2O)_n]^-$，且这两种水合离子持续进行着扩散运动 [如图 5.1（a）]。运动过程中，水合离子间会发生碰撞，并有一定概率结合，进而形成体积较大的离子团簇[7]。这些离子团簇与 KDP 晶体的结构相似，学术界习惯称其为"晶胚"。由于晶胚存在能量起伏及结构起伏，其内部各微观粒子间的连接并不牢固，因此绝大多数晶胚在形成后随即发生分解 [图 5.1（b）]，其间仅有少数体积较大且结构相对稳定的晶胚能保留下来。这些未分解的晶胚会继续吸收位于其附近的水合离子，使自身体积进一步增大。此时，从 KDP 溶液整体上看，上述的大体积晶胚必然具有一定的数量规模，随着它们在运动中碰撞结合，会形成体积成倍增加的超大晶胚，当晶胚体积超过某一临界值时，其将克服成核势垒并转化为稳定的固相，即

KDP 晶核［图 5.1（c）］[8-10]。相关研究表明：KDP 溶液的浓度和温度显著影响着该成核临界值[11]。随后，在结晶驱动力的作用下，KDP 溶液中的水合离子向晶核表面靠近，并不断堆砌至晶核表面，促使 KDP 晶核转变为 KDP 晶体。

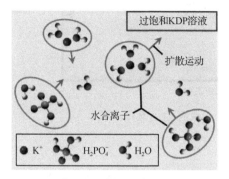

（a）过饱和KDP溶液中的离子扩散运动　　　　（b）KDP晶胚的分解

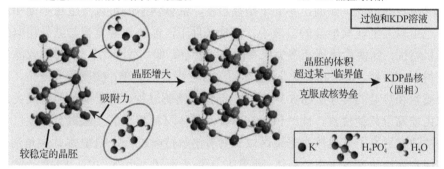

（c）KDP晶胚的增大及成核

图 5.1　KDP 晶体结晶原理示意图

　　自然条件下，由于存在大量干扰因素，如温湿度波动、杂质离子及微粒[12]，导致过饱和 KDP 溶液的成核率大幅提高，随之结晶出分布杂乱、形态各异且质地极不均匀的 KDP 晶体（图 5.2）。由此可见，晶体结晶通常具有无序随机的特征。

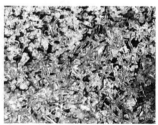

（a）雪花状 KDP 晶体　　　　（b）颗粒状 KDP 晶体　　　　（c）簇状 KDP 晶体

（d）树枝状 KDP 晶体

图 5.2　自然条件下结晶形成的 KDP 晶体

2. 晶体溶解

晶体的溶解与结晶互为可逆过程，其本质是晶体材料与水发生物理化学反应并形成溶液的过程。然而，不同于结晶过程，晶体溶解既可以发生在不饱和溶液中，也可以发生在其他盐的溶液中。自然条件下，晶体溶解具有与结晶相似的无序随机特征，致使晶体逐渐丧失原有的形状特征，即"浑圆化"，同时导致晶体表面变得愈加粗糙，即"粗糙化"。晶体的溶解过程看似简单，实则极其复杂，其间涉及质量和热量的传递。图 5.3 为 KDP 晶体的溶解过程，由于晶体棱边及尖角处的自由能高于其他位置，同时位于这两处的晶体材料与水的接触机会更多，导致其溶解速度远高于其他较为平整区域。随着溶解持续进行，KDP 晶体尖角消失，原本锐利的棱边变得平滑，晶体外形整体上趋于浑圆。此外，由于 KDP 晶体具有强水溶性，室温下溶解度（质量分数）高达 25%，因而在不加干预的情况下，晶体表层材料遇水迅速溶解，且溶解过程具有明显的无序性和随机性。其间，网面密度较大的晶面与生长缺陷位置在强烈的溶解驱动力作用下优先溶解[13]，进而形成大量的次生小晶面和小凹坑，即蚀象，导致 KDP 晶体表面变得非常粗糙[11, 14]。

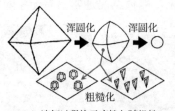

　　（a）溶解过程的无序性与随机性　　　　　（b）导致溶解表面粗糙化的蚀象

图 5.3　KDP 晶体的溶解过程

5.1.2　晶体的生长与逆生长

1. 晶体生长

不同于自然条件下的结晶过程，在适宜的调控技术及育晶器配合下，晶体的结晶就能够按照有序可控的方式进行，进而获得质地均匀、形状规整的单晶锭。为了与前述的无序随机结晶过程区分开，学术界通常将这种有序可控的结晶过程称作"晶体生长"[15-17]。然而，实现晶体生长绝非易事，其对于生长原料、生长工艺及育晶器均有着极其严苛的指标要求，除了需要满足结晶的基本条件外，还须满足的必要条件有：①适宜的过饱和度梯度；②适宜的温度；③适宜的溶液流动性；④高纯度的溶液；⑤近无缺陷的籽晶[8, 18-20]。

晶体的主流生长技术包括传统生长法（图 5.4）、循环流动生长法和全方位快速生长法[21, 22]，三者均通过调节过饱和溶液的浓度、温度及流动性的方式精确控制晶体生长速度。虽然传统生长法的生长速度远低于其余两种技术，然而该技术却能够获得满足工程需求的高品质单晶锭[23-25]。

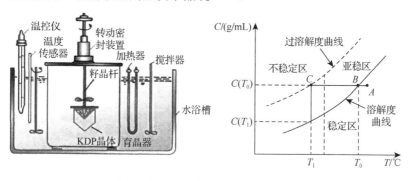

图 5.4　传统生长法中的育晶器及溶液状态示意图[26]

为了揭示晶体生长的原理，以 KDP 晶体为例，对其生长过程进行阐述。KDP 晶体生长原理如图 5.5 所示。位于过饱和 KDP 溶液中的 KDP 籽晶持续吸收位于其附近的水合离子，使自身体积增大。其间，由于水合离子被吸收的同时引发去溶剂化，导致 KDP 晶体表面附近区域的溶液浓度大幅降低。这一低浓度区域将晶体表面与远处的 KDP 溶液划分开来，学术界称为"界面相"[27]。界面相的形成伴随产生了浓度梯度，即生长驱动力，使得原本远离 KDP 晶体表面的晶胚及水合离子向晶体表面靠拢。随着这些微观粒子进入界面相，在键合力的作用下进行去溶剂化和键长键角调整，使自身结构更加有序[28-30]。此后，这些微观粒子到达 KDP 籽晶表面，按照高度有序的方式依次完成键合，成为 KDP 晶体的一部分，同时促使晶体相向溶液相中推移，即表现为晶体体积的增大[31, 32]。在上述微观粒子迁移过程中会引发局部对流，因此 KDP 溶液的流动性必然影响着 KDP 晶体生长[33]。

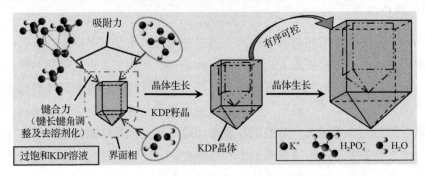

图 5.5　KDP 晶体生长原理示意图

2. 晶体逆生长

通过以上分析可知，晶体的结晶和溶解互为可逆过程。两者在某些特征上却极为相似，如自然条件下均表现出显著的无序性与随机性。根据结晶和溶解之间的关系，可以推断，存在一种与晶体生长可逆的特殊溶解过程，该过程也具有有序和可控的特点。为了与前文所述的无序随机溶解过程加以区分，本书将其命名为"晶体逆生长"（图 5.6）。

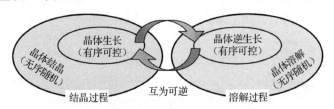

图 5.6　晶体的生长与逆生长间的关系示意图

晶体逆生长概念可从物质输运角度进行阐述：对于水溶性晶体而言，其是在过饱和溶液中生长而成的，在生长过程中，溶质（即晶体化学成分）按照有序可控的方式在生长界面上持续"堆砌"，使晶体的体积增大；反之，当晶体处于不饱和溶液中时，晶体化学成分按照与生长过程相反的方式从晶体表层有序"剥离"，导致晶体体积减小。鉴于此，根据溶液的过饱和与否，晶体表面呈现出了截然相反的两种行为，即晶体化学成分的"堆砌"和"剥离"，由于晶体化学成分的有序"堆砌"行为被称作晶体生长，那么晶体化学成分的有序"剥离"行为亦可被称作晶体逆生长。

依据晶体生长与逆生长之间的对应关系，同时比照实现晶体生长所需的条件，归纳出实现晶体逆生长的必要条件为：①不饱和溶液环境；②适宜的不饱和度梯度；③适宜的温度；④适宜的溶液流动性。依据本小节前述的有关晶体生长技术的论述可知，国内外专家学者通过控制过饱和溶液的浓度、温度和流动性的方式达成了晶体生长所需的条件，使晶体化学成分按照有序可控的方式"堆砌"至晶体生长界面，进而获得了高质量的工程用单晶锭。鉴于此，为实现晶体逆生长，同样需要对这些因素进行调控。此外，考虑到晶体生长过程在密闭容器内进行，而晶体逆生长很可能在开放环境中实施，因此空气中的水分含量，即环境相对湿度，也是影响逆生长的因素之一。

为了阐述晶体逆生长机理，以 KDP 晶体为例，对其逆生长过程进行分析（图 5.7）。当 KDP 晶体处于状态适宜的不饱和溶液中时，位于晶体表层的材料在溶解驱动力作用下发生离子键断裂，并按照有序的方式与深层基体"剥离"。其间，KDP 晶体体积逐渐减小，但其形状特征并未消失，即不会表现出浑圆化和粗糙化，因此不同于自然状态下的无序随机溶解过程。完成"剥离"后的 KDP 晶体以 K^+ 和 $H_2PO_4^-$ 的形式扩散至溶液环境中，随即与溶剂分子 H_2O 发生水合反应，最终以水合离子$[K(H_2O)_m]^+$和$[H_2PO_4(H_2O)_n]^-$的形式成为 KDP 溶液的一部分。

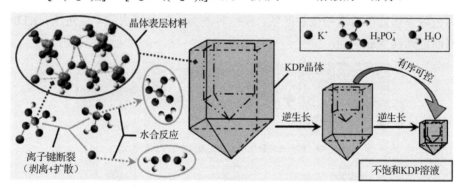

图 5.7 KDP 晶体逆生长示意图

5.1.3 KDP 晶体可控溶解加工方法的提出

根据 KDP 晶体所处环境的差异，其溶解过程可呈现出截然不同的特征（图 5.6）。自然环境下，KDP 晶体的溶解过程具有随机性，其间晶体材料的去除是高度无序的；而在逆生长环境下，KDP 晶体的溶解过程则具有可控性，即可控溶解，其间晶体材料的去除能够按照有序的方式进行，这为实现 KDP 晶体加工提供了可能。鉴于此，受 KDP 晶体逆生长的启示，提出了 KDP 晶体可控溶解加工方法，即通过精确调控 KDP 晶体所处环境的参数，在不引入污染物的前提下实现晶体材料的可控溶解加工。

5.2　KDP 晶体可控溶解抛光机理

5.2.1　KDP 晶体材料可控去除机理

虽然 KDP 晶体可控溶解能够使材料按照与生长相反的方式实现去除，但是其对于改变晶体表面形貌，尤其是获得目标表面形状却捉襟见肘。图 5.8（a）为 KDP 晶体斜面在不饱和溶液中的可控溶解过程，可见晶体材料在浓度梯度促进下逐层去除，其间斜面的形状始终不发生改变，即仅依靠晶体可控溶解无法使斜面变为平面。

为实现 KDP 晶体材料的可控去除，进而获得目标表面形状，本节引入了抛光垫，利用其与 KDP 晶体间的接触和相对运动调节晶体表面附近的溶液浓度梯度 [图 5.8（b）]。其中，对于 KDP 晶体表面与抛光垫接触的区域，其附近溶液浓度较低，导致可控溶解速度较快，并在抛光垫的机械划擦作用下实现晶体材料的快速去除；而 KDP 晶体表面不与抛光垫接触的区域，其附近的溶液浓度较高，致使材料去除率远低于前述的接触区域。在这种差异化的材料去除率促进下，KDP 晶体斜面逐渐转变成平面。

（a）单一的可控溶解作用不能实现斜面至平面的转变

（b）晶体可控溶解与抛光垫机械协同作用促成斜面向平面的转变

图 5.8　KDP 晶体材料可控去除机理

5.2.2　实现材料可控去除加工的装置

实现 KDP 晶体材料可控去除加工的装置特征包括：①具有用于固定抛光垫的刚性表面；②能够实现 KDP 晶体与抛光垫的相对运动；③能使 KDP 晶体与抛光

垫间产生合适的接触压力；④可持续供给新鲜的不饱和 KDP 溶液，以维持 KDP 晶体表面的浓度梯度。综上，同时考虑装置的复杂程度、加工稳定性与经济性，选定全口径抛光装置实现 KDP 晶体材料可控去除加工[34, 35]。

全口径抛光装置运动原理如图 5.9 所示，其中抛光垫固定在抛光盘表面，KDP 晶体放置在抛光垫表面，KDP 晶体表面的几何中心与抛光盘回转轴线错开一定距离 d，KDP 晶体上方安装用于产生接触压力的配重块，不饱和 KDP 溶液由左侧滴管实现供给。装置运动时，KDP 晶体执行自转运动，抛光盘带动抛光垫执行公转运动，由滴管供给的不饱和 KDP 溶液随抛光垫的公转运动持续输送至 KDP 晶体与抛光垫间的接触区域，进而营造出如图 5.8（b）所示的 KDP 晶体材料可控去除加工环境。

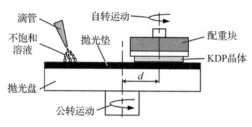

图 5.9 全口径抛光装置运动原理示意图

5.3 可控溶解环境对材料去除率的影响

尽管 5.2 节提出了 KDP 晶体可控溶解抛光机理，给出了实现材料可控去除的技术路径及加工装置，然而对于可控溶解环境对材料去除率的影响却不得而知。由于 KDP 晶体的可控溶解需要在逆生长环境下进行（依据 5.1.3 节），因此逆生长环境即为实现可控溶解的环境。通过 5.1.2 节的论述可知，KDP 晶体逆生长是在不饱和 KDP 溶液中进行的，因此逆生长环境参数，即 KDP 溶液的浓度、温度及流动性，势必对材料去除率产生影响；此外，由于本节采用全口径抛光装置实现材料可控去除加工，而全口径抛光工艺通常在开放环境中实施，因此环境相对湿度同样是可控溶解的环境参数之一。本小节试验和分析以上四种因素对材料去除率的影响规律。

5.3.1 试验条件及参数设定

试验前，使用 WXD170 型高速往复金刚石线切割机（沈阳麦科，中国）分割 KDP 晶体，获得尺寸形状一致的试验样品。选用粒度为 40μm、线径为 0.35mm

的金刚石锯丝，走丝速度为 1.4m/s。采用气动加载方式使锯丝处于适度张紧状态，张紧气缸压力为 0.25MPa。切割过程中，为防止锯丝断裂并保障切割质量，工作台进给速度仅设定为 0.6mm/min。同时，为避免杂质成分污染切割表面，整个切割过程不施加任何切割液，最终获得了若干块尺寸为 15mm×15mm×15mm 的 KDP 晶体试验样品。

试验用 KDP 溶液的配制方式为采用机械搅拌方式将固态 KDP 晶体均匀溶解于水中。为了确保 KDP 原料的一致性并避免杂质成分的引入，选用同一生产批次分析纯 KDP 固体粉末。采用溶质质量分数对 KDP 溶液浓度进行量化表征，质量分数调节范围设定为 15%～18.4%。采用煤油温度计对 KDP 溶液温度进行在线监测，溶液温度的调节范围设定为 10～50℃。同时，为防止溶液温度在试验中产生大幅波动，选用精密恒温水浴槽制造恒温环境。

通过在密闭空间中加湿方式获得 20%～60%的相对湿度调节范围，采用数显温湿度计对相对湿度进行实时监测。为了研究 KDP 溶液流动性对晶体可控溶解材料去除率的影响，使用电动搅拌器对 KDP 溶液进行机械搅拌，并通过改变搅拌速度的方式获得不同流动状态的溶液环境，搅拌速度设定为 200～600r/min。

将切割获得的 KDP 晶体样品分别浸泡在不同状态参数的 KDP 溶液中，浸泡时间均为 5min。浸泡后用镊子将晶体样品取出，立即用吸水纸擦除样品表面残留的 KDP 溶液。采用 Sartorius CPA225D 超精密电子天平测量浸泡前后的 KDP 晶体样品质量。KDP 晶体可控溶解材料去除率由 KDP 溶液的刻蚀率间接量化表征，其可由式（5.1）得出：

$$ER = \frac{\Delta m_1}{\rho s_1 t_1} \tag{5.1}$$

式中，ER 为 KDP 溶液的刻蚀率；Δm_1 为浸泡前后 KDP 晶体的质量差；ρ 为 KDP 晶体的密度；s_1 为 KDP 晶体样品的表面积；t_1 为浸泡时间。

为了区分 KDP 晶体在静止及流动溶液环境中的可控溶解材料去除率，将刻蚀率对应地划分为静态刻蚀率和动态刻蚀率。为减小偶然因素对试验结果的干扰，每项浸泡试验均重复实施 3 次，以算术平均值作为试验结果。

5.3.2　KDP 溶液浓度对可控溶解材料去除率的影响

KDP 溶液浓度对静态刻蚀率的影响如图 5.10 所示。其中，KDP 溶液温度为 20℃。随着 KDP 溶液浓度的增大，静态刻蚀率逐渐降低。在 KDP 溶液浓度（质量分数）由 15%增大至 18.4%的过程中，静态刻蚀率的降幅高达 99.7%。可见，KDP 溶液浓度对可控溶解材料去除率的影响较为显著。

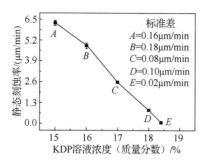

图 5.10　KDP 溶液浓度对静态刻蚀率的影响

在微观层面上，KDP 溶液中的溶质 KDP 同时存在着溶解行为和结晶行为，且两者的速度受到 KDP 溶液浓度的影响。当 KDP 溶液浓度较低时，溶质 KDP 的溶解速度远高于结晶速度，使得 KDP 溶液表现出了较强的刻蚀性能，处在该环境中的 KDP 晶体的可控溶解速度较快，相应的材料去除率亦较高。随着 KDP 溶液浓度的增大，溶解行为和结晶行为的速度差距逐渐缩小，KDP 溶液的刻蚀性能不断降低。当 KDP 溶液浓度（质量分数）增大至 18.4% 时达到饱和状态，溶质 KDP 的溶解速度和结晶速度相等且两者维持动态平衡，致使 KDP 溶液的刻蚀性能丧失，进而造成 KDP 晶体可控溶解中止，可控溶解材料去除率为零。

5.3.3　KDP 溶液温度对可控溶解材料去除率的影响

KDP 溶液温度对静态刻蚀率的影响如图 5.11 所示。其中，KDP 溶液浓度（质量分数）为 17%。随着 KDP 溶液温度的升高，静态刻蚀率逐渐增大。这与 5.3.2 节所讨论的 KDP 溶液浓度的影响规律截然相反。在溶液温度从 10℃ 升高至 50℃ 的过程中，KDP 溶液的静态刻蚀率提高了近 450 倍。由此可见，KDP 溶液温度对于 KDP 晶体可控溶解材料去除的促进作用极为显著。

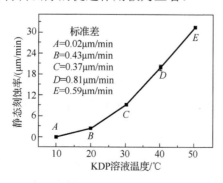

图 5.11　KDP 溶液温度对静态刻蚀率的影响

上述影响规律可通过以下两方面得到解释：① KDP 晶体可控溶解属于水溶解范畴，而 KDP 在水中的溶解度与温度呈正相关，因此 KDP 溶液温度的升高必然导致晶体可控溶解材料去除率提高，进而使 KDP 溶液表现出更强的刻蚀性能；② KDP 溶液温度的升高促进了溶质 KDP 的分子热运动，加快了其在溶液中的扩散速度，使得由晶体可控溶解产生的溶质 KDP 难以在晶体表面附近区域滞留累积，进而使该区域内的溶液浓度增速减缓，使得静态刻蚀率维持在较高水平。

5.3.4 环境相对湿度对可控溶解材料去除率的影响

环境相对湿度对静态刻蚀率的影响如图 5.12 所示。试验中，KDP 溶液质量分数为 17%，温度为 20℃。随着相对湿度的升高，KDP 溶液的静态刻蚀率增大。然而，在相对湿度由 20% 升至 60% 的过程中，静态刻蚀率仅提高了 14.9%，其变化幅度与 KDP 溶液浓度和温度的影响相比微不足道。KDP 溶液与环境空气间的气-液界面同时存在着两种作用，即水分脱离液相并进入气相中的蒸发作用，以及空气中的水蒸气进入液相的凝结作用。随着相对湿度的升高，空气中水蒸气含量逐渐增多，凝结作用随即得到增强，受其影响 KDP 溶液浓度减小，进而提高了晶体可控溶解材料去除率。然而，在仅 5min 的试验时间内，KDP 溶液与环境空气的水分交换存在局限性，导致水蒸气对 KDP 溶液的稀释作用极其微弱，因而静态刻蚀率仅出现了较小增幅。

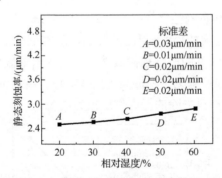

图 5.12　环境相对湿度对静态刻蚀率的影响

5.3.5 KDP 溶液流动性对可控溶解材料去除率的影响

不同 KDP 溶液浓度下，动态刻蚀率与静态刻蚀率的关系如图 5.13 所示。其中，KDP 溶液温度为 20℃，搅拌速度为 300r/min。无论是静态刻蚀率还是动态刻蚀率均与 KDP 溶液浓度呈负相关。同时，对于不同浓度水平（不饱和浓度），KDP 溶液的动态刻蚀率均高于静态刻蚀率，可见，KDP 溶液流动性对可控溶解材料去除率的影响非常显著。

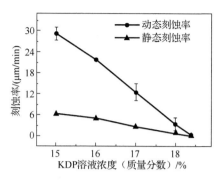

图 5.13　KDP 溶液浓度对动态刻蚀率与静态刻蚀率的影响

在 KDP 晶体可控溶解过程中，晶体表层材料与基体"剥离"并进入溶液环境中，随即转化为新鲜溶质 KDP，从而打破了溶液浓度的均一性，随之产生了浓度梯度，使得新鲜溶质 KDP 具有向远离晶体表面区域扩散的趋势（图 5.14）。此时，若 KDP 溶液处于静止状态，新鲜溶质 KDP 中的一部分不会立即远离 KDP 晶体，而是在晶体表面附近区域滞留累积，进而形成高浓度溶液层，导致 KDP 晶体可控溶解材料去除率降低。当 KDP 溶液处于流动状态时，新鲜溶质 KDP 的扩散行为得到促进，使其难以在晶体表面附近区域长时间滞留，进而抑制了对可控溶解起减缓作用的高浓度溶液层的形成，导致不饱和 KDP 溶液的动态刻蚀率大幅高于静态刻蚀率。而当 KDP 溶液达到饱和状态时，其动态刻蚀率与静态刻蚀率相等，两者均为 0μm/min（图 5.13）。由此可见，KDP 饱和溶液没有能力容纳更多的新鲜溶质 KDP，此时即使改变溶液的流动性，也无法引发 KDP 晶体可控溶解。

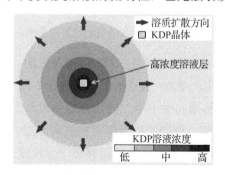

图 5.14　KDP 晶体可控溶解形成的新鲜溶质的扩散行为

　　为了进一步揭示 KDP 溶液流动性对晶体可控溶解材料去除率的影响,研究了溶液流速与动态刻蚀率之间的关系,通过改变搅拌速度的方式获得不同流速的 KDP 溶液(溶质质量分数 16%,溶液温度 20℃),其余试验参数与前一试验相同。图 5.15 为 KDP 溶液的搅拌速度与动态刻蚀率关系曲线。随着搅拌速度的提高,动态刻蚀率在经历了快速增大后趋于稳定。当搅拌速度由 0r/min 提高至 400r/min 时,动态刻蚀率的增幅高达 458%。随着搅拌速度的增大,KDP 溶液流速显著提高,这使得由晶体可控溶解形成的新鲜溶质 KDP 能够更快地扩散至溶液各处,进而减缓了晶体表面附近区域的溶液浓度增速,有利于提高可控溶解材料去除率。当搅拌速度超过 400r/min 后,虽然 KDP 溶液流速变得更快,然而其动态刻蚀率基本不变。当溶液流速提高到一定水平后,新鲜溶质 KDP 几乎可瞬间扩散至溶液各处,进而迅速恢复溶液浓度的均一性。此时,晶体表面附近区域的溶液浓度与远处的溶液浓度基本相同,可控溶解速度及相应的材料去除率达到峰值。此后,虽然可以继续提高搅拌速度,但 KDP 晶体表面附近区域的溶液环境已无实质性改变,因此可控溶解速度和材料去除率均保持稳定。

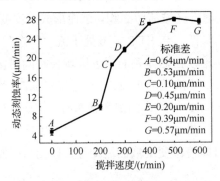

图 5.15　搅拌速度与动态刻蚀率的关系曲线

　　综上所述,KDP 晶体可控溶解受 KDP 溶液的浓度、温度及流动性的影响显著,可控溶解材料去除率与 KDP 溶液浓度呈负相关,与 KDP 溶液的温度和流动性呈正相关。在可控溶解抛光加工中,通过合理调节以上三种因素,就可以控制 KDP 晶体的可控溶解速度,进而实现材料可控去除加工。此外,环境相对湿度通过影响 KDP 溶液与空气间的水分交换,能够在一定程度上改变 KDP 溶液浓度,进而影响可控溶解材料去除率。然而,在有限时间内由水分交换造成的溶液浓度变化微乎其微,因此相较于以上三种可控溶解环境参数,相对湿度对可控溶解材料去除率的影响可忽略不计。

5.4 可控溶解表面平坦化机制

5.4.1 KDP 晶体表面微观形貌的平坦化模型

抛光开始前，KDP 晶体表面充斥着处于静止状态的抛光液，随即触发可控溶解。可控溶解过程中，KDP 不断从晶体表面"剥离"，并以新鲜溶质形式扩散至溶液环境中。根据 5.3.5 节可知，对于静止状态的抛光液，由可控溶解产生的新鲜溶质中的一部分并不会立即远离 KDP 晶体表面，而是在其附近区域滞留并逐渐累积，进而形成高浓度溶液层［图 5.16（a）］，受其影响 KDP 晶体表层材料的可控溶解受到束缚，因此材料去除率较小。此外，由于高浓度溶液层产生的阻隔作用，距离 KDP 晶体表面较远的新鲜抛光液难以对晶体可控溶解产生实质性影响。

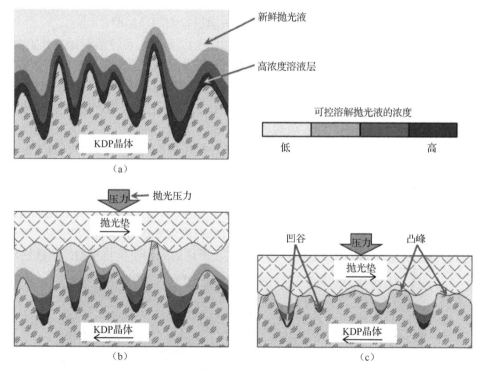

图 5.16 可控溶解表面平坦化模型

抛光开始后，KDP 晶体与抛光垫接触并产生相对运动，位于两者间的抛光液由静止状态转变为流动状态。此时，KDP 晶体表面微观轮廓凸峰暴露在高速流动的抛光液中，其附近的高浓度溶液层迅速消失［图 5.16（b）］，致使凸峰处晶体材料的可控溶解速度大幅提高，并在抛光垫协助下得以快速去除。相比之下，KDP

晶体表面微观轮廓凹谷所处环境闭塞，显著降低了抛光液的流动性及抛光垫的机械作用，使得凹谷附近的高浓度溶液层得以保留。因此，凹谷处晶体材料的去除率远小于凸峰，导致峰谷间距离逐渐减小，进而实现表面平坦化 [图 5.16（c）]。此外，在新鲜抛光液供给和抛光运动的促进下，抛光产物被及时驱离抛光区域，使表面平坦化持续平稳进行。

　　为验证上述模型的合理性，作者开展了 KDP 晶体表面微观形貌的可控溶解平坦化试验。采用 Engis（英格斯）超精密抛光机，选用尺寸为 50mm×50mm 的 KDP 晶体(001)晶面作为试验样件。为充分掌握可控溶解抛光过程中 KDP 晶体表面平坦化规律，本试验重复进行三次。为尽可能确保 KDP 晶体表面初始形貌的一致性，使用 1000 目砂纸以定向往复研磨轨迹进行表面预处理。选用质量分数 17.5%、温度 20℃的可控溶解抛光液，抛光液流量为 34mL/min，抛光时间为 1min，抛光盘的转速为 50r/min，抛光压力为 7.2kPa，KDP 晶体转速为 160r/min。此外，采用 ZYGO NewView 5022 三维光学表面轮廓仪测量 KDP 晶体表面粗糙度 RMS，使用 OLYMPUS MX40 金相显微镜对 KDP 晶体表面进行观测及拍照。

　　KDP 晶体表面微观形貌的平坦化过程如图 5.17 所示。可控溶解抛光开始前，由于采用砂纸研磨的预处理方式，致使 KDP 晶体表面产生了大量呈平行状分布的研磨纹理。同时，由于研磨过程伴随着强烈的热力冲击，对于脆性极大的 KDP 晶体而言，不可避免地诱发大量的脆性损伤 [图 5.17（a）]。此时，KDP 晶体表面粗糙度 RMS 为 605.5nm，峰谷值高达 12.2μm。

　　当抛光进行至 20s 时，KDP 晶体表面脆性损伤层消失，研磨纹理的深度和分布密度均明显减小 [图 5.17（b）]，表面粗糙度 RMS 减小至 265.9nm，峰谷值减小至 4.6μm。在抛光时间由 20s 增至 60s 的过程中，残留的研磨纹理逐渐变浅以至消失 [图 5.17（c）和（d）]。最终，当抛光进行至 60s 时，KDP 晶体表面已接近镜面，对应的表面粗糙度 RMS 为 23.9nm，峰谷值为 165.7nm，两者相较于初始值的减幅分别高达 96%和 98.6%，由此证实了所述的表面平坦化模型的正确性。

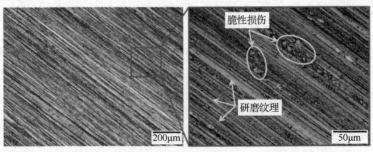

（a）$t=0$s

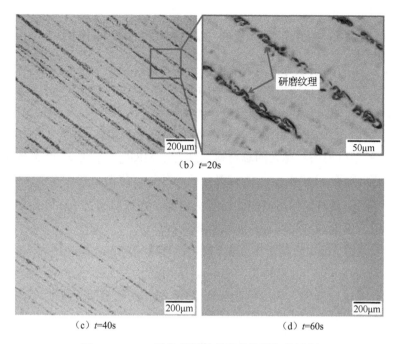

（b）t=20s

（c）t=40s　　　　　　　　　　（d）t=60s

图 5.17　KDP 晶体表面微观形貌的平坦化过程

　　通过对上述试验重复实施 3 次后，绘制出 KDP 晶体表面粗糙度 RMS 与抛光时间的关系曲线（图 5.18）。由图中误差棒可知，可控溶解抛光方法具备良好的工艺稳定性。此外，随着抛光时间的增长，表面粗糙度 RMS 减小速度逐渐降低。在可控溶解抛光初始阶段，KDP 晶体表面微观轮廓凸峰和凹谷之间距离较大，导致两者的材料去除率差异显著，有益于实现较高的表面平坦化效率。然而，随着抛光时间的继续增长，KDP 晶体表面趋于平坦化，位于表面微观轮廓凹谷附近的抛光液流动性得到改善，致使该处晶体材料的可控溶解速度增大，进而缩小了凸峰与凹谷间的材料去除率差异，表面平坦化效率随之降低。

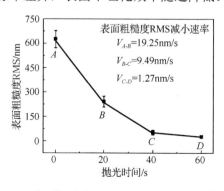

图 5.18　表面粗糙度 RMS 与抛光时间的关系曲线

5.4.2　可控溶解中抛光垫对表面平坦化过程的协同作用

虽然 5.4.1 节揭示了可控溶解表面平坦化机理，然而对于 KDP 晶体可控溶解中抛光垫对表面平坦化过程所起的作用仍缺乏准确认识。根据 KDP 晶体可控溶解抛光方法的特征原理，其产生的材料去除率为

$$MRR = MRR_{可控溶解} + MRR_{机械作用} + MRR_{协同作用} \qquad (5.2)$$

式中，MRR 为可控溶解抛光的总材料去除率；$MRR_{可控溶解}$ 为 KDP 晶体可控溶解引发的材料去除率；$MRR_{机械作用}$ 为抛光垫机械作用产生的材料去除率；$MRR_{协同作用}$ 为以上两方面因素协同作用产生的材料去除率。为探明抛光垫在表面平坦化过程中所起作用，亟须对这些因素开展试验和分析。

本试验使用 Engis 超精密抛光机，抛光盘转速 50r/min，抛光压力 7.2kPa，KDP 晶体转速为 160r/min，抛光时长为 2min。采用尺寸为 50mm×50mm 的 KDP 晶体 (001) 晶面作为试验样件。为尽可能保证 KDP 晶体初始表面一致性，采用与 5.4.1 节相同方式进行表面预处理。在对 $MRR_{机械作用}$ 进行试验时，抛光全程不供给抛光液，即采用"干抛"方式加工。使用 Sartorius（赛多利斯）CPA225D 超精密电子天平测量抛光前后 KDP 晶体的质量，并通过下式计算材料去除率：

$$MRR = \frac{\Delta m_2}{\rho s_2 t_2} \qquad (5.3)$$

式中，MRR 为可控溶解抛光的总材料去除率；Δm_2 为抛光前后 KDP 晶体样件的质量差；ρ 为 KDP 晶体的密度；s_2 为 KDP 晶体抛光表面的面积；t_2 为抛光时间。

为了与干抛试验结果对照，在抛光设备及参数均不变的条件下，使用质量分数为 16%、温度为 20℃的可控溶解抛光液对 KDP 晶体进行抛光加工，抛光液流量为 34mL/min，通过式（5.3）计算材料去除率，并将其作为 MRR 的取值。此外，将 5.3.5 节中 600r/min 搅拌速度下 KDP 溶液的动态刻蚀率作为 $MRR_{可控溶解}$ 的取值，该方法的合理性在于：5.3.5 节搅拌试验中采用的 KDP 溶液与本试验使用的抛光液相同，同时 KDP 晶体可控溶解速度在 600r/min 搅拌速度下已达峰值，故将其作为 $MRR_{可控溶解}$ 取值绰绰有余。

可控溶解中抛光垫对表面平坦化过程的协同作用如图 5.19 所示。其中 $MRR_{机械作用}$ 几乎为 0μm/min，可见单纯依靠抛光垫机械作用无法实现材料去除及表面平坦化。$MRR_{可控溶解}$ 为 27.5μm/min，表明 KDP 晶体可控溶解承担了一部分的材料去除，然而根据 5.2.1 节可知，仅依靠可控溶解亦无法实现表面平坦化。此外，从图中还可以发现，MRR 与 $MRR_{可控溶解}$ 差距显著，而这部分差值正是由 $MRR_{协同作用}$ 承担。由于 $MRR_{机械作用}$、$MRR_{可控溶解}$ 均无法对表面平坦化产生贡献，因此 KDP 晶体可控

溶解及抛光垫的机械协同作用是表面平坦化得以实现的主要原因。根据以上试验和分析将式（5.2）更正为

$$MRR \approx MRR_{可控溶解} + MRR_{协同作用} \tag{5.4}$$

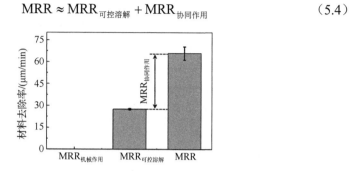

图 5.19　可控溶解中抛光垫对表面平坦化过程的协同作用

5.5　工艺参数对 KDP 晶体可控溶解抛光效果的影响

除抛光垫对 KDP 晶体可控溶解抛光效果的影响试验外，其余抛光试验均在 Engis 超精密抛光机上开展。前者需频繁更换不同类型的抛光垫，而 Engis 超精密抛光机仅能通过胶黏方式实现抛光垫的安装，因此在拆卸抛光垫时必然会使垫体经受剧烈的撕扯，极易破坏抛光垫的背胶层及微结构。为此，采用 ZYP200 型旋转摆动重力式研磨抛光机试验抛光垫对可控溶解抛光效果的影响。使用 WXD170 型高速往复金刚石线切割机获得尺寸为 50mm×50mm 的 KDP 晶体样件。通过精密恒温水浴槽控制可控溶解抛光液的温度，每隔 2 天使用波美比重计校核可控溶解抛光液的浓度。根据试验具体需要，使用 1000 目及 3000 目砂纸以定向往复研磨方式对 KDP 晶体样件表面进行预处理，以保证抛光初始表面形貌的一致性。KDP 晶体可控溶解抛光工艺参数见表 5.1 所示。每次抛光试验后立即使用净化擦拭纸去除残留在 KDP 晶体表面的抛光液，防止其对抛光表面产生二次刻蚀。

表 5.1　KDP 晶体可控溶解抛光工艺参数

参数	量值
抛光垫型号	TEC-6377、TEC-168S、IC1000、SL-4387
KDP 晶体晶面	(001)、二倍频、三倍频
抛光液温度/℃	16、20、30、40、50
抛光液质量分数/%	15、16、17、17.5、18
抛光压力/kPa	0、3、7.2、11、15

续表

参数	量值
抛光盘转速/（r/min）	30、40、50、60、70
KDP 晶体转速/（r/min）	80、120、160、200、240
抛光液流量/（mL/min）	8、15、25、34、45
抛光时间/s	120、180
试验环境	1000 级洁净度，22~24℃，相对湿度 14%~33%

采用 Sartorius CPA225D 超精密电子天平测量抛光试验前后 KDP 晶体样件的质量，并通过式（5.2）计算材料去除率。采用 OLYMPUS MX40 金相显微镜观测 KDP 晶体样件。使用 ZYGO NewView 5022 三维光学表面轮廓仪测量 KDP 晶体样件的表面微观形貌、峰谷值及表面粗糙度 RMS。

5.5.1　抛光垫对 KDP 晶体可控溶解抛光效果的影响

抛光垫在抛光加工中的作用及地位不言而喻，无论是传统化学机械抛光（chemical mechanical polishing，CMP），还是近年来新兴的无磨粒 CMP 及电场辅助 CMP，抛光垫特性对于抛光效果均有着决定性影响。抛光垫在抛光作业中起到多方面的作用，如传递抛光压力、吸纳抛光液、形成抛光液膜、排泄抛光废料及营造抛光所需的物理化学环境。此外，对于全口径抛光工艺，抛光垫的表面平整度亦会间接传递给被抛光工件，进而影响工件的面形误差。因此，为优化 KDP 晶体可控溶解抛光工艺，亟须开展抛光垫材质对抛光效果的影响研究。

本小节研究了 4 种典型抛光垫对 KDP 晶体可控溶解抛光效果的影响，它们分别为：日本千代田株式会社生产的 TEC-6377 和 TEC-168S，美国罗门哈斯公司生产的 IC1000，美国环球光学生产的 SL-4387。其中，TEC-6377 和 IC1000 属于聚氨酯类抛光垫，TEC-168S 和 SL-4387 属于黑色绒毛类抛光垫（图 5.20）。这 4 种抛光垫的材质特征基本囊括了目前市面上销售的绝大多数抛光垫，因此具有较强的代表性。针对以上 4 种抛光垫，采用多种加工参数组合，在 KDP 晶体的(001)晶面上进行了抛光试验，确认了各种抛光垫所能抛光出的典型晶体表面（图 5.21）。

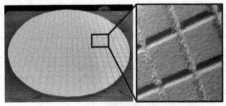

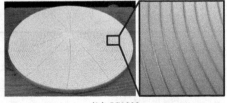

(a) TEC-6377　　　　　　　　　　　　　　　(b) IC1000

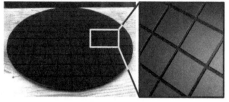

　（c）SL-4387　　　　　　　　　　　　　（d）TEC-168S

图 5.20　四种型号抛光垫的外观形貌

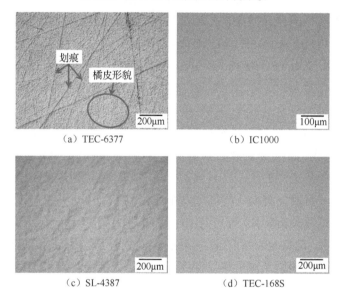

　（a）TEC-6377　　　　　　　　　　　　（b）IC1000

　（c）SL-4387　　　　　　　　　　　　　（d）TEC-168S

图 5.21　使用不同抛光垫获得的 KDP 晶体表面

　　使用 TEC-6377 抛光获得的 KDP 晶体表面以橘皮形貌为主，同时伴随出现了大量划痕［图 5.21（a）］。TEC-6377 采用在聚氨酯中添加纤维的制作工艺。纤维的加入降低了聚氨酯的密度，使垫体变得更加蓬松，增强了其对可控溶解抛光液的吸纳能力。抛光过程中，蕴含在 TEC-6377 内部的抛光液在抛光压力作用下被挤出垫体表面，增加了晶体与抛光垫间的抛光液膜厚度，进而削弱了抛光垫的机械作用，使其无法与可控溶解相匹配，因此在可控溶解的主导下，KDP 晶体表面呈现出橘皮形貌。此外，由于处在可控溶解状态下的 KDP 晶体表层材料与深层基体相比较为松软，因此当其与裸露在 TEC-6377 表面的纤维发生剧烈剐蹭时易于导致划痕的产生。

　　IC1000 虽然与 TEC-6377 同属于聚氨酯类抛光垫，但两者的质地及制作工艺却存在较大差异。IC1000 由聚氨酯、硬化剂、发泡剂等原料混合而成，由于其没有纤维掺杂，因此垫体密度及硬度均达到了较高水平，使得 IC1000 能够对 KDP 晶体表面产生更加强烈的机械划擦，有利于实现材料快速去除。此外，IC1000 表面及内部的孔隙非常微小且互不连通，垫体的可压缩性仅为 1.6%，具有良好的抗变形能力，能够在较大抛光压力作用下维持平整性，进而有助于提高晶体表面材料去除的均匀性。经大量抛光试验后得出，IC1000 能够快速实现各类型 KDP 晶体表面加工形貌的平坦化，最终获得较光滑的表面［图 5.21（b）］。

由图 5.20（c）、（d）可知，SL-4387 和 TEC-168S 同属于黑色绒毛类抛光垫，理论上应获得类似的抛光效果，然而使用两者抛光获得的 KDP 晶体表面形貌却大不相同。使用 SL-4387 获得的晶体表面平整度较差，且存在明显的褶皱形貌［图 5.21(c)］，而使用 TEC-168S 则可获得与 IC1000 相似的光滑表面［图 5.21(d)］。造成这种差异化抛光效果的原因是 SL-4387 及 TEC-168S 的衬底材料有所不同。SL-4387 采用质地蓬松且富有弹性的毛毡衬底，在抛光液膜推挤作用下易产生局部形变，致使垫体平整度误差增大并随即将其传递给被抛光 KDP 晶体表面。TEC-168S 的衬底材料为聚对苯二甲酸乙二醇酯（polyethylene terephthalate，PET）塑料，该材料具备较高的硬度及较强的抗压性能，使得垫体在较强抛光压力下仍可保持较高的平整度，有助于提高表面平坦化效率。

通过以上试验分析可知，采用 IC1000 和 TEC-168S 均可抛光出较光滑的 KDP 晶体表面。然而，TEC-168S 存在影响可控溶解抛光工艺稳定性的弊端。TEC-168S 表层黑色绒毛在吸纳抛光液后难以彻底清洁，尽管使用水对其进行反复清洗，在干燥后依旧发现垫体表面残留大量结晶颗粒，当这些晶体颗粒与新鲜抛光液接触后会迅速溶解在其中，致使抛光液浓度增大，且增幅具有极大的随机性，严重降低了可控溶解抛光的工艺稳定性。虽然 IC1000 表面同样存在可容纳抛光液的微孔结构，但各微孔间互不连通，使得抛光液无法渗透到垫体内部，因而易于实现其彻底清洁，有助于提高抛光工艺稳定性。鉴于此在本章中，KDP 晶体可控溶解抛光加工试验中，若无特殊说明则均采用 IC1000 作为抛光垫。

5.5.2　不同晶面的逆生长抛光效果

试验采用质量分数为 17.5%、温度为 20℃的可控溶解抛光液。抛光盘转速为 50r/min，KDP 晶体转速为 160r/min，抛光压力为 7.2kPa，抛光液流量为 34mL/min，抛光时间为 120s，抛光前使用 3000 目砂纸对 KDP 晶体样件进行表面预处理。此外，为了更直观地获得不同晶面的抛光效果，对 KDP 晶体样件的正反面均进行抛光。

不同晶面抛光后的外观如图 5.22 所示。三种晶面样件表面无宏观加工纹理及损伤，且均呈现良好的光洁度与透明度。三种晶面的材料去除率及表面粗糙度

RMS 如图 5.23 所示。(001)晶面、二倍频晶面和三倍频晶面的材料去除率分别为 22.64μm/min、21.49μm/min、21.02μm/min，表面粗糙度 RMS 分别为 20.36nm、20.46nm、21.69nm，这表明可控溶解抛光方法对于不同晶面均有着较好的抛光效果。此外，各晶面的表面粗糙度 RMS 和材料去除率的差异分别不大于 6.1%和 7.2%，且表面微观形貌高度相似（图 5.24），因此可采用相同的可控溶解抛光工艺条件及参数实现不同晶面的高效精密加工。在后续的可控溶解抛光试验中，若无特殊说明则均采用(001)晶面作为加工对象。

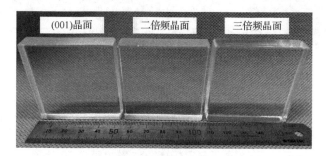

图 5.22　可控溶解抛光后不同晶面的 KDP 晶体外观形貌

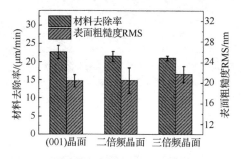

图 5.23　不同晶面的 KDP 晶体材料去除率及表面粗糙度 RMS

此外，对于作者团队先期提出的基于微乳液的微纳潮解超精密抛光技术，其对于不同晶面的抛光效果同样非常相似[36]。该技术所使用的 W/O 型微乳液与本章的可控溶解抛光液在宏观上均通过引发 KDP 晶体水溶解行为实现材料可控去除加工。尽管 KDP 晶体不同晶面的力学性能差异显著，但是它们的水溶解行为特征却较为相似，由此不难推断：基于 KDP 晶体水溶解特性的抛光技术具有共性优势，即可在不改变抛光工艺条件和参数的条件下实现不同晶面的表面平坦化加工，有效避免了诸如 SPDT、UPG 等技术在加工不同晶面时须频繁调整工艺参数的弊端，有利于实现 KDP 晶体的高效加工。

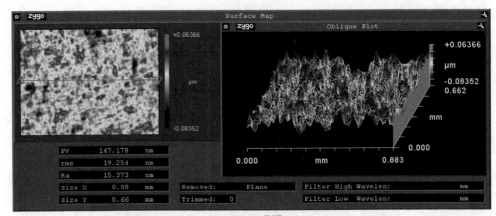

（a）(001)晶面

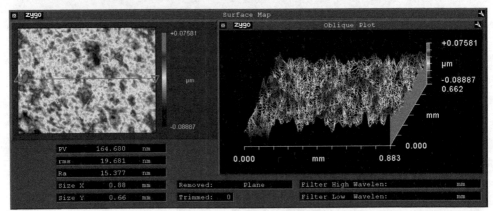

（b）二倍频晶面

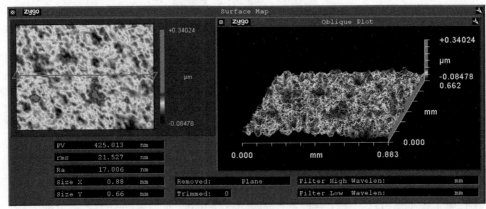

（c）三倍频晶面

图 5.24　可控溶解抛光后不同晶面的微观形貌

5.5.3 可控溶解抛光液对晶体抛光效果的影响

可控溶解抛光液是由 KDP 和水两种物质组成, 其实质上为不饱和 KDP 溶液。基于 5.3 节的试验结果可知, 可控溶解抛光液的浓度和温度显著影响着 KDP 晶体可控溶解, 进而对材料去除率及晶体表面形貌造成影响。因此, 为实现 KDP 晶体高质高效可控溶解抛光加工, 有必要开展可控溶解抛光液对抛光效果的影响研究。

1. 可控溶解抛光液浓度对抛光效果的影响

试验采用质量分数为 15%～18%的可控溶解抛光液, 选定该浓度区间的合理性在于: 使用质量分数低于 15%或高于 18%的抛光液极易引发 KDP 晶体可控溶解失控, 使抛光表面相应产生刻蚀及再结晶形貌 (图 5.25), 导致抛光失败, 因此这两种浓度区间无工艺参考价值。此外, 抛光液温度设定为 20℃, 抛光液流量为 34mL/min, 抛光盘转速为 50r/min, KDP 晶体转速为 160r/min, 抛光压力为 7.2kPa, 抛光时间为 120s。为确保抛光前 KDP 晶体表面形貌的一致性, 采用 3000 目砂纸进行研磨预处理。

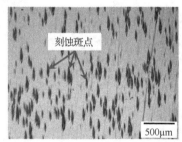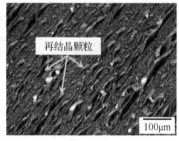

图 5.25　KDP 晶体溶解失控所导致的刻蚀及再结晶形貌

不同浓度的可控溶解抛光液对应的材料去除率及表面粗糙度 RMS 如图 5.26 所示。由于抛光液浓度与 KDP 晶体可控溶解速度呈负相关, 因此其与材料去除率同样呈负相关关系。当抛光液浓度 (质量分数) 为 15%～17.5%时, 表面粗糙度 RMS 随着其增大而减小。对于更高浓度的抛光液, 其与位于晶体表面微观轮廓凹谷处的高浓度溶液层间的浓度梯度降低, 从而减缓了高浓度溶液层内的溶质 KDP 向远离晶体表面方向扩散的速度, 致使高浓度溶液层能够长时间对凹谷形成覆盖, 受其影响该区域的晶体材料可控溶解近乎停滞, 即基本不产生材料去除。因此, 凸峰与凹谷间的材料去除率差距扩大, 表面平坦化效率得到提高, 有助于表面粗糙度 RMS 的减小 (图 5.27)。

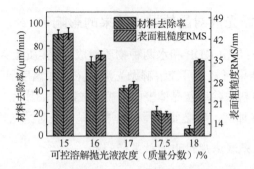

图 5.26 使用不同浓度可控溶解抛光液获得的 KDP 晶体材料去除率和表面粗糙度 RMS

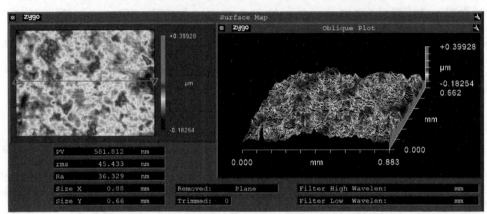

（a）15%

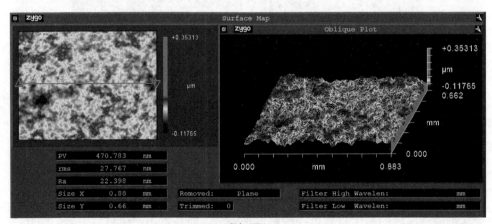

（b）17%

图 5.27 使用不同浓度（质量分数）的可控溶解抛光液获得的 KDP 晶体表面微观形貌

依照以上规律，当抛光液浓度（质量分数）增至 18%时，KDP 晶体的表面粗糙度 RMS 本应该进一步减小，然而试验结果却大为不同。可控溶解抛光中，抛光盘带动抛光垫高速旋转，显著增强了位于抛光垫表面的可控溶解抛光液的挥发作用。对于浓度（质量分数）接近饱和的 18%抛光液而言，极易在挥发作用下迅速达到饱和并析出溶质 KDP，进而在抛光垫表面形成颗粒物。据考证这些颗粒物为多晶态 KDP，其硬度与 KDP 单晶为同一量级[37]。在抛光运动驱使下，这些多晶颗粒与 KDP 晶体抛光表面发生剧烈划擦，导致晶体表面划伤，从而增大了表面粗糙度 RMS。

2. 可控溶解抛光液温度对抛光效果的影响

试验采用质量分数为 17.5%、温度为 16～50℃的 5 种可控溶解抛光液。抛光液流量为 34mL/min，抛光时间为 180s，KDP 晶体转速 160r/min，抛光盘转速 50r/min，抛光压力为 7.2kPa，抛光前 KDP 晶体样件的表面预处理方式与前一浓度影响试验相同。

不同温度可控溶解抛光液对应的材料去除率和表面粗糙度 RMS 如图 5.28 所示。当抛光液的温度为 16℃时，材料去除率仅为 1.9μm/min，远小于其余 4 种温度的抛光液。17.5%的抛光液在 16℃时接近饱和状态，导致 KDP 晶体可控溶解速度非常缓慢，因此材料去除率较小。随着抛光液温度的升高，材料去除率逐渐增大，当抛光液温度为 50℃时，材料去除率可达 157.9μm/min，与 16℃时相比增幅超过 8000%。KDP 晶体可控溶解速度随抛光液温度的升高而增大，材料去除率随之增大。虽然，理论上可通过提高抛光液温度的方式提高抛光效率，然而其可行性却并不理想。当抛光液温度较高时，其与实验室环境（温度 22～24℃）形成了较大温差，因此在抛光液经由管路传输至抛光垫表面并摊匀过程中会持续向环境中散发热量，并造成自身温度的改变，严重干扰了抛光工艺稳定性。鉴于此，在可控溶解抛光中抛光液温度应尽量接近室温，而抛光效率的调控可通过改变抛光液浓度的方式实现。

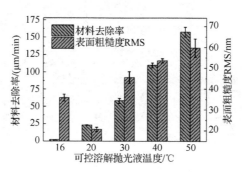

图 5.28 使用不同温度可控溶解抛光液获得的 KDP 晶体材料去除率和表面粗糙度 RMS

随着抛光液温度由 16℃升高至 50℃，表面粗糙度 RMS 先减小后增大。当抛光液温度为 16℃时，其十分接近饱和状态，因此易于在挥发作用下产生结晶颗粒。在抛光运动驱使下，这些结晶颗粒划伤 KDP 晶体抛光表面，致使表面粗糙度 RMS 处于较高水平 [图 5.29（a）]。当抛光液温度由 16℃升高至 20℃时，KDP 晶体可控溶解与抛光垫的机械作用实现匹配，表面平坦化效率达到峰值，表面粗糙度 RMS 和峰谷值分别减小至 19.4nm 和 142.7nm[图 5.29（b）]。在抛光液温度由 20℃升高至 50℃的过程中，KDP 晶体可控溶解作用逐渐增强并占据主导地位，而抛光垫机械作用在不变的抛光加工参数下基本保持恒定，其间 KDP 晶体表面微观轮廓凸峰与凹谷间的材料去除率差异不断减小，表面平坦化效率持续降低，进而导致表面粗糙度 RMS 增大 [图 5.29（c）]。

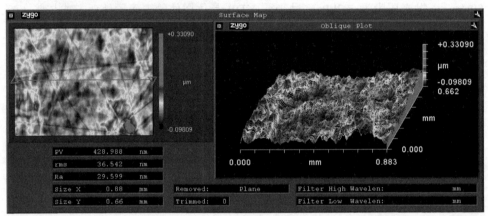

(a) 16℃

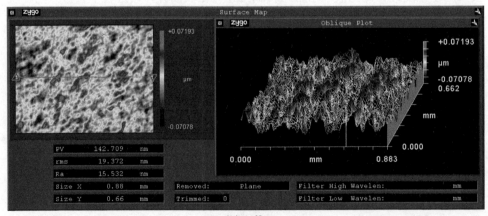

(b) 20℃

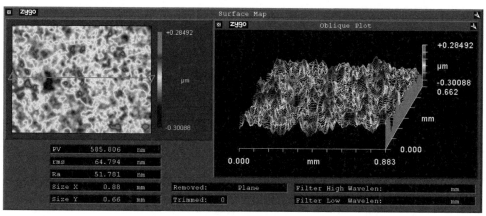

（c）50℃

图 5.29　使用不同温度可控溶解抛光液获得的 KDP 晶体表面微观形貌

5.5.4　抛光加工参数对表面形貌及材料去除率的影响

1. 抛光时间对表面形貌及材料去除率的影响

试验采用质量分数为 17.5%、温度为 20℃的可控溶解抛光液，抛光液流量为 34mL/min。此外，抛光盘转速为 50r/min，KDP 晶体转速为 160r/min，抛光压力为 7.2kPa，抛光前采用 1000 目砂纸对 KDP 晶体表面进行研磨预处理。

表面粗糙度 RMS 随抛光时间的变化曲线如图 5.30 所示。从曲线走势与误差棒长度变化可知，KDP 晶体可控溶解抛光方法具有良好的工艺稳定性。此外，从该曲线后半段的平直走势可得：对于确定的抛光加工参数组合，KDP 晶体表面粗糙度 RMS 存在与之相对应的极限值，即表面粗糙度 RMS 不会随抛光时间的增长而无限减小。

由于抛光开始前采用砂纸进行了研磨预处理，导致 KDP 晶体表面产生了密集的研磨纹理，表面粗糙度 RMS 为 635.2nm，峰谷值为 12μm［图 5.31（a）］。当抛光进行至 40s 时，表面粗糙度 RMS 和峰谷值分别减小至 42.1nm 和 0.5μm，减幅分别为 93.4%和 95.8%。此时，KDP 晶体表面的研磨纹理消失，表面微观形貌呈现出高低起伏的丘陵群［图 5.31（b）］。当抛光进行至 60s 时，丘陵形貌逐渐平坦化，KDP 晶体表面质量进一步提高，表面粗糙度 RMS 减小至 16.6nm［图 5.31（c）］。最终，当抛光进行至 180s 时，KDP 晶体表面微观形貌特征与 60s 时相比无明显变化，这表明 60s 时的抛光效果已经达到了该抛光加工参数组合下的最优水平，进一步延长抛光时间无益于晶体表面质量的提高。

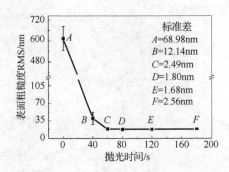

图 5.30　KDP 晶体表面粗糙度 RMS 随抛光时间的变化曲线

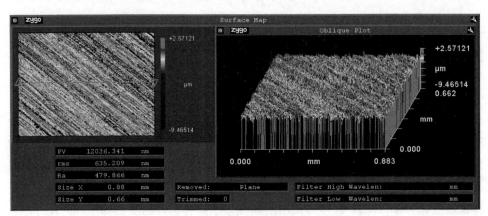

（a）t=0s

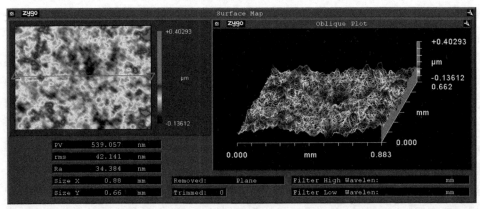

（b）t=40s

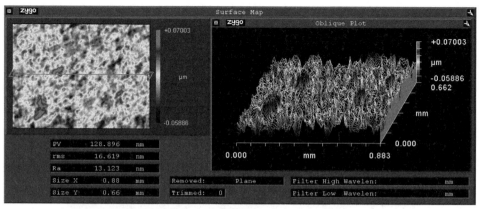

(c) t=60s

图 5.31 KDP 晶体表面微观形貌随抛光时间的变化

2. 抛光压力对表面形貌及材料去除率的影响

试验采用质量分数为 17.5%、温度为 20℃的可控溶解抛光液。抛光压力为 0～15kPa，抛光盘转速为 50r/min，KDP 晶体转速为 160r/min，抛光时间为 120s，抛光液流量为 34mL/min，抛光前采用 3000 目砂纸对 KDP 晶体表面进行研磨预处理。

不同抛光压力对应的 KDP 晶体表面粗糙度 RMS 及材料去除率如图 5.32 所示。在抛光压力由 0kPa 增至 7.2kPa 过程中，抛光垫机械作用逐渐增强，这使得可控溶解产物能够被更快速地带走，从而增大了材料去除率。由于 KDP 晶体表面微观轮廓凸峰与抛光垫直接接触，因此在抛光垫更加强烈的机械划擦下材料去除率显著增大，相比之下，表面微观轮廓凹谷无法与抛光垫有效接触，致使该位置的材料去除率基本不变。因此，凸峰和凹谷间的材料去除率差异增大，提高了表面平坦化效率，进而有助于获得更小的表面粗糙度 RMS［图 5.33（a）和（b）］。

此后，在抛光压力由 7.2kPa 增大至 15kPa 的过程中，材料去除率和表面粗糙度 RMS 的变化均出现了反转。过大的抛光压力减小了晶体与抛光垫间的抛光液膜厚度，进而减缓了抛光液膜中物质成分的新老更替，使得抛光液膜的浓度逐渐增大，受其影响，KDP 晶体可控溶解速度降低，材料去除率随之减小。此外，过大的抛光压力使得抛光垫机械作用在材料去除机制中占据主导地位，此时处于可控溶解状态的 KDP 晶体表面极易被抛光垫划伤［图 5.33（c）］，进而造成表面粗糙度 RMS 增大。

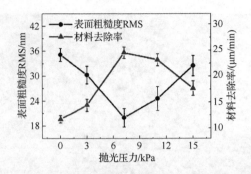

图 5.32　KDP 晶体的表面粗糙度 RMS 和材料去除率随抛光压力的变化曲线

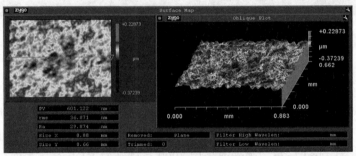

（a）0kPa

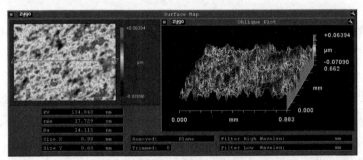

（b）7.2kPa

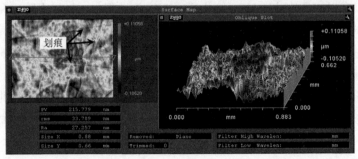

（c）15kPa

图 5.33　KDP 晶体表面微观形貌随抛光压力的变化

3. 抛光盘转速对表面形貌及材料去除率的影响

本试验的抛光盘转速为 30～70r/min，抛光压力为 7.2kPa，其余参数与前个试验相同。抛光盘转速与晶体表面粗糙度 RMS 及材料去除率的关系曲线如图 5.34 所示。随着抛光盘转速的提高，材料去除率逐渐增大，该变化规律符合 Preston 方程。更高的抛光盘转速增强了抛光垫对 KDP 晶体表面的机械划擦作用，使得处于可控溶解中的晶体材料能被更快速地去除。此外，更高的抛光盘转速也加快了抛光液流速，进而促进了 KDP 晶体可控溶解，因而有利于获得更大的材料去除率。

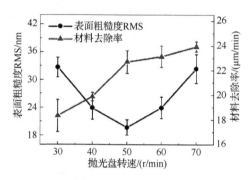

图 5.34 KDP 晶体的表面粗糙度 RMS 和材料去除率随抛光盘转速的变化曲线

随着抛光盘转速的提高，表面粗糙度 RMS 先减小后增大。在抛光盘转速由 30r/min 增至 50r/min 过程中，晶体表面微观轮廓凸峰在更高流速的抛光液与更强烈的抛光垫机械划擦下，材料去除率显著增大。其间，对于晶体表面微观轮廓凹谷，尽管其位置较为闭塞，但或多或少受到抛光液流速增大的影响，导致该处晶体材料的可控溶解速度有一定的提高。然而即便如此，由于凹谷处缺乏与抛光垫的机械划擦作用，使得其材料去除率增幅仍远小于凸峰，这提高了表面平坦化效率 [图 5.35（a）和（b）]。此后，在抛光盘转速由 50r/min 增至 70r/min 过程中，表面粗糙度 RMS 逐渐增大。当抛光液流速增大至一定值后，凸峰处晶体材料的可控溶解速度基本恒定，其材料去除率亦不再改变，而此时凹谷处抛光液的流速远小于凸峰，使得该处晶体材料的可控溶解速度仍与抛光液流速呈正相关。因此，随着抛光盘转速的进一步增大，凸峰和凹谷间的材料去除率差异逐渐减小，表面平坦化效率随之降低 [图 5.35（c）]。

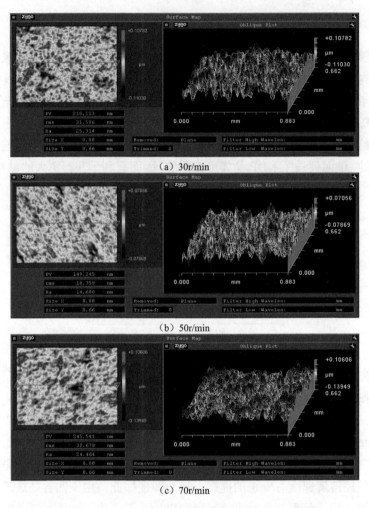

（a）30r/min

（b）50r/min

（c）70r/min

图 5.35　KDP 晶体表面微观形貌随抛光盘转速的变化

4．抛光液流量对表面形貌及材料去除率的影响

试验采用质量分数为 17.5%、温度为 20℃的可控溶解抛光液，抛光液流量设置为 8～45mL/min，抛光盘转速为 50r/min，KDP 晶体转速为 160r/min，抛光压力为 7.2kPa，抛光时间为 120s。KDP 晶体表面粗糙度 RMS 和材料去除率随抛光液流量的变化曲线如图 5.36 所示。可见，抛光液流量与材料去除率呈正相关。随着抛光液流量的增大，单位时间内有更多的新鲜抛光液涌入 KDP 晶体与抛光垫之间区域，加速了抛光液膜中物质成分的新老更替，抑制了液膜浓度的大幅增大，同时促进了抛光产物的及时排放。这一系列的影响有助于提高 KDP 晶体可控溶解速度，进而导致材料去除率增大。

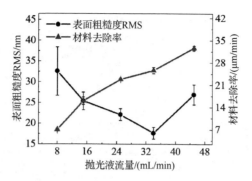

图 5.36　KDP 晶体的表面粗糙度 RMS 和材料去除率随抛光液流量的变化曲线

随着抛光液流量的增大，KDP 晶体表面粗糙度 RMS 先减小后增大。当抛光液流量仅为 8mL/min 时，表面粗糙度 RMS 较大且存在明显波动。由于抛光液的流量较小，导致其无法将 KDP 晶体与抛光垫间的缝隙区域填满，因而降低了抛光液膜的稳定性，使其无法稳定地覆盖整个抛光表面，进而破坏了材料去除的均匀性并造成表面质量恶化（图 5.37 和图 5.38）。在抛光液流量由 8mL/min 增至 34mL/min 的过程中，上述不良现象逐渐得到改善以至消失，KDP 晶体表面粗糙度 RMS 的量值及波动均有明显减小。当抛光液流量增大至 45mL/min 时，KDP 晶体可控溶解速度进一步提高，以至于抛光垫机械作用无法与之相匹配，在可控溶解作用占据主导地位的情况下，KDP 晶体表面粗糙度 RMS 增大。

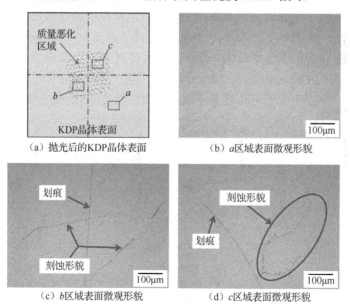

图 5.37　抛光液流量为 8mL/min 时 KDP 晶体表面质量的变化

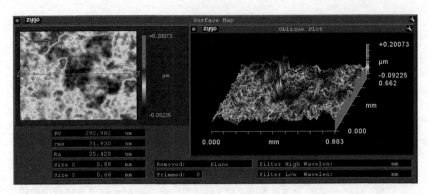

图 5.38　8mL/min 抛光液流量对应的 KDP 晶体表面微观形貌

5. KDP 晶体转速对表面形貌及材料去除率的影响

本试验的加工参数为：KDP 晶体转速 80～240r/min，抛光液流量 34mL/min，其余参数与上个试验相同。表面粗糙度 RMS 及材料去除率随 KDP 晶体转速的变化曲线如图 5.39 所示。不同于抛光盘转速的影响规律，KDP 晶体转速对材料去除率的影响微乎其微，其主要对表面粗糙度 RMS 产生明显影响。在 KDP 晶体转速由 80r/min 增大至 160r/min 的过程中，表面粗糙度 RMS 逐渐降低。由于可控溶解抛光方法采用全口径抛光工艺，因此表面平坦化须在抛光盘和晶体工件的旋转运动配合下才可实现。随着 KDP 晶体转速的增大，其与抛光盘旋转运动的协调程度逐渐提高，有利于实现抛光表面各个位置的晶体可控溶解与抛光垫机械作用的匹配，进而提高了表面平坦化效率。当 KDP 晶体转速达到 160r/min 时，其与抛光盘旋转运动的协调程度达到最优，晶体表面粗糙度 RMS 取得最小值。随后，在 KDP 晶体转速由 160r/min 增至 240r/min 的过程中，其与抛光盘旋转运动的协调程度逐渐下降，导致表面平坦化效率降低，表面粗糙度 RMS 随之增大。

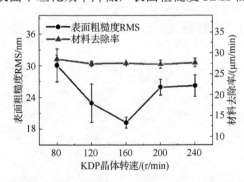

图 5.39　表面粗糙度 RMS 和材料去除率随 KDP 晶体转速的变化曲线

5.5.5 KDP 晶体可控溶解抛光后的面形误差

Auerbach 等[38]曾报道，KDP 晶体表面形貌对其在高能激光装置中的使役性能有多方面影响，依据空间频率分布特征，KDP 晶体表面形貌分为表面粗糙度（空间频率大于 $8mm^{-1}$）、表面波纹度（空间频率为 $0.03\sim8mm^{-1}$）和面形误差（空间频率为 $0\sim0.03mm^{-1}$）。表面粗糙度主要影响脉冲激光成丝及针孔负荷，表面波纹度制约着激光近场调制和焦斑旁瓣分布，面形误差则影响着焦斑的尺寸及其主瓣分布。

不同于 SPDT 技术，可控溶解抛光加工方法采用全口径抛光工艺，从原理上避免了小尺寸纹理的产生，因此不会对 KDP 晶体表面波纹度产生影响。此外，可控溶解抛光方法对于 KDP 晶体表面微观形貌具有良好的平坦化性能，可在短时间内实现表面粗糙度的大幅度减小，然而，可控溶解抛光后的 KDP 晶体面形误差研究却未曾开展。为此，本小节对 KDP 晶体可控溶解抛光前后的面形误差变化开展试验与分析。采用尺寸为 50mm×50mm 的 KDP 晶体试验样件，使用质量分数为 17.5%、温度为 20℃的可控溶解抛光液，抛光液流量为 34mL/min，抛光盘转速为 50r/min，KDP 晶体转速为 160r/min，抛光压力为 7.2kPa。使用 FlatMaster 200 平面度仪获得 KDP 晶体抛光前后的面形误差。可控溶解抛光前后 KDP 晶体的面形误差如图 5.40 所示。KDP 晶体的面形误差由抛光前的 53.2μm 减小至 4.8μm，减幅高达 91%，这表明可控溶解抛光方法能够在一定程度上削减 KDP 晶体面形误差。

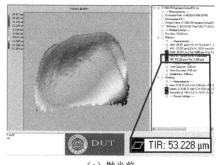 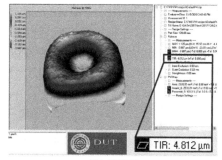

（a）抛光前   （b）抛光后

图 5.40　抛光前后 KDP 晶体的面形误差

5.5.6 基于浓度调控策略的可控溶解抛光工艺初探

根据 5.5.3 节可知：使用质量分数为 17.5%的抛光液能够抛光出高质量晶体表面，然而材料去除率却较小，若使用该浓度的抛光液直接抛光切割加工后的 KDP 晶体毛坯，则必然要耗费大量的时间才能消除毛坯表面的宏观加工纹理和损伤；而使用低浓度的抛光液虽然可实现较大的材料去除率，然而抛光出的 KDP 晶体表面质量却远不及 17.5%的抛光液。鉴于此，作者尝试提出了一种基于浓度调控策略的可控溶解抛光工艺，以期实现对 KDP 晶体的高质高效精密加工。该工艺由多个抛光阶段组成：在初始抛光阶段，使用低浓度抛光液快速去除 KDP 晶体毛坯表面的宏观加工纹理及损伤，在随后的抛光阶段，通过逐步增大所使用抛光液的浓度，提高表面平坦化效率，最终获得高质量的 KDP 晶体表面。为证实该抛光工艺的实际加工效果，在 Engis 超精密抛光机上开展了验证试验，具体工艺参数见表 5.2 所示。

表 5.2　基于浓度调控策略的可控溶解抛光工艺参数

工艺参数	阶段一	阶段二	阶段三
抛光液质量分数/%	15	17	17.5
抛光液温度/℃	20	20	20
抛光时间/s	60	30	30
抛光液流量/（mL/min）	34	34	34
抛光盘转速/（r/min）	50	50	50
KDP 晶体转速/（r/min）	160	160	160
抛光压力/kPa	7.2	7.2	7.2

KDP 晶体表面粗糙度 RMS 和面形误差随抛光时间的变化曲线如图 5.41 所示。通过 2min 的可控溶解抛光加工，表面粗糙度 RMS 由 5702.4nm 迅速减小至 17.1nm，面形误差由 49.8μm 减小至 4.9μm，材料去除率平均高达 51.7μm/min。抛光前的 KDP 晶体初始表面存在极为显著的加工纹理和脆性损伤［图 5.42（a）］。在抛光阶段一中，通过使用 15 %的抛光液，在 30s 内即实现了脆性损伤的去除，晶体表面仅残留呈零星分布且深度较浅的加工纹理［图 5.42（b）］。在随后 90s 的抛光过程中，残留的加工纹理快速变浅以至消失，进而实现了 KDP 晶体的高质高效精密加工［图 5.42（c）和（d）］[39, 40]。

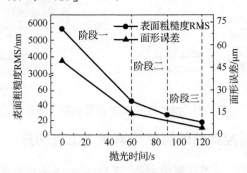

图 5.41　表面粗糙度 RMS 及面形误差随抛光时间的变化曲线

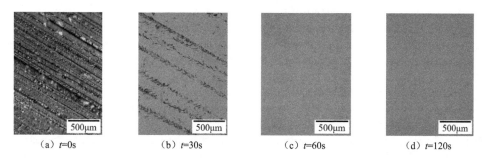

（a）t=0s　　　（b）t=30s　　　（c）t=60s　　　（d）t=120s

图 5.42　基于浓度调控策略的可控溶解抛光中的 KDP 晶体表面

参 考 文 献

[1] 党君惠, 梅大江, 吴远东. 典型非线性光学晶体生长方法综述[J]. 人工晶体学报, 2020, 49(7): 1308-1319.

[2] 马兴科, 邵嘉华. 溶液法制备单晶的研究进展[J]. 平顶山学院学报, 2020, 35(2): 39-42.

[3] 陈小梅, 常新安, 陈学安, 等. 添加剂对季戊四醇（PET）结晶性状与晶体生长影响研究[J]. 硅酸盐通报, 2016, 35(7): 2041-2046.

[4] 陈连发, 丁斌, 关昶, 等. 掺杂 TGS 晶体抑制杂晶方法的研究[J]. 哈尔滨工业大学学报, 2009, 41(7): 256-258.

[5] 徐永芝. α-甘氨酸晶体制备及其变温拉曼光谱研究[D]. 北京: 首都师范大学, 2008.

[6] 保英莲, 张志强, 李小松, 等. 磷酸二氢钾结晶过程特性研究[J]. 无机盐工业, 2016(11): 29-34.

[7] 周川. 新型 KDP 晶体生长方式流动与传质特性数值模拟及实验研究[D]. 重庆: 重庆大学, 2016.

[8] 李云南. 溶液过饱和度和氘化程度对 KDP/DKDP 晶体光学性能影响的研究[D]. 济南: 山东大学, 2005.

[9] 李汶军, 施尔畏, 殷之文. 离子晶体生长机理及其生长习性[J]. 人工晶体学报, 2001, 30(3): 232-241.

[10] 殷士杰, 李明伟, 朱廷霞, 等. "蒸发成核法"研究 KDP 晶核大小及形状[J]. 功能材料, 2010, 41(S2): 253-256.

[11] 崔启栋. KDP 晶体"二维平动法"生长及其性能研究[D]. 重庆: 重庆大学, 2015.

[12] 胡秀英. 磷酸二氢钾结晶过程研究[D]. 成都: 四川大学, 2007.

[13] Koziejowska A, Sangwal K. Surface micromorphology and dissolution kinetics of potassium dihydrogen phosphate (KDP) crystals in undersaturated aqueous-solutions[J]. Journal of Materials Science, 1988, 23(8): 2989-2994.

[14] Vainshtein B K, Fridkin V M, Indenbom V L. Modern crystallography 2: Structure of crystals[M]. Berlin Heidelberg: Springer-Verlag, 2000.

[15] Voloshin A E, Baskakova S S, Rudneva E B. Study of the defect formation in KDP crystals grown under extremely high supersaturation[J]. Journal of Crystal Growth, 2017, 457: 337-342.

[16] Yin H W, Li M W, Zhou C, et al. KDP single crystal growth via three-dimensional motion growth method[J]. Crystal Research and Technology, 2016, 51(8): 491-497.

[17] 王波, 房昌水, 王圣来, 等. KDP/DKDP 晶体生长的研究进展[J]. 人工晶体学报, 2007, 36(2): 247-252.

[18] 尹华勤. 溶液喷流及平移运动条件下 KDP 晶体生长数值模拟与实验研究[D]. 重庆: 重庆大学, 2018.

[19] 王韶琰. KDP 与 DKDP 晶体的定向生长及性能研究[D]. 济南: 山东大学, 2017.

[20] 胡志涛. KDP 晶体成锥及快速生长新系统输运特性研究[D]. 重庆: 重庆大学, 2017.

[21] 李伟东. 介质环境对 KDP 晶体微观形貌及生长速率的影响研究[D]. 济南: 山东大学, 2017.

[22] 刘光霞. KDP 晶体生长动力学的数值模拟研究[D]. 济南: 山东大学, 2014.

[23] 朱胜军. KDP 晶体快速生长及大尺寸晶体光学参数均一性研究[D]. 济南: 山东大学, 2014.

[24] 李国辉, 苏根博, 薛丽平, 等. 新添加剂下 KDP 晶体快速生长及其性能表征[J]. 人工晶体学报, 2005(2): 336-339.

[25] 傅有君, 高樟寿, 刘嘉民, 等. 生长条件对 KDP 晶体激光损伤阈值的影响[J]. 强激光与粒子束, 1998(1): 119-123.

[26] 黄萍萍. KDP 晶体开裂的实验与模拟研究[D]. 济南: 山东大学, 2019.

[27] 李国华, 王大伟, 黄志良. 晶体生长界面相研究[J]. 人工晶体学报, 2001(2): 171-177.

[28] Lu G W, Xia H R, Sun D L, et al. Cluster formation in solid-liquid interface boundary layers of KDP studied by Raman spectroscopy[J]. Physica Status Solidi A, 2001, 188(3): 1071-1076.

[29] Lu G W, Xia H R, Zhang S Q, et al. Raman scattering investigation of the effect of EDTA additives on growth habit of KDP[J]. Journal of Crystal Growth, 2001, 233(4): 730-736.

[30] Asakuma Y, Li Q, Ang H M, et al. A study of growth mechanism of KDP and ADP crystals by means of quantum chemistry[J]. Applied Surface Science, 2008, 254(15): 4524-4530.

[31] 鲍泽耀, 赵旭, 薛冬峰. 溶液中结晶生长的动力学模拟: 化学键合方法[J]. 人工晶体学报, 2009, 38(2): 396-401.

[32] 仲维卓, 于锡铃, 罗豪, 等. KDP 晶体生长基元与形成机理[J]. 中国科学 E 辑:技术科学, 1998, 28(4): 320-324.

[33] 王晓丁, 李明伟, 曹亚超, 等. KDP 晶体生长的溶液流动和物质输运计算[J]. 人工晶体学报, 2010, 39(1): 88-94.

[34] 焦翔, 朱健强, 樊全堂, 等. 环形抛光技术在列阵透镜制造中的应用[J]. 中国激光, 2015, 42(7): 273-278.

[35] 石恒志. 环形抛光技术[J]. 光子学报, 1986(4): 1-9.

[36] 王碧玲. KDP 晶体无磨料水溶解抛光方法与加工机理[D]. 大连: 大连理工大学, 2010.

[37] 滕晓辑. KDP 晶体潮解机理及材料溶解可加工性试验研究[D]. 大连: 大连理工大学, 2007.

[38] Lawson J K, Auerbach J M, English R E, et al. NIF optical specifications: The importance of the RMS gradient[C]. Third International Conference on Solid State Lasers for Application to Interial Confinement Fusion, 1999, 3492: 336-343.

[39] 刘子源. KDP 晶体可控溶解微纳抛光机理与方法研究[D]. 大连: 大连理工大学, 2021.

[40] Liu Z Y, Gao H, Guo D M. A novel approach of precision polishing for KDP crystal based on the reversal growth property[J]. Precision Engineering, 2018, 53: 1-8.

6 KDP 晶体小磨头超精密数控抛光轨迹规划与工艺

计算机控制光学表面成形（computer controlled optical surfacing, CCOS）技术将超精密磨抛与计算机数控结合起来，使用尺寸远小于被加工工件的小抛光头，按照预先设定的轨迹在工件表面运动，通过计算机控制小抛光头在工件表面各个区域的加工时间，实现工件确定区域的定量去除，是一种确定性抛光手段。相对于传统方法，这种技术能够高效地对大尺寸表面进行修正，加工精度较高，兼具了数控技术的高精度和磨抛技术的高表面质量的优点，非常适合大尺寸非球面光学元件的加工制造。本章将 KDP 晶体水溶解抛光原理与在光学加工中广泛应用的 CCOS 技术相结合，吸收两者的优点，提出基于水溶解原理的 KDP 晶体小磨头超精密数控抛光新方法。

6.1 KDP 晶体水溶解超精密数控抛光试验系统与设备

由于水溶解抛光过程中 KDP 晶体表面粗糙峰处材料的选择性去除，在加工区域内抛光工具与晶体表面接触，晶体表面粗糙度逐渐降低。而根据基于水溶解原理的 KDP 晶体超精密数控抛光策略，使用小尺寸抛光工具加工大尺寸 KDP 晶体表面（图 6.1），晶体表面大部分处于非加工状态。在非加工区域内，晶体材料被油相母液保护，不会直接接触抛光液中的微水滴，没有抛光工具的机械作用，不会形成有效的材料去除。以测量得到晶体初始表面轮廓各点（P_1, P_2, P_3, $\cdots$, P_n）的高度值与目标加工平面之间的相对值为各点目标去除量，根据目标去除量规划加工路径，生成数控加工代码，通过计算机控制抛光工具在晶体表面各区域的驻留时间分布，实现表面局部区域精确定量去除，使修形后的晶体表面接近于加工目标平面，从而提升被加工晶体表面的面形精度。

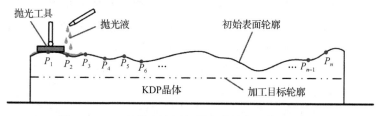

图 6.1　KDP 晶体水溶解超精密数控修形策略示意图

图 6.2　KDP 晶体小磨头数控
超精密抛光试验系统

为了实现如图 6.1 所示的基于水溶解原理的 KDP 晶体小磨头超精密数控抛光方法,本书作者与相关单位联合研制了五轴(X 轴、Y 轴、Z 轴、A 轴和 C 轴) KDP 晶体小磨头数控超精密抛光试验系统(图 6.2)。试验台配有双转子系统,抛光头自转同时公转,公转偏心距可自由调节;X 轴、Y 轴双向定位精度 0.016mm/600mm,Z 轴双向定位精度 0.014mm/250mm,双向重复定位精度 0.008mm/250mm;A 轴、C 轴分度精度 40″,重复精度 10″;能够通过数控系统精确控制小尺寸抛光头在 KDP 晶体表面的运动轨迹;配有微量注液系统;试验台采用气缸加压,加载力无级可调;为满足大尺寸 KDP 元件装夹要求,研制了超精密真空吸盘,可实现 400mm×400mm 以内尺寸晶体的双面夹持。

6.2　水溶解抛光材料去除函数的建立

传统抛光工艺主要加工目标为降低工件表面粗糙度,并能够以整体去除的方式改善工件面形精度。CCOS 加工与传统抛光的主要区别在于采用小尺寸抛光工具加工大尺寸工件,在局部抛光区域内定量去除,改善被加工元件的整体面形精度。抛光过程中材料去除量分布函数 MR(x, y)可表示为

$$MR(x, y)=MRR(x, y)×T(x, y)　　　　　　　　(6.1)$$

式中,MRR(x,y)为在晶体表面任一驻留点处的材料去除率分布函数(即去除函数),在小抛光头加工中被看作一个去除单元;T(x,y)为抛光工具在被加工表面各点的驻留时间函数。由式(6.1)可知,合理、准确的去除函数模型是有效控制抛光过程中材料去除的基础,去除函数模型对优化选择抛光工艺参数也具有重要意义。

针对抛光过程中的去除函数,国内外科研人员进行了大量的研究工作。Ke 等[1]分析了不同形状去除函数在气囊抛光中的应用,并建立了相关去除函数有限元模型;李徐钰等[2]基于随动压力分布模型,分析了抛光盘加工非球面过程中在不同位置处去除函数的变化情况,并与试验结果进行了验证;Nam 等[3]通过有限元方法分析了速度和压力的分布规律,针对抛光过程中的边缘效应建立了新的去除函数模型,能够比较准确地模拟出抛光工具在工件表面边缘处的非线性行为;王旭等[4]基于平转动加工形式的去除函数推导出了多丸片去除函数模型,有效提升了固着磨粒加工碳化硅反射镜的效率及精度。本章针对 KDP 晶体水溶解超精密数控抛光过程中抛光头的行星运动特点,结合水溶解抛光的去除特性,建立并修正了去除函

数模型，并进一步研究了去除函数的加工稳定性。

在化学机械抛光及类似形式的抛光加工过程中，普遍采用 Preston 方程表达材料去除率与抛光参数之间的关系：

$$MRR=KPv \qquad (6.2)$$

式中，MRR 为材料去除率；P 为抛光压强；v 为抛光速度；K 为常系数，与除 P、v 外的其他影响抛光去除的因素有关，如材料性能、相对湿度、温度和磨粒粒径等。目前，大部分科研人员在研究抛光过程中的材料去除规律时，基于 Preston 方程对去除函数进行建模分析[5-8]。

用于实际工程中的大尺寸 KDP 晶体元件为平面、矩形，因此本章抛光加工中不考虑非球面表面加工中曲率等因素对去除函数的影响。在 KDP 晶体水溶解超精密数控抛光过程中，小抛光头在晶体表面平转动，自转的同时以一定偏心距公转。小抛光头行星运动方式如图 6.3 所示。

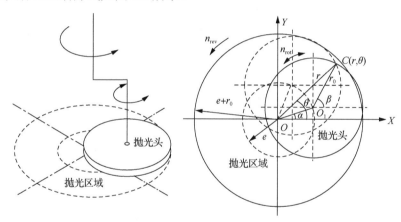

图 6.3　小抛光头行星运动示意图

图 6.3 中：r_0 为抛光头半径，m；e 为抛光头偏心距，即公转偏心距，m；n_{rot} 为抛光头自转转速，r/s；n_{rev} 为抛光头公转转速，r/s；O 点为抛光行星运动中心；O_1 点为抛光头几何中心；α 为抛光头中心点 O_1 与 X 轴正方向的夹角，即 $\angle O_1OX$，rad；$C(r, \theta)$ 为抛光区域内某一点，r 为点 $C(r, \theta)$ 与中心 O 点距离，m；θ 为点 $C(r, \theta)$ 与点 O 之间的连线与 X 轴正方向的夹角，即 $\angle COX$，rad；β 为点 $C(r, \theta)$ 与点 O_1 之间的连线与 X 轴正方向的夹角，即 $\angle CO_1X$，rad；抛光区域半径为 $e+r_0$。由图 6.3 计算抛光区域内点 C 的抛光速度 v。

$$v = \omega_{rev} \times OC + \omega_{rot} \times O_1C \qquad (6.3)$$

$$v = 2\pi\sqrt{(n_{rot} \pm n_{rev})^2 e^2 + (n_{rot}r)^2 - 2(n_{rot} \pm n_{rev})n_{rot}er\cos(\theta - \alpha)} \qquad (6.4)$$

式中，ω_{rev} 为抛光区域某一点的公转角速度；ω_{rot} 为抛光区域某一点的自转角速度。当抛光头公转自转同向时"$\pm$"为"+"，公转自转反向时"$\pm$"为"−"。将式（6.4）

代入 Preston 方程，则点 C 处的瞬时材料去除率为

$$\mathrm{MRR}_C = 2\pi K P_C \sqrt{(n_{\mathrm{rot}} \pm n_{\mathrm{rev}})^2 e^2 + (n_{\mathrm{rot}} r)^2 - 2(n_{\mathrm{rot}} \pm n_{\mathrm{rev}}) n_{\mathrm{rot}} er \cos(\theta - \alpha)} \quad (6.5)$$

抛光头在平面晶体上转动，采用气动方式稳定地提供加载力，可认为在抛光区域内载荷均匀分布，Preston 方程中压强 P 保持不变。工件表面任一驻留点处的材料去除率分布被定义为去除函数，即行星运动公转中心 O 点保持不动，抛光头在公转区域内的材料去除分布。

为计算去除函数，在一个公转周期内对式（6.5）积分，积分结果为

$$\mathrm{MRR}(r,\theta) = KP \int_{\alpha_1}^{\alpha_2} \sqrt{(n_{\mathrm{rot}} \pm n_{\mathrm{rev}})^2 e^2 + (n_{\mathrm{rot}} r)^2 - 2(n_{\mathrm{rot}} \pm n_{\mathrm{rev}}) n_{\mathrm{rot}} er \cos(\theta - \alpha)} \, \mathrm{d}\alpha \quad (6.6)$$

式中，$\mathrm{MRR}(r,\theta)$ 为去除函数；α 的积分范围为抛光盘覆盖区域，积分下限 $\alpha_1 = \theta - \cos^{-1} \dfrac{r^2 + e^2 - r_0^2}{2er}$，积分上限 $\alpha_2 = \theta + \cos^{-1} \dfrac{r^2 + e^2 - r_0^2}{2er}$。

如图 6.4 所示，显然当抛光头半径 r_0 小于公转偏心距 e 时，抛光区域内的中心部分不能被抛光头覆盖，造成去除函数靠近公转中心的部分材料去除率为零，呈环状分布 [图 6.4（c）、（f）]；而当 $r_0 = e$ 时，在靠近公转圆心处材料去除率急剧增大，形成一个明显的尖峰 [图 6.4（b）、（e）]。而这两种情况下的去除函数形状都是不利于驻留时间计算的，不具有实际使用价值，因此在实际抛光加工中，抛光头半径 r_0 应当大于公转偏心距 e。

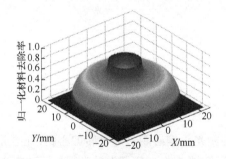
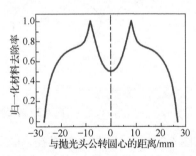

（a）公转自转转速相同，方向相同（$r_0 > e$）

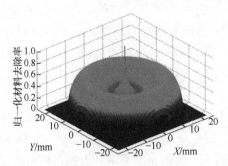
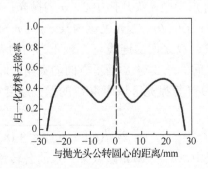

（b）公转自转转速相同，方向相同（$r_0 = e$）

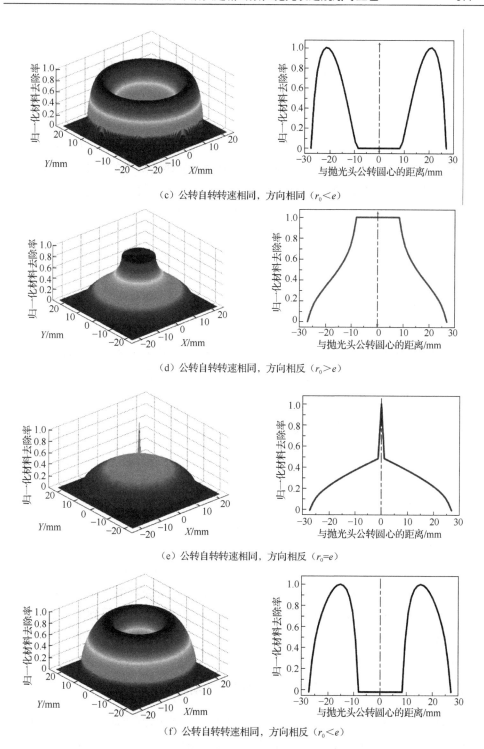

（c）公转自转转速相同，方向相同（$r_0 < e$）

（d）公转自转转速相同，方向相反（$r_0 > e$）

（e）公转自转转速相同，方向相反（$r_0 = e$）

（f）公转自转转速相同，方向相反（$r_0 < e$）

图 6.4　不同抛光头半径与公转偏心距时的去除函数理论计算结果

6.3　材料去除函数若干系数的试验修正

基于经典 Preston 方程，6.2 节对针对抛光头行星运动特点进行了去除函数建模。然而，由于水溶解抛光基于 KDP 晶体的水溶性实现材料去除的去除机理与传统抛光明显不同，应通过试验判断 P、v 两个参数对材料去除率的影响是否为线性。

同时在 KDP 晶体水溶解超精密数控抛光过程中，除了传统抛光中主要影响材料去除率的压力 P、速度 v 外，温度 T、抛光液含水量 ω、公转自转方向系数 C 等参数也是抛光过程中影响去除函数的重要变量，在抛光加工中经常需要结合具体需求对这些变量进行调整。如果在建模中将这些变量皆归于常系数 K 的话，K 则成为一个与 T、ω、C 有关的变量 $K(T, \omega, C)$，去除函数形式为

$$\mathrm{MRR}(r, \theta) = K(\omega, T, C) P \int_{\alpha_1}^{\alpha_2} \sqrt{(n_{\mathrm{rot}} \pm n_{\mathrm{rev}})^2 e^2 + (n_{\mathrm{rot}} r)^2 - 2(n_{\mathrm{rot}} \pm n_{\mathrm{rev}}) n_{\mathrm{rot}} er \cos(\theta - \alpha)} \, \mathrm{d}\alpha$$

$$(6.7)$$

此时再将系数 K 作为一个常数显然无法准确地反映出抛光去除函数的变化规律，因此需要对去除函数模型进行修正，以确定抛光区域温度 T、抛光液含水量 ω、抛光速度 v、抛光压力 P、抛光公转自转方向等因素在去除函数方程中的影响系数。

6.3.1　试验条件及去除函数检测方法

去除函数试验在 KDP 晶体小磨头数控超精密抛光试验系统（图 6.2）中进行。去除函数试验中抛光头直径为 15mm，公转偏心距为 5mm，抛光垫选用美国罗门哈斯公司生产的 IC1000/SUBA Ⅳ聚氨酯复合抛光垫，试验在 1000 级洁净间中进行，环境温度 20℃，相对湿度 45%，所用的 KDP 晶体样件尺寸为 50mm×50mm（三倍频晶面）。

试验中首先使用 FlatMaster 200 平面度仪测量得到抛光前 KDP 晶体面形，之后抛光头在晶体表面某一驻留点定点加工（即行星运动公转中心保持不动）一段时间后，测量抛光后晶体面形，将抛光后面形与初始面形相减得到抛光过程的材料去除量分布，再除以抛光时间，即可获得抛光去除函数分布。标准去除函数分布为回转体，分析其中心截面轮廓曲线对各因素影响规律。

6.3.2　抛光液含水量对去除函数系数的影响

为检验不同抛光液含水量对去除函数曲线影响规律，采用单因素的试验方式。选择加工中几种常用含水量（质量分数）分别为 5%、7.5%、10%、15%，其他抛

光参数为：压强 124kPa，公转、自转转速 100r/min。抛光头行星运动自转公转方向相同时，去除函数截面轮廓曲线如图 6.5（a）所示；公转自转方向相反时，去除函数界面轮廓曲线如图 6.5（b）所示。可明显看出，两种情况下含水量 ω 与去除函数的关系均为非线性。

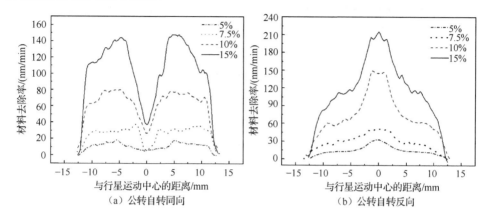

图 6.5　不同含水量的去除函数曲线

为了统计含水量 ω 对去除函数的影响规律，对去除函数曲线按照式（6.8）进行积分运算，求解抛光区域单位时间内的去除体积 V。

$$V = \int_{-(e+D/2)}^{e+D/2} \pi r \cdot H(r) \mathrm{d}r \tag{6.8}$$

式中，e 为公转偏心距；D 为抛光头直径；r 为曲线上某点与离行星运动中心的距离；$H(r)$ 为去除函数曲线上某点的高度。

将式（6.8）离散化，即

$$V = \sum_{i=0}^{i=(D+2e)/\Delta r} \pi r_i H(r_i)$$

$$r_i = -e + \frac{D}{2} + i \cdot \Delta r, \quad i = 0,1,2,3,\cdots \tag{6.9}$$

式中，Δr 为离散化网格划分密度。

依据式（6.9）计算得出抛光区域的材料去除总量，对所得到的数据进行拟合，得到的抛光液含水量对材料去除量的影响关系曲线如图 6.6 所示。抛光头公转自转方向相同时，表达式为

$$\mathrm{MR}(\omega) = \frac{54.91}{1 + 140.22 \mathrm{e}^{-0.514\omega}} \tag{6.10}$$

抛光头公转自转方向相反时，表达式为

$$MR(\omega) = \frac{48.07}{1+140.22e^{-0.514\omega}} \tag{6.11}$$

对比式（6.10）和式（6.11），仅分子常数不同，表明小抛光头公转自转方向相同及相反时，含水量对材料去除率的影响满足同一变化规律，分子可作为常数归入去除函数表达式中最终修正后的常系数 K，因此抛光去除函数表达式中抛光液含水量 ω 的影响可修正为

$$MRR = \frac{K_\omega(C,T)Pv}{1+140.22\exp(-0.514\omega)} \tag{6.12}$$

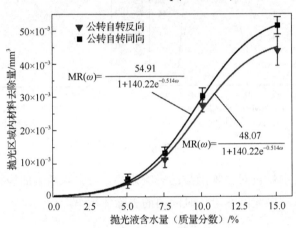

图 6.6　抛光液含水量对去除函数影响规律

6.3.3　行星运动公转自转方向对去除函数系数的影响

由图 6.5 可知：试验中抛光头行星运动公转自转方向相同时，去除函数曲线接近 M 形，抛光区域内单位时间去除总量较大；而公转自转方向相反时，去除函数曲线接近高斯形，虽然去除总量略小于同向时，但是中心区域去除峰值较大。然而将相同的抛光参数［抛光头公转自转速度为 100r/min，抛光压强为 124kPa，含水量（质量分数）为 10%］代入理论模型进行验证，公转自转同向时仿真所得到的去除函数曲线在同一抛光参数下的峰值远大于反向时，见图 6.7（a）。相同参数下，公转自转反向时试验测得的材料去除率远远大于基于抛光区域内速度分布计算得到的理论值，见图 6.7（b）。

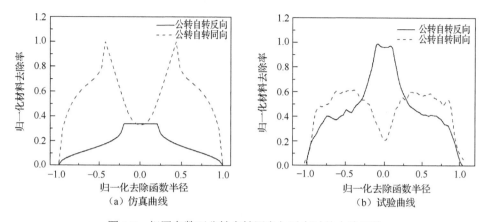

图 6.7 相同参数下公转自转同向与反向时的去除函数

　　由前文介绍的 KDP 晶体水溶解抛光去除机理可知，抛光垫与 KDP 晶体表面之间的摩擦作用是引起抛光液 W/O 结构破坏、引发材料去除的重要因素。为了揭示公转自转同向、反向时去除函数峰值试验值与理论值偏差的产生原因，对抛光过程中的摩擦力进行测量分析。摩擦力测量系统如图 6.8 所示。KDP 晶体样件固定在瑞士奇石乐 Kistler 9257B 三向测力仪上，加工过程中抛光头作用于瑞士奇石乐 Kistler 9257B 三向测力仪，经计算机处理分别得到 X、Y 和 Z 方向力随加工时间的变化曲线。试验台 0.05MPa、0.1MPa、0.15MPa 和 0.2MPa 四种不同加压气缸气源压力对应的实际加载力曲线如图 6.9 所示，抛光过程中加载力随着气源压力线性增大，并有轻微周期性波动。

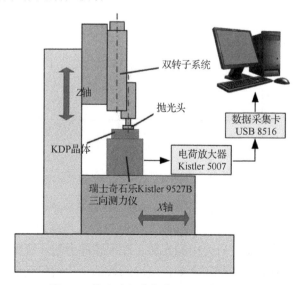

图 6.8　抛光过程摩擦力测量系统示意图

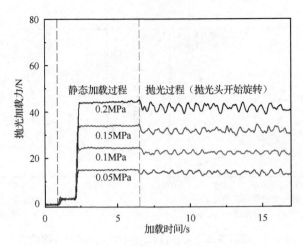

图 6.9　抛光试验台加载力曲线

测量得到 X、Y 方向的分力如图 6.10 所示，由于抛光头的行星运动方式，两者均呈周期性波动。按照式（6.13）将测得的 X、Y 方向的分力 F_x、F_y 求出摩擦合力 F_f，F_f 较平稳，未出现大幅度波动。

$$F_f = \sqrt{F_x^2 + F_y^2} \tag{6.13}$$

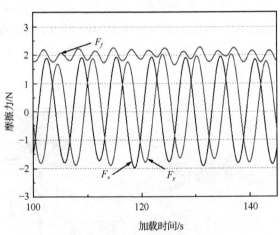

图 6.10　抛光过程摩擦力测量结果

如图 6.11 所示，随抛光压强的增大，抛光摩擦力基本线性增大。图 6.12 中，抛光头公转自转转速比为 1∶1，随着抛光转速的增大摩擦力逐渐减小，试验结果与苑泽伟[9]和徐驰[10]的相关研究中抛光加工过程摩擦力随转速变化的规律相符。在针对公转自转的方向进行修正之前，去除函数的理论值仅受到抛光区域内各点线速度积分值的影响，表达式中相同参数下抛光头公转自转同向和反向时仅有速

度 v 不同。而由图 6.7（a）可看出，抛光头公转自转同向时的线速度明显高于反向，因此在相同参数下公转自转反向时摩擦力略大于公转自转同向，抛光垫与晶体表面之间的机械作用更强。由于公转自转反向时的摩擦力更大，抛光垫与晶体材料之间的机械作用更强，使更多的微水滴从 W/O 结构中被释放并参与到水溶解过程中，造成材料去除率相对较高，因此在去除函数表达式中需要对抛光头公转自转的方向进行修正。

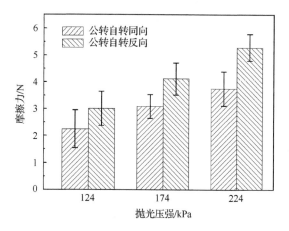

图 6.11　摩擦力随抛光压强的变化

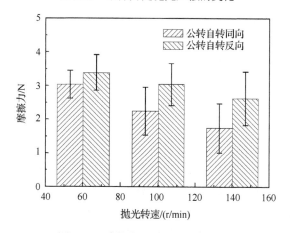

图 6.12　摩擦力随抛光转速的变化

对图 6.7（a）中的理论去除函数曲线依据式（6.7）进行积分运算，可得到公转自转同向与反向时抛光区域去除量仿真值之比。

$$P_{\text{simulation}} = \text{MR}_{\text{same}} / \text{MR}_{\text{different}} = 4.69 \tag{6.14}$$

根据试验获得的不同参数下去除量的试验数据，得到各参数下抛光头公转自转同向与反向的去除量之比基本相等，其平均值为

$$P_{\text{experimental}} = \overline{\text{MR}_{\text{same}}} / \overline{\text{MR}_{\text{different}}} = 1.15 \qquad (6.15)$$

为消除抛光头行星运动公转自转反向对去除函数的影响，在去除函数表达式中增加方向系数 C。

$$\text{MRR} = C\frac{K_C(T)Pv}{1+140.22\exp(-0.514\omega)} \qquad (6.16)$$

式中，行星运动公转自转同向时，方向系数 $C=1$；公转自转反向时，$C = P_{\text{simulation}} / P_{\text{experimental}} = 4.08$。

6.3.4　抛光过程中温度变化对去除函数系数的影响

抛光过程中，抛光垫与 KDP 晶体在一定压力、速度条件下摩擦，产生的热量会造成抛光区域温度变化。温度对 KDP 晶体在水中的溶解度 S 影响非常显著，溶解度 S 与温度呈式（6.17）所示的非线性关系。

$$S = aT^2 + bT + c \qquad (6.17)$$

式中，T 为温度，℃；a、b、c 为大于零的常数。

由前文（相关研究内容见 2.2.5 节）可知，除溶解度外，温度的升高还会影响抛光液中 W/O 结构的稳定性，并加剧抛光液中水分子的布朗运动，导致含水抛光液对 KDP 晶体的溶解速度显著增加。因此，如果在抛光过程中出现明显的温度升高，就会对去除函数造成显著影响，此时简单地将温度 T 归入 Preston 方程中的常系数 K 就不再合适，应将其作为独立的影响参数进行分析。

热电偶测温和红外热成像测温是测量加工温度的两种常见手段。热电偶是一种接触式测温元件，一般通过在工件加工区域预先制出工艺孔，将热电偶埋设在加工区域，能够直接测量加工区域温度，将温度信号转换为电信号，再经过放大器、数据采集卡等导入连接的计算机系统中，经计算得到温度数据。热电偶测温能够直接得到工件内部封闭区域的加工温度，测量结果准确，但是由于 KDP 晶体的软脆、强各向异性，热电偶不易埋设。红外热成像测温是一种非接触测量方法，运用光电技术检测工件热辐射的红外波段信号，将其转换为图像，并计算得到温度数值，能够得到整个加工区域的温度场分布，测量结果稳定，但是无法直接测得封闭加工区域（如钻孔等）的温度情况。红外热成像测温过程如图 6.13 所示。

在 KDP 晶体水溶解超精密数控抛光方法中，抛光头始终在晶体表面做行星运动，非常适合采用红外热成像测温法对抛光中晶体表面加工区域的温度变化情况进行研究分析。测温试验中 CCOS 试验台 X 轴、Y 轴固定不动,抛光头直径 15mm,

公转半径 5mm,抛光公转自转反向,转速均为 100r/min。KDP 晶体表面经过粗抛,表面粗糙度 RMS 低于 5nm,接近最终精密加工时的表面光洁度。由于在实际加工中,一个驻留点的驻留时间最长一般不超过 10min,因此测温时长设为 10min。采用美国菲力尔公司的 Thermovision A40 红外热像仪(热灵敏度<0.08)直接观察抛光区域,热成像结果如图 6.14 所示。

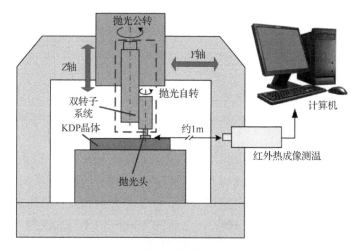

图 6.13　红外热成像测温过程示意图

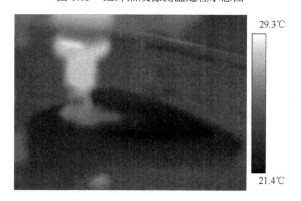

图 6.14　抛光区域红外热成像结果

首先测量不同抛光压强下干抛时抛光区域温度,将其作为参照,温度变化见图 6.15。由于没有加注抛光液,抛光垫与晶体直接干摩擦,抛光区域温度明显上升。在抛光初始阶段,不同抛光压强下温度变化基本一致,在 40s 内由 23℃迅速升高至约 31℃;之后温度升高速度有所减慢,但仍然呈线性增长,抛光压强为 24kPa 和 124kPa 时,10min 后温度升至 40.5℃,抛光压强为 224kPa 时,10min 后温度升至 43.5℃。总体来看,干抛时不同抛光压强下加工区域温度变化趋势基本相同，温度上升非常明显，将近 20℃。

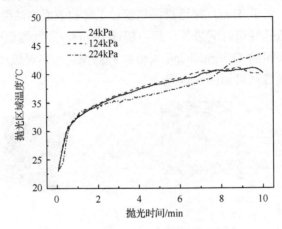

图 6.15　抛光垫干摩擦时温度变化

　　如果在测温过程中继续加注抛光液，仅有室温的抛光液会降低抛光区域温度，对测温结果造成干扰。因此在测温试验中，加工开始前预先在晶体表面抛光区域加注足够的抛光液（含水量为 10%），之后的 10min 内不再加注抛光液，观测抛光区域内的温升情况。如图 6.16 所示，压强较低（24kPa 和 124kPa）时，抛光区域温度始终维持在 23℃左右，无明显变化；压强增加至 224kPa 时，抛光区域在 30s 内升高至 25℃，之后基本保持不变。由于抛光液的润滑作用，抛光垫与晶体表面摩擦产生热量减少；同时抛光液主要成分中，室温时水的导热系数为 0.608W/(m·K)，油相母液导热系数为 0.1～0.3W/(m·K)，两者均远高于空气导热系数 0.023W/(m·K)，能够将摩擦产生热量及时导出抛光区域。即使在压强达到 224kPa 时，抛光温度也仅上升了 2℃，对抛光液 W/O 系统稳定性的影响微乎其微，KDP 晶体在水中的溶解度在 23℃时为 24.1%，25℃时为 25.5%，温升造成的溶解度变化对材料去除影响较小。并且考虑到抛光后表面质量，超过 124kPa 的较大抛光压强在 KDP 晶体实际抛光中很少使用，不断加注的抛光液也能起到冷却的作用，因此可以认为抛光区域温度近似保持不变。试验结果证明了温度升高引起的溶解度增加和 W/O 系统稳定性下降并不是 KDP 晶体水溶解抛光过程中产生材料去除的主要因素，抛光垫的机械摩擦作用造成的 W/O 结构破裂才是产生材料去除的主要原因。

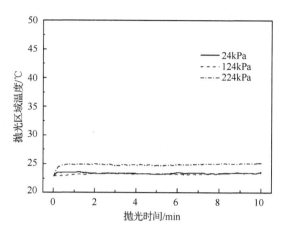

图 6.16 加注抛光液加工时温度变化

综上所述，在去除函数建模中，可认为温度为一个等于环境温度的常数。在实验室环境温度保持不变的前提下，可将温度对去除函数的影响常数归入修正后的常系数 K。

6.3.5 抛光转速对去除函数系数的影响

去除函数试验中选择的几种转速为 60r/min、100r/min 和 140r/min，其他参数为：抛光液含水量 15%，抛光压强 124kPa，抛光头公转自转反向。三种转速下的去除函数截面轮廓曲线如图 6.17 所示。有些研究者认为转速为 0r/min 时，抛光头静止，抛光材料去除率也等于零。对去除函数曲线依据式（6.7）计算得到单位时间去除总量，首先按照线性方程进行拟合处理（图 6.18），得到的材料去除与转速关系为

$$MR(v) = 3.106 + 0.395v \tag{6.18}$$

可看出，线性关系式不能准确地反映两者关系。按照幂函数关系再次对积分数据进行拟合，得

$$MR(v) = 2.548v^{0.616} \tag{6.19}$$

由图 6.18 可看出，拟合得到的幂函数表达式（6.19）精度明显优于线性关系式（6.18），将常数 2.548 归入修正后的常系数 K 内，去除函数表达式中抛光速度 v 可修正为

$$MRR = \frac{CKPv^{0.616}}{1 + 140.22\exp(-0.514\omega)} \tag{6.20}$$

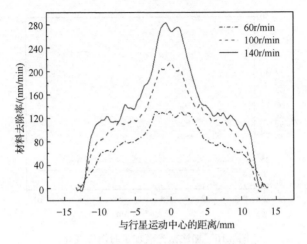

图 6.17　不同抛光转速下的去除函数曲线

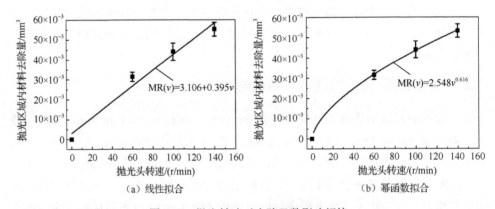

（a）线性拟合　　　　　　　　　　（b）幂函数拟合

图 6.18　抛光转速对去除函数影响规律

6.3.6　抛光压强对去除函数系数的影响

单因素试验中选择的四种常用抛光压强为 24kPa、74kPa、124kPa 和 174kPa，其他参数为：抛光头公转自转反向，转速 100r/min，抛光液含水量（质量分数）10%。不同抛光压强下去除函数曲线如图 6.19 所示。当抛光压强较低时增加压强可显著提升材料去除率，但材料去除率并非一直随抛光压强线性增加。当抛光压强大于某极限值后，过大的抛光压强反而会降低材料去除率。究其原因，可能是压强过大时，具有一定弹性的抛光垫紧密贴合晶体表面，抛光液不易进入加工区域，反而造成材料去除率降低。

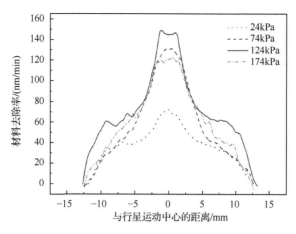

图 6.19 不同抛光压强下的去除函数曲线

对去除函数曲线依据式（6.9）积分运算，并将试验数据进行拟合（图 6.20），得到抛光压强对单位时间内材料去除体积的影响关系曲线：

$$\text{MR}(P) = 0.9384P - 0.0192P^2 + 1.705 \times 10^{-4} P^3 - 5.023 \times 10^{-7} P^4 \quad (6.21)$$

式（6.21）中的系数也可归入去除函数表达式中的常系数 K。去除函数表达式中抛光压强 P 的影响系数可修正为

$$\text{MRR} = \frac{CK(P - 0.021P^2 + 1.82 \times 10^{-4} P^3 - 5.35 \times 10^{-7} P^4)v^{0.616}}{1 + 140.22 \exp(-0.514\omega)} \quad (6.22)$$

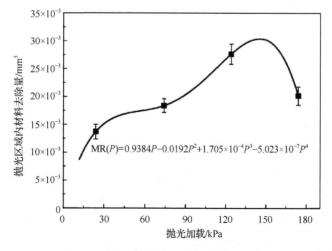

图 6.20 抛光压强对去除函数影响规律

6.3.7　常系数 K 的试验测定

为获得材料去除函数表达式，需要通过试验得出常系数 K 的数值。

试验测量得到的实际去除函数记为 $\mathrm{MRR}_{\mathrm{actual}}$。理想情况下，去除函数仿真值应与测量值相等，即

$$\mathrm{MRR}_{\mathrm{actual}}(r,\theta) = \mathrm{MRR}_{\mathrm{simulation}}(r,\theta) = KP\int_{\alpha_1}^{\alpha_2} v(r,\theta)\mathrm{d}\alpha \qquad (6.23)$$

由式（6.23）可知抛光区域内某一点 $C(r,\theta)$ 处的 K 值为该点处高度实际值与仿真值之比，即

$$K' = \frac{H_{\mathrm{actual}}}{H_{\mathrm{simulation}}} = \frac{\mathrm{MRR}_{\mathrm{actual}}(r,\theta)}{P\int_{\alpha_1}^{\alpha_2} v(r,\theta)\mathrm{d}\alpha} \qquad (6.24)$$

计算抛光区域坐标系内各点常系数 K' 的期望值，即为去除函数方程的 K 值。

$$K = \overline{K'} = \frac{1}{n^2}\sum_{i=1,j=1}^{i=n,j=n} \frac{\mathrm{MRR}_{\mathrm{actual}}(r_i,\theta_j)}{P\int_{\alpha_1}^{\alpha_2} v(r_i,\theta_j)\mathrm{d}\alpha} \qquad (6.25)$$

式中，n 为坐标数据维度；$i=1,2,3,\cdots,n$；$j=1,2,3,\cdots,n$。根据式（6.25），对多组试验数据及理论值进行处理，测算出去除函数表达式（6.26）中常系数 $K=6.21\times10^{-10}\mathrm{m}^2\cdot\mathrm{s/N}$。

修正后的 KDP 晶体水溶解超精密数控抛光去除函数为

$$\begin{cases} \mathrm{MRR} = \dfrac{CK(P - 0.021P^2 + 1.82\times10^{-4}P^3 - 5.35\times10^{-7}P^4)v^{0.616}}{1 + 140.22\exp(-0.514\omega)} \\[2mm] v(r,\theta) = \displaystyle\int_{\alpha_1}^{\alpha_2} \sqrt{(n_{\mathrm{rot}} \pm n_{\mathrm{rev}})^2 e^2 + (n_{\mathrm{rot}}r)^2 - 2(n_{\mathrm{rot}} \pm n_{\mathrm{rev}})n_{\mathrm{rot}}er\cos(\theta - \alpha)}\,\mathrm{d}\alpha \end{cases} \qquad (6.26)$$

式中，P 为抛光压强；$K=6.21\times10^{-10}\mathrm{m}^2\cdot\mathrm{s/N}$ 为修正后的常系数；ω 为抛光液含水量（质量分数）；n_{rot} 为抛光头自转速度；n_{rev} 为抛光头公转速度；e 为偏心距；MRR 为材料去除函数；$\alpha_1 = \theta - \cos^{-1}[(e^2 + r^2 - r_0^2)/(2er)]$，$\alpha_2 = \theta + \cos^{-1}[(e^2 + r^2 - r_0^2)/(2er)]$，其中 r_0 为抛光头半径。当自转公转方向相同时，"$\pm$" 取 "$+$"，当公转自转反向时，"$\pm$" 取 "$-$"。

对修正后的去除函数模型进行验证，抛光头直径 15mm，公转偏心距 5mm，公转、自转转速均为 100r/min，抛光压强 124kPa，抛光液含水量（质量分数）15%。公转自转同向和反向时的三维去除函数分布如图 6.21 和图 6.22 所示。可明显看出，

理论仿真的去除函数分布与试验测得的去除函数形状、去除率值均吻合较好,建立的模型 [式 (6.26)] 准确性较高,能够反映出主要抛光参数对去除率分布的影响规律。

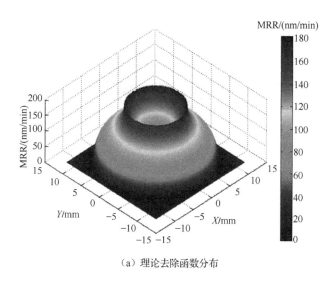

(a) 理论去除函数分布

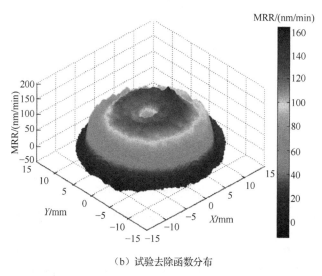

(b) 试验去除函数分布

图 6.21　抛光头公转自转同向时三维去除函数分布

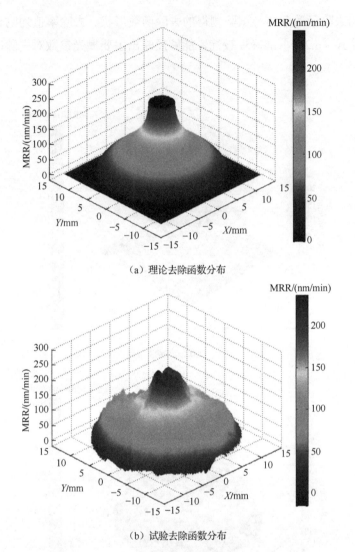

（a）理论去除函数分布

（b）试验去除函数分布

图 6.22　抛光头公转自转反向时三维去除函数分布

6.3.8　基于水溶解原理的 KDP 晶体超精密数控抛光去除稳定性分析

　　KDP 晶体水溶解超精密数控抛光过程中，需要依据去除函数和初始面形确定抛光工具在各区域的驻留时间，因此，稳定的去除函数是准确实现局部定量去除的必要条件，是获得高精度光学表面的基础。抛光后理论面形残留误差 $e(x, y)$ 为

$$e(x, y) = H_{initial}(x, y) - MRR(x, y) \times T(x, y) \tag{6.27}$$

式中，$H_{initial}(x, y)$为初始面形；$MRR(x, y)$为材料去除率函数；$T(x, y)$为驻留时间函数。理想条件下，认为材料去除率函数是稳定不变的。然而在实际抛光过程中，由于设备精度、抛光垫损耗、环境条件干扰等因素造成的加工误差，有可能会对晶体表面各驻留点去除函数的稳定性和重复性造成一定影响。

实际抛光过程中残留误差$e_{actual}(x, y)$为

$$e_{actual}(x, y) = H_{initial}(x, y) - [MRR(x, y) + \Delta MRR(x, y)] \times T(x, y) \qquad (6.28)$$

式中，$\Delta MRR(x, y)$为去除函数变化误差。

理论残留误差$e(x, y)$与实际残留误差$e_{actual}(x, y)$之间的差值直接影响了局部选择性去除的准确性，因此$\Delta MRR(x, y)$是决定抛光质量的重要因素。KDP 晶体水溶解超精密数控抛光过程中，一次修形时间较长，为数十分钟至数小时，如果长时间抛光中抛光垫发生磨损，去除函数峰值、形状可能会发生改变，则按照初始抛光去除函数计算得到的驻留时间分布无法精确地指导工件表面材料的定量去除，影响抛光精度。因此，研究长时间抛光后去除函数的变化规律和抛光垫磨损情况十分必要。

KDP 晶体水溶解超精密数控抛光采用的抛光垫为 IC1000/SUBA Ⅳ聚氨酯复合抛光垫，去除函数试验在 CCOS 试验台（图 6.2）上进行，抛光头公转自转反向，去除函数试验参数如表 6.1 所示。

表 6.1　去除函数试验参数

参数	数值
抛光头直径/mm	15
公转偏心距/mm	5
自转转速/（r/min）	100
公转转速/（r/min）	100
抛光压强/kPa	124
抛光液含水量/%	15

首先，使用新抛光垫进行去除函数试验；然后，采用该抛光垫对 KDP 晶体进行抛光 1h 后，采用同样参数进行去除函数试验；最后，使用同一抛光垫再对 KDP 晶体抛光加工 4h，测量同样参数下的去除函数。三次试验测量得到的去除函数截面曲线如图 6.23 所示。可明显看出，三次测量得到的去除函数曲线峰值、形状均保持一致，没有发生明显变化。经过长时间使用后的抛光垫，其去除函数依然稳定，满足大尺寸 KDP 晶体抛光的要求。

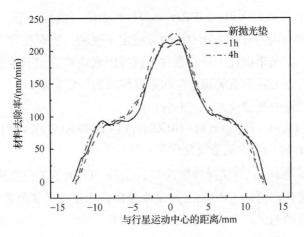

图 6.23　抛光垫使用不同时间后测得的去除函数曲线

　　为进一步确定抛光垫磨损情况，将未使用过的新抛光垫沿垂直于表面小尺寸引流沟道的方向剖开，采用 OLYMPUS MX40 金相显微镜观察抛光垫表面以及截面形貌（图 6.24），此时小尺寸引流沟道宽约 85μm，深约 200μm。对比使用 5h 后的抛光垫（图 6.25），小尺寸引流沟槽宽度、深度仍分别为 85μm 和 200μm，沟槽形貌也没有明显变化，没有观测到抛光垫发生磨损现象。

　　由图 6.24 和图 6.25 的对比可知，由于采用水溶解超精密数控抛光方法加工 KDP 晶体过程中，单纯依靠局部水溶解作用实现材料去除，抛光过程中没有任何磨料参与，抛光垫仅受到与 KDP 晶体之间的摩擦作用，因此抛光垫的损耗极小。连续加工数小时后，抛光垫几乎没有磨损，并且可以认为即使继续用于水溶解数控抛光也不会出现磨损趋势。与未使用过抛光垫得到的去除函数相比，抛光去除函数峰值、形状及去除函数依然稳定，无明显变化。

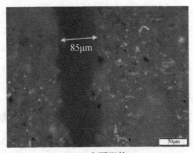

（a）表面形貌

（b）横截面轮廓

图 6.24　未使用过抛光垫表面的小尺寸沟槽

（a）表面形貌

（b）横截面轮廓

图 6.25　使用 5h 后抛光垫表面的小尺寸沟槽

　　由以上试验结果可知，水溶解超精密数控抛光去除函数在具有良好的时间稳定性的同时也具有较好的重复性，满足局部精确定量去除的加工要求。

　　在确定性抛光中，最终材料去除分布是由去除函数在各点驻留一定时间引起去除量相叠加而得到的。连续抛光中，抛光头在被加工表面各驻留点的材料去除能否保持稳定，直接决定了最终抛光精度。为了验证实际抛光过程中去除分布的稳定性，在 100mm×100mm 尺寸 KDP 晶体上往复抛光进行去除试验。抛光头公转自转反向，抛光参数如表 6.1 所示，抛光头行星运动中心以 300mm/min 速度沿 Y 轴做直线往复运动，连续加工 150min 后，使用 FlatMaster 200 平面度仪检测晶体表面面形，测量结果见图 6.26。

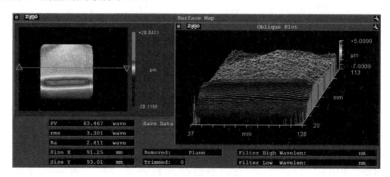

图 6.26　直线往复加工后晶体面形

　　将加工后的晶体面形与初始面形相减，即可得到如图 6.27 所示的材料去除量分布 MR(x, y)，与加工方向平行的坐标轴为 X 轴，垂直于加工方向的坐标轴为 Y 轴，取去除量分布区域几何中心处 $x=0$，$y=0$。去除量的峰值分布可表达为 X 轴方向上材料去除量与几何中心距离的函数，即 MR$_{\text{peak}}(x)$，则峰值变化率 $\eta_R(x)$ 为

$$\eta_R(x) = \frac{\text{MR}_{\text{peak}}(x) - \overline{\text{MR}}_{\text{peak}}}{\overline{\text{MR}}_{\text{peak}}} \tag{6.29}$$

式中，$\overline{\text{MR}}_{\text{peak}}$ 为去除量峰值的平均值，经计算为 5.98μm。

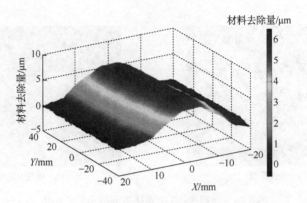

图 6.27　材料去除量分布

根据式（6.29）得到的峰值变化率曲线如图 6.28 所示，峰值变化率最大不超过 1%，此时去除峰值误差小于 60nm，抛光去除量分布的整体均匀性与稳定性较好。

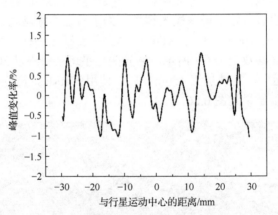

图 6.28　去除量峰值相对变化率

对比不同位置的去除量分布截面曲线（图 6.29），可明显看出截面 A、B、C 的去除量曲线峰值均为 6μm 左右，各点高度也基本一致。去除量分布区域宽为 30mm 左右，呈中间高、两边低的等腰梯形，三处不同位置的截面轮廓曲线具有较高重合度。

以上试验结果证明了基于水溶解原理的 KDP 晶体超精密数控抛光过程中的材料去除拥有良好的均匀性与稳定性，能够按照驻留时间实现目标去除。

基于前文论述内容可知：

$$\mathrm{MRR}(x,y) \gg \Delta\mathrm{MRR}(x,y) \tag{6.30}$$

由此可认为 $e(x,y) = e_{\mathrm{actual}}(x,y)$，式（6.28）可改写为

$$e_{\mathrm{actual}}(x,y) = e(x,y) = H_{\mathrm{initial}}(x,y) - \mathrm{MRR}(x,y) \times T(x,y) \tag{6.31}$$

由式（6.31）可知，实际抛光过程中可忽略去除函数变化率对表面残留误差的影响，认为去除函数稳定不变，KDP 晶体水溶解超精密数控抛光是一个线性移不变过程。

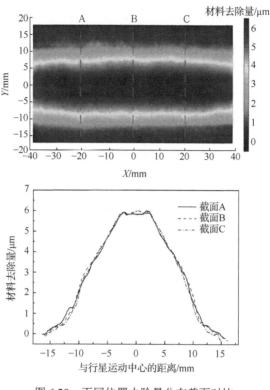

图 6.29   不同位置去除量分布截面对比

6.4   小磨头数控超精密抛光驻留时间函数的确定

在 KDP 晶体水溶解超精密数控抛光过程中，需要依据被加工表面的初始面形确定抛光工具在各点的去除量，之后代入已获得的准确去除函数（加工单元），通过合适的计算方法得出小抛光头在表面各点的驻留时间分布，以实现"高点多去除，低点少去除"的局部定量去除，并优选抛光轨迹，提高 KDP 晶体表面的面形精度。

6.4.1   驻留时间求解

首先测量 KDP 晶体表面初始面形误差，如图 6.30 所示，得到 KDP 表面轮廓各点高度 $h_1, h_2, h_3, \cdots$，并记为初始面形分布 $H_{initial}(x, y)$。

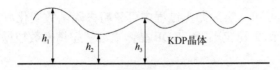

图 6.30　KDP 晶体表面轮廓各点高度示意图

抛光加工中表面的实际去除分布为 $H_{\text{removal}}(x,y)$，则 KDP 晶体各点加工后的残余误差 $e(x,y)$ 可表达为

$$e(x, y) = H_{\text{initial}}(x, y) - H_{\text{removal}}(x, y) \tag{6.32}$$

式中，去除分布 $H_{\text{removal}}(x, y)$ 为材料去除函数 MRR(x, y) 与驻留时间函数 $T(x, y)$ 的卷积。根据前文研究结果，可认为去除函数 MRR(x, y) 在抛光过程中保持不变，材料去除仅与抛光公转圆心在晶体表面驻留时间 $T(x, y)$ 有关。

$$H_{\text{removal}}(x, y) = \text{MRR}(x, y) \times T(x, y) \tag{6.33}$$

理想情况下，期望残余误差 $e(x, y)=0$，以 $H_{\text{removal}}(x, y)$ 为去除目标。在 $T(x, y)$ 求解过程中，采用解析形式难以直接计算，需要将其离散化再进行求解。

将被加工 KDP 晶体表面划分驻留点网格，如图 6.31 所示，去除函数中心（公转圆心）在网格上各点的加工时间即构成了抛光工具在晶体表面的驻留时间分布函数 $T(x, y)$。驻留点网格划分密度越大，越有利于提升计算精度，但是也会增加运算量和抛光轨迹密度，需要结合去除量、加工时长等具体需求确定网格步长。由于实际加工过程为了防止抛光盘倾覆，抛光盘圆心不能平移出晶体表面，因此划分驻留点网格时抛光头需要与晶体边缘保持一段距离，称作留边量 D，其大小与抛光盘尺寸和公转偏心距相关。

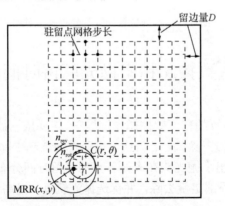

图 6.31　KDP 晶体表面驻留点网格划分示意图

加工过程中，去除函数中心沿特定抛光轨迹运动，当去除函数中心驻留在 MRR(x, y) 点时，在此处的驻留时间为 T_{xy}，则去除函数覆盖范围内的某一点 $C(x, y)$ 在去除函数内的坐标为 $C(r, \theta)$。在全部加工完成后晶体表面上点 $C(x, y)$ 的总材料去除率为

$$H_C(x,y) = \iint \mathrm{MRR}_{xy}(r,\theta)T_{xy}\mathrm{d}x\mathrm{d}y \qquad (6.34)$$

对式（6.34）离散化，可得出晶体表面各驻留点的驻留时间运算表达式：

$$H_{\mathrm{removal}}(x,y) = H_{\mathrm{initial}}(x_i,y_j) = \sum_{i=1,j=1}^{i=n,j=m} \mathrm{MRR}_{x_iy_j}(r_i,\theta_j)T_{x_iy_j} \qquad (6.35)$$

式中，n 和 m 为正整数，代表驻留点在 x 方向和 y 方向的数量，与晶体表面尺寸和驻留点网格划分密度相关，如运算中出现 $T_{xy}<0$，则取该点驻留时间为零。根据运算得到的驻留时间去除分布函数 $T(x,y)$，反求出抛光过程中的材料去除量，与初始面形 $H_{\mathrm{initial}}(x,y)$ 相减，得到抛光后 KDP 晶体面形分布 $H_{\mathrm{final}}(x,y)$，并将两者进行对比。如果因为运算误差或者参数选择失误等原因，造成加工结果不收敛［即抛光后面形 $H_{\mathrm{final}}(x,y)$ 差于初始面形］或加工效果不能满足预期，则重新选择抛光去除函数，改变驻留点网格划分，再次对 $T(x,y)$ 进行求解，直到抛光结果收敛。在一般 CCOS 加工中，抛光头运动形式可以为离散式或连续式。离散式即抛光公转圆心在驻留点处按照该点的驻留时间长度加工完毕后，直接快速移动到下一个相邻驻留点处停留相应的驻留时长，依此类推；而连续抛光形式根据该点驻留时间 T_{xy} 和网格步长 d，计算出公转圆心在一个网格内的进给速度 $F_{xy}=d/T_{xy}$，加工设备通过改变在各点的进给速度 F_{xy} 实现控制驻留时间。

本章采用第二种抛光方式，可以避免抛光设备 X 轴、Y 轴的频繁启停，保证加工的连续性。之后依据求得的驻留时间函数按照连续抛光形式生成 CCOS 试验台（图 6.2）加工代码，对 KDP 晶体进行加工，完成一次迭代抛光。完成一次抛光后，再次对晶体表面进行检测，对其面形进行判断，如仍不满足要求，则重复以上步骤，对晶体再次进行迭代加工，直至晶体面形达标。基于水溶解原理的 KDP 晶体超精密数控抛光流程如图 6.32 所示。

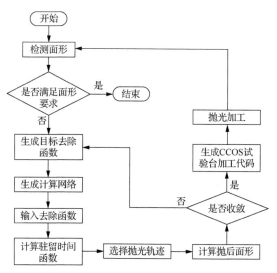

图 6.32　基于水溶解原理的 KDP 晶体超精密数控抛光流程图

6.4.2 三种常用抛光轨迹分析

对比栅格抛光轨迹［图 6.33（a）］、螺旋线抛光轨迹［图 6.33（b）］和 Hilbert（希尔伯特）曲线抛光轨迹［图 6.33（c）］三种磨抛加工中常见轨迹的特点和加工效果，优选出适合 KDP 晶体水溶解超精密数控抛光的轨迹。

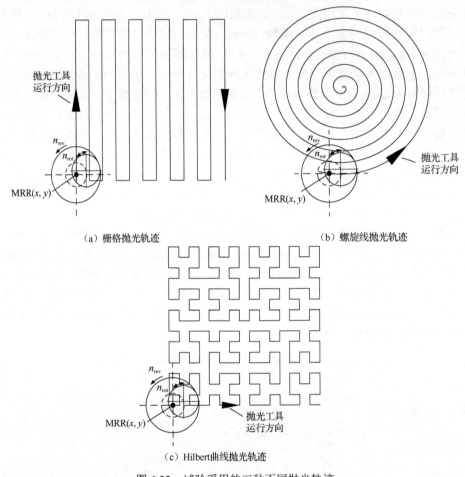

（a）栅格抛光轨迹   （b）螺旋线抛光轨迹

（c）Hilbert曲线抛光轨迹

图 6.33 试验采用的三种不同抛光轨迹

（1）栅格抛光轨迹。

栅格抛光轨迹是 CCOS 加工中常用的一种抛光路径，即使用若干长度相等的路径段覆盖整个被抛光区域。抛光轨迹表达式为

$$\begin{cases} x = -\dfrac{l}{2} + N\Delta d \\ y = -\dfrac{l}{2} : \dfrac{l}{2} \end{cases}$$

(6.36)

式中，l 为加工区域的边长；Δd 为等距路径段之间的步长；N 为总步数，$N=0,1,2,3,\cdots,\dfrac{1}{\Delta d}$。栅格路径总长度 L 为

$$L = l\left(\frac{l}{\Delta d}+1\right)+l \tag{6.37}$$

（2）螺旋线抛光轨迹。

螺旋线抛光轨迹属于类圆轨迹。试验中采用阿基米德螺旋线，其极坐标表达式为

$$r(\theta) = a + [\Delta d/(2\pi)]\cdot\theta \tag{6.38}$$

式中，Δd 为螺距；$\Delta d/(2\pi)$ 表示每旋转一度时极径的增加值，mm；θ 为极角，代表螺旋线旋转过的总角度；a 为 $\theta=0$ 时的极径。阿基米德螺线路径总长为

$$L = \frac{\Delta d}{4\pi}\left[\theta\sqrt{\theta^2+1}+\ln(\theta+\sqrt{\theta^2+1})\right] \tag{6.39}$$

（3）Hilbert 曲线抛光轨迹。

Hilbert 曲线属于分形曲线中一种多维空间填充曲线，归类于 Peano（佩亚诺）线族，在填满正方形区域过程中，有且仅有一次不相交遍历单位正方形中所有的点，非常适用于加工轨迹。二维 Hilbert 曲线的遍历原理如图 6.34 所示，二维 Hilbert 曲线的覆盖密度随着阶数的增加而增大。

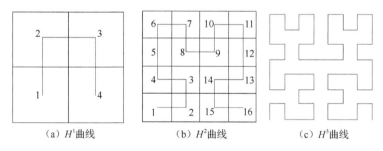

$$\text{（a）}H^1\text{曲线} \qquad \text{（b）}H^2\text{曲线} \qquad \text{（c）}H^3\text{曲线}$$

图 6.34 二维 Hilbert 曲线覆盖表面过程示意图

k 阶 Hilbert 曲线 $\boldsymbol{H}^k$ 的矩阵递推算法[11]如下：

$$\boldsymbol{H}^{k+1} = \begin{cases} \begin{bmatrix} \boldsymbol{H}^k & 4^k\boldsymbol{E}_{2^k}+(\boldsymbol{H}^k)^{\mathrm{T}} \\ (4^{k+1}+1)\boldsymbol{E}_{2^k}-\boldsymbol{H}_2^k & (3\times4^k+1)\boldsymbol{E}_{2^k}-(\tilde{\boldsymbol{H}}_2^k)^{\mathrm{T}} \end{bmatrix}, & k\text{为偶数} \\[4mm] \begin{bmatrix} \boldsymbol{H}^k & (4^{k+1}+1)\boldsymbol{E}_{2^k}-\tilde{\boldsymbol{H}}^k \\ 4^k\boldsymbol{E}_{2^k}+(\boldsymbol{H}^k)^{\mathrm{T}} & (3\times4^k+1)\boldsymbol{E}_{2^k}-(\boldsymbol{H}^k)^{\mathrm{T}} \end{bmatrix}, & k\text{为奇数} \end{cases} \tag{6.40}$$

式中，$\boldsymbol{H}^k$ 为 k 阶 Hilbert 矩阵；$\boldsymbol{E}$ 为单位矩阵。k 阶二维 Hilbert 曲线步长为 $l/2^k$，步数为 4^k-1，因此标准 k 阶 Hilbert 曲线总长度 L 为

$$L = \frac{l}{2^k} \cdot (4^k - 1) = 2^k l - \frac{l}{2^k} \qquad (6.41)$$

6.4.3　三种常用抛光轨迹加工效果对比

为验证三种轨迹对表面粗糙度 RMS 的影响，去除函数中心沿着抛光轨迹匀速运动。抛光参数为：抛光头直径 35mm，公转偏心距 5mm，抛光压强 44kPa，抛光头公转自转转速 100r/min，公转自转反向，抛光液含水量（质量分数）7.5%，去除函数中心（即抛光头公转圆心）的进给速度 150mm/min，采用 IC1000/SUBA Ⅳ聚氨酯复合抛光垫。加工区域的边长 l 为 42mm，网格步长为 3mm。

采用栅格轨迹加工时，取各等距路径段之间的步长 Δd 为 3mm，由式（6.37）可算出为覆盖一次晶体表面加工区域去除函数中心需运动 672mm。试验中采用 4 阶 Hilbert 曲线 [图 6.33（c）] 对晶体表面进行加工，由于 l 为 42mm，轨迹上各个子路径段长度约 3mm，与栅格抛光轨迹的覆盖密度相当，由式（6.41）可计算出覆盖一次加工区域去除函数中心的运动距离为 669.4mm。这表明在轨迹覆盖密度和进给速度相同的情况下，采用 Hilbert 曲线轨迹所需的加工时间略短，约为采用栅格抛光轨迹所需时间的 99.6%，但两者差距不大。采用螺旋线抛光轨迹时，对直径为 42mm 的圆形区域进行加工，相邻路径间距离设为 3mm。采用 MATLAB 软件生成三种抛光轨迹的加工程序。如图 6.35 所示，采用三种轨迹匀速抛光后，KDP 晶体表面粗糙度 RMS 均在 2nm 左右，栅格抛光轨迹抛光后样件表面粗糙度 RMS 略低于其他两种轨迹，但测量结果分布的标准偏差略大，三者的抛光结果没有明显区别。

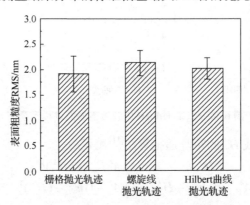

图 6.35　不同轨迹抛光后 KDP 晶体的表面粗糙度 RMS

由于小抛光头抛光是一个比较复杂的过程，因样件定位偏差、计算误差、设备定位精度等原因造成的实际加工误差客观存在，难以完全消除。同时修形后的最终面形与初始表面密切相关，而实际加工中获得两个面形误差分布完全一致的初始表面是不可能实现的，因此本章通过理论仿真的方式，对同样的初始表面进行计算，比较不同轨迹修形后的面形精度。

KDP 表面（100mm×100mm）初始面形如图 6.36 所示，表面 PV 为 9.45wave（中心区域 90%）。驻留点网格间距为 3mm，去除函数参数为：抛光头直径 15mm，公转偏心距 5mm，抛光压强 124kPa，抛光头公转自转反向，转速 100r/min，抛光液含水量（质量分数）10%。栅格轨迹抛光后表面理论 PV 为 0.75wave（图 6.37），Hilbert 曲线轨迹抛光后表面理论 PV 为 0.72wave（图 6.38）。两种轨迹抛光后面形误差分布相似度较高，Hilbert 曲线轨迹抛光后理论面形略好，但并无明显差异。因此，基本可认为采用 Hilbert 曲线轨迹和栅格轨迹修形精度相当。

由于实际加工中抛光头不能完全平移出工件表面，螺旋线抛光轨迹更适用于圆形工件，加工矩形工件时难以覆盖整个待加工区域，并且实际工程应用中的 KDP 晶体元件绝大部分为矩形，因此面对如图 6.36 所示的矩形 KDP 晶体时，螺旋线轨迹不如本章提到的其他两种轨迹适用。

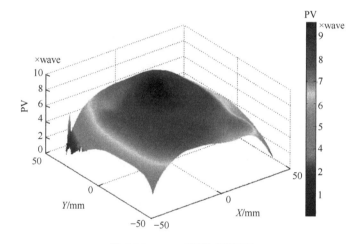

图 6.36　KDP 表面初始面形

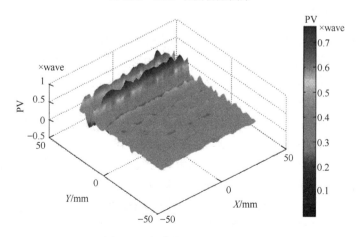

图 6.37　栅格轨迹抛光后面形

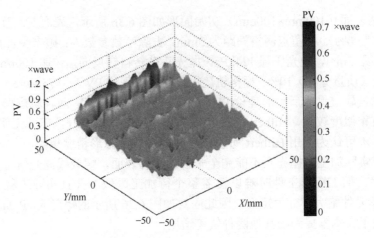

图 6.38　Hilbert 曲线抛光后面形

综上，分析三种轨迹的特点：螺旋线抛光轨迹更适用于圆形工件，加工方形工件时难以覆盖整个待加工区域；Hilbert 曲线轨迹能够避免单向往复加工可能造成的规则轨迹误差，但是试验设备在执行 Hilbert 曲线轨迹时，路径段数目大，换向频繁，对设备的负担较大，同时也限制了快速扫掠加工时抛光头的进给速度；栅格抛光轨迹针对矩形工件更有优势，以较少的路径段数目完成待加工区域的抛光，且相对 Hilbert 曲线轨迹，加工代码生成及抛光后表面理论运算更为简便。因此在本章后续试验加工中选择栅格轨迹对 KDP 晶体进行抛光。

6.5　工艺条件和参数对抛光结果的影响规律

6.5.1　试验方法及条件

为了将基于水溶解原理的超精密数控抛光方法应用于大尺寸 KDP 晶体加工技术中，首先应研究抛光工艺参数对 KDP 晶体表面质量的影响规律，优选出最优抛光参数，为后续的抛光试验研究奠定基础。

在前期研究工作中，通过试验证明了水溶解抛光方法加工 KDP(001)晶面、二倍频晶面和三倍频晶面时表面粗糙度 RMS 和材料去除率均无明显区别，不受材料各向异性影响，并且在小尺寸 KDP 晶体样件（18mm×18mm）上优化了基于传统环形抛光加工方法的 KDP 晶体水溶解抛光工艺参数[12]。但是在本章采用的水溶解超精密数控抛光方法中，小抛光头的运动形式与传统环形抛光明显不同，影响加工质量的抛光参数也有所区别。本章针对 KDP 晶体水溶解超精密数控抛光方法的特点，以抛光转速比、转速、自转和公转方向、抛光压强、抛光头直径、抛光液含水量为参变量，开展试验研究。试验在 CCOS 试验台进行，环境温度 25℃，相对湿度 50%。KDP 晶体样件尺寸为 50mm×50mm×10mm，晶面为三倍频晶面。为保证测量结果的均匀性，在抛光后 KDP 晶体样件上选择五个测量点进行检测分析，测量点分布如图 6.39 所示。

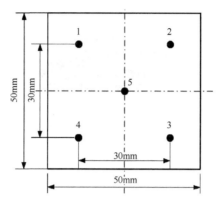

图 6.39 KDP 晶体表面测量点分布示意图

本节为检验抛光工艺参数对表面粗糙度 RMS 的影响，消除表面各点驻留时间不同对质量的干扰，仅以 KDP 晶体样件表面粗糙度 RMS 作为评价指标，采用等步距匀速抛光的形式。抛光头行星运动公转中心沿着如图 6.40 所示的栅格抛光轨迹匀速平移，运动到样件表面另一端后沿水平方向平移，往复运动直至覆盖整个表面。之后，为保证抛光加工的均匀性，最小化抛光头平移过程中可能造成的加工痕迹，多次改变抛光进给方向后，回到轨迹起点，实现样件表面材料的均匀去除。

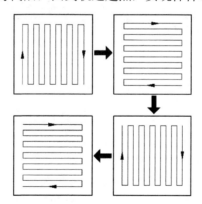

图 6.40 试验中采用的均匀抛光轨迹

采用图 6.40 所示的轨迹时，由于抛光头匀速平移，抛光头公转中心在轨迹上各驻留点的驻留时间均相等。抛光去除量分布模拟结果如图 6.41（a）所示，晶体表面中心区域处各点的去除量相同，分布呈平面。然而，虽然公转中心在晶体表面各点驻留时间相同，但是在一个抛光周期内，样件表面边缘处被抛光头扫过的次数少于中心区域，因此整体去除深度分布呈四棱台形。

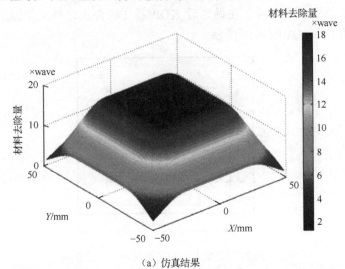

（a）仿真结果

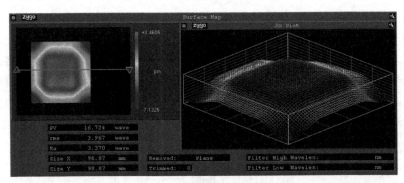

（b）试验测量结果

图 6.41　采用均匀抛光轨迹加工的材料去除量

　　为验证去除分布理论计算结果，试验使用的 KDP 晶体尺寸为 100mm×100mm（三倍频晶面），抛光参数为：抛光头直径 45mm，偏心距 5mm，公转自转反向，转速 100r/min，抛光压强 34kPa，抛光液含水量（质量分数）7.5%。使用 FlatMaster 200 平面度仪检测抛光前后晶体表面形貌，将两次测量结果相减，即得到试验中抛光材料去除量分布［图 6.41（b）］，与仿真结果基本吻合。

　　棱台状去除分布在样件边缘处斜面区域的宽度仅与抛光头尺寸、偏心距有关。KDP 晶体样件尺寸越大，中心平面区域所占总面积的比例越大。考虑到抛光头直径为 45mm 时，边缘斜面区域宽度约 20mm［图 6.41（b）］，当 KDP 晶体样件面积扩大至实际工程需求时（大于 400mm×400mm），可保证在工件中心 90%区域内均为等量去除。

6.5.2 不同抛光垫加工效果分析及优选

在 KDP 晶体水溶解数控抛光过程中，抛光头不直接与工件接触，其材质对加工效果影响较小，而抛光垫则对抛光质量有很大影响。选择三种适合超精密抛光的抛光垫：Politex Reg 黑色绒毛抛光垫（图 6.42）、IC1000 单层聚氨酯抛光垫（图 6.43）、IC1000/SUBA Ⅳ聚氨酯复合抛光垫（图 6.44）。表 6.2 比较分析了三种抛光垫各自特点及抛光效果。可见，IC1000/SUBA Ⅳ聚氨酯复合抛光垫的特点更适合水溶解超精密抛光，因此，选择其用于 KDP 晶体水溶解超精密数控抛光。

图 6.42　Politex Reg 黑色绒毛抛光垫

图 6.43　IC1000 单层聚氨酯抛光垫

图 6.44　IC1000/SUBA Ⅳ聚氨酯复合抛光垫

表 6.2　试验中采用的三种常见抛光垫及其加工效果

抛光垫种类	生产厂商	抛光垫特性描述	是否满足要求
Politex Reg 黑色绒毛抛光垫	美国罗门哈斯公司	硬度较低（HA 60），为无纺布结构，抛光液易渗透到抛光垫中，直接溶解背部黏结胶，造成加工中抛光垫脱落，且抛光加载力较大时，抛光垫绒毛易脱落，磨损较快，脱落的绒毛也会影响表面质量	否
IC1000 单层聚氨酯抛光垫	美国罗门哈斯公司	硬度较大（HD 64.5），去除能力强，不易磨损，但使用小抛光垫加工大块晶体时，抛光垫四周同时接触抛光液，为保证抛光垫在加工中不脱落，会采用快速固化的强效胶水，而背部胶水的固化难以完全均匀平整，进而对单层垫的抛光造成不良影响	否

续表

抛光垫种类	生产厂商	抛光垫特性描述	是否满足要求
IC1000/SUBA IV聚氨酯复合抛光垫	美国罗门哈斯公司	上层为硬度较高的 IC1000 抛光垫，底层选用较软有弹性的 SUBA IV抛光垫，综合两者优点，能改善整个抛光垫的可压缩性，使抛光垫表面与工件均匀接触，同时背面胶水固结后也不会影响抛光表面	是

6.5.3 抛光设备运动参数对表面粗糙度 RMS 的影响

1. 公转自转转速比对表面粗糙度 RMS 的影响

抛光头行星运动公转自转转速比是影响去除函数与抛光质量的重要因素之一。除了转速比外其他工艺参数为：抛光头直径 35mm，偏心距 5mm，抛光液含水量（质量分数）15%，抛光压强 34kPa，公转自转反向，行星运动公转中心进给速度 600mm/min。

抛光后表面粗糙度 RMS 随抛光头行星运动公转自转转速比的变化规律见图 6.45。随着公转速度提高，抛光质量逐渐改善，样件表面粗糙度 RMS 的测量标准偏差逐渐减小，抛光质量趋于稳定。但公转速度继续提升，转速比达到 2∶1 时抛光质量反而下降。当转速比为 1∶1 时，样件表面粗糙度 RMS 最低，测量结果的不确定度最小，表明加工质量最稳定。同时，转速比变化对去除函数截面曲线的形状影响不大，仅改变抛光材料去除率（图 6.46）。

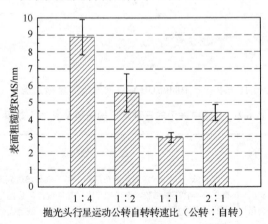

图 6.45　抛光后 KDP 晶体表面粗糙度 RMS 随抛光头行星运动公转自转转速比的变化

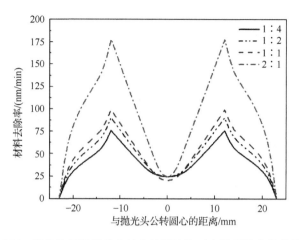

图 6.46　抛光头行星运动公转自转转速比对去除函数曲线的影响

2. 抛光转速对表面粗糙度的影响

除了抛光转速外其他工艺参数为：抛光头直径 35mm，偏心距 5mm，抛光液含水量（质量分数）15%，抛光压强 34kPa，进给速度 600mm/min，抛光头自转公转转速比 1∶1。抛光后 KDP 晶体表面粗糙度 RMS 变化趋势如图 6.47 所示。随着抛光转速的增加，抛光过程的材料去除率逐渐增大，抛光后表面质量得到改善。但是抛光转速提高至一定程度后，抛光垫与晶体表面会形成稳定的抛光液膜，即使转速继续提高，也难以继续明显降低样件表面粗糙度 RMS。

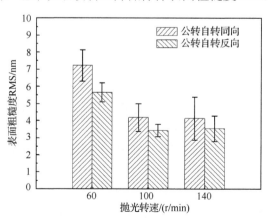

图 6.47　抛光后 KDP 晶体表面粗糙度 RMS 随抛光转速的变化

3. 公转自转方向对表面粗糙度的影响

由图 6.48 可明显看出，抛光头行星运动公转自转反向时，KDP 晶体样件质量与加工稳定性明显高于公转自转同向时。对比相同参数下公转自转同向和反向时的抛光去除函数曲线（图 6.48），两者去除函数形状有着明显的区别。公转自转同向时，去除函数截面轮廓曲线呈中间低、两侧高的 "M" 形。"M" 形去除函数的材料去除率较高，在气囊抛光等进给抛光方式中具有重要意义，经常用于初始阶段的高效快速去除。公转自转反转时，去除函数截面轮廓曲线为近高斯形，尽管去除量较低，但是采用其抛光表面，面形误差的收敛性较好，有利于提升抛光质量。同时反向时去除函数曲线平整，无较大起伏波动，材料去除更加稳定，抛光后表面粗糙度也更低。

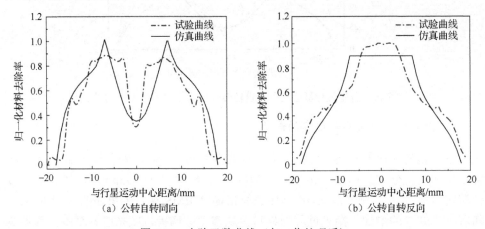

（a）公转自转同向　　　　　　　　（b）公转自转反向

图 6.48　去除函数曲线（归一化处理后）

4. 抛光压强对表面粗糙度的影响

测得 0.05MPa、0.1MPa、0.15MPa 和 0.2MPa 四种不同气缸气源压力对应的试验台实际加载力曲线，见图 6.9，当抛光头直径为 35mm 时，计算得上述四种气源压力对应的抛光压强分别为 14kPa、24kPa、34kPa 和 44kPa。其他抛光参数为：偏心距 5mm，抛光液含水量（质量分数）15%，行星运动公转中心进给速度 600mm/min。抛光后 KDP 晶体表面粗糙度 RMS 随抛光压强变化规律如图 6.49 所示。

抛光压强较低时，抛光垫与晶体表面间机械摩擦作用较弱，无法有效去除 KDP 晶体表面凸起处，因此抛光后表面粗糙度 RMS 较高；随着压强增加，抛光垫机械去除作用增强，抛光垫与样件表面贴合得更好，抛光后质量逐渐提升，34kPa 时表面粗糙度 RMS 达到最低；然而随着压强继续增加，机械摩擦作用进一步增强，弹性抛光垫与晶体表面贴合过紧，抛光液不易进入抛光区域，难以形成稳定液膜，材料去除率降低，抛光后晶体表面粗糙度 RMS 反而增大，晶体表面局部甚至出现划痕。同时，由于设备精度等原因，抛光加载力随抛光头转动周期性波动，抛光区域内表面受到周期性冲击，影响机械去除稳定性，且这种波动随着加载力的增加而增大，这也对表面质量造成了一定影响。

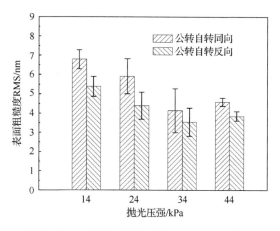

图 6.49 抛光后 KDP 晶体表面粗糙度 RMS 随抛光压强的变化

5. 抛光头直径对表面粗糙度的影响

抛光头直径对表面粗糙度 RMS 也具有一定影响。考虑到 KDP 晶体试验样件尺寸，选择直径为 15mm、25mm、35mm 和 45mm 四种抛光头，其他抛光参数为：偏心距 5mm，抛光液含水量（质量分数）15%，抛光压强 24kPa，抛光转速 100r/min，行星运动公转自转反向，中心进给速度 600mm/min。抛光后表面粗糙度 RMS 随抛光头直径的变化如图 6.50 所示，抛光压强不变的前提下，增大抛光头直径可显著降低样件表面粗糙度 RMS，且加工质量更加稳定。使用较大抛光头抛光时，样件不易受到抛光垫边缘效应的影响。但是，采用小磨头抛光方式加工 KDP 晶体，抛光头直径不能无限大，必须小于工件尺寸，否则抛光液不能进入抛光区域。一般情况下，抛光头直径为工件的十分之一至五分之一，或者更小。

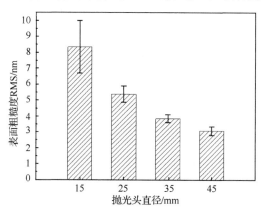

图 6.50 抛光后表面粗糙度 RMS 随抛光头直径的变化

增大抛光头直径也会增加去除函数尺寸，而工艺过程中去除函数的尺寸越小，工艺过程的修形能力越强。李圣怡等[13]量化了抛光头直径与修形精度之间的关系，CCOS 修形过程中的材料有效去除率 η（η＝期望去除的材料量/实际去除的材料量）与抛光头直径 D 有如式（6.42）所示的关系式成立。

$$\eta(D,\lambda)=\exp\left(\frac{\pi^2 D^2}{18\lambda^2}\right) \qquad (6.42)$$

式中，λ 为误差空间波长。当 d/λ 为 0.5 时，材料有效去除率为 87%；而当 d/λ 增加至 2 时，材料有效去除率下降至 11%。由此可知，单纯的增大抛光头直径虽然能够降低样件表面粗糙度 RMS，但是却会影响抛光后样件面形精度。

为保证加工质量，可首先采用较小尺寸的抛光头，增加修形精度，控制驻留时间函数和抛光轨迹，提高样件面形精度；之后使用较大尺寸抛光头，采用图 6.40 所示轨迹进行匀速抛光，均匀去除表面材料，降低样件表面粗糙度 RMS。

6. 抛光液含水量对表面粗糙度 RMS 的影响

采用质量分数表征抛光液的含水量。使用含水量（质量分数）为 15%、10%、7.5% 和 5% 的四组抛光液加工 KDP 晶体，抛光效果如图 6.51 所示。其他工艺参数为：抛光头直径 45mm，偏心距 5mm，抛光压强 34kPa，抛光转速 100r/min，行星运动公转自转反向，中心进给速度 600mm/min。

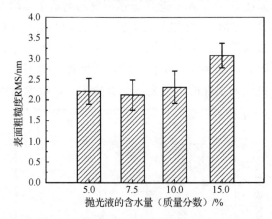

图 6.51　抛光后表面粗糙度 RMS 随抛光液含水量的变化

采用 DLS 测量不同抛光液含水量抛光头中的微水滴直径，证明了随着抛光液含水量的增加，抛光液中微水滴的尺寸也逐渐增大[14]。随着抛光液含水量降低，抛光后表面粗糙度 RMS 也逐渐降低。抛光液含水量较高时，微水滴尺寸更大，机械作用下有更多的游离态水与晶体表面材料接触，材料去除率较高，同时其表面粗糙度 RMS 也高于抛光液含水量较低时的表面粗糙度 RMS。但是表面粗糙度 RMS

随抛光液含水量的降低存在极限值，当抛光液含水量（质量分数）低于 7.5%时，继续降低抛光液含水量也难以提升表面质量，反而由于抛光液含水量降低使抛光液对 KDP 晶体的浸润性降低，导致抛光液不易进入抛光垫与 KDP 晶体表面的缝隙，造成抛光液含水量（质量分数）为 5%时加工后的表面粗糙度 RMS 高于含水量（质量分数）7.5%时的表面粗糙度 RMS。

根据以上研究结果，给出了能够获得最低表面粗糙度 RMS 的 KDP 晶体水溶解超精密数控抛光工艺参数组合：抛光头公转自转反向，转速均为 100r/min，抛光液含水量（质量分数）为 7.5%，抛光压强为 34kPa。首先使用小尺寸抛光头增加修形能力，按照驻留时间分布提高面形精度；再使用较大尺寸抛光头，但抛光头尺寸不宜过大，一般为工件尺寸的 10%～20%，按照匀速抛光轨迹均匀去除材料，可得到最低表面粗糙度 RMS。

6.6 KDP 晶体单点金刚石车削表面纹理消减试验与技术验证

由第 1 章的论述可知，SPDT 是目前实际工程中加工大尺寸 KDP 晶体光学元件的主要技术手段。虽然，SPDT 的加工效率较高，并且加工后 KDP 晶体表面具有较高光洁度，但是切削后表面不可避免地会出现小尺寸纹理，影响了晶体元件的激光损伤阈值等使役性能。如图 6.52 所示，车削纹理呈波浪形，尺度极小，宽 10～20μm，纹理幅值为 15～40，极难去除，同时机械去除方式还会产生亚表面损伤，又进一步影响了晶体元件的性能。如何在不引入其他损伤的前提下有效去除车削纹理，是目前亟待解决的难题。

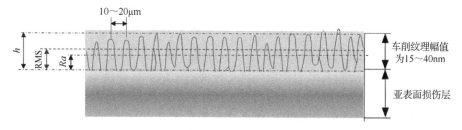

图 6.52　KDP 表面小尺寸纹理和亚表面损伤示意图

6.6.1　车削样件分析

本书中使用的抛光前 KDP 晶体车削样件尺寸为 50mm×50mm×10mm（三倍频晶面），使用 ZYGO NewView 5022 三维光学表面轮廓仪测量的晶体小尺寸纹如图 6.53 所示。车削样件表面的小尺寸纹理幅值为 20～30nm，纹理周期为 8～30μm，各个纹理峰值之间的距离并非完全相同。采用 FlatMaster 200 平面度仪测量车削样件面形，如图 6.54 所示，车削后晶体已具有较高的面形精度，有效区域（90%表面中心面积）内 PV 仅为 0.498wave。

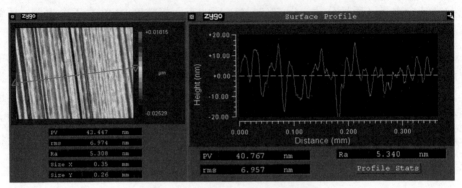

图 6.53　车削后 KDP 表面的小尺寸纹理

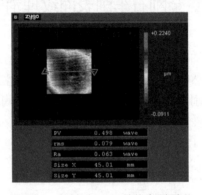

图 6.54　车削后 KDP 晶体表面面形

　　Tie 等[15]采用磁流变斑点法研究了不同参数（切深、进给速度、切削速度等）下 SPDT 加工后 KDP 晶体的亚表面损伤层深度。首先在 KDP 晶体表面特定位置通过磁流变修形方法加工出一个点状坑，将亚表面损伤层暴露出来，再沿着点状坑对称轴观测损伤分布情况，之后通过损伤沿点状坑轮廓线分布长度与坑深的几何关系计算出亚表面损伤层深度。根据 Tie 等给出的车削参数对亚表面损伤深度影响规律，估算本节所使用 KDP 车削样件尺寸为 50mm×50mm×10mm 左右。为了完全去除样件的亚表面损伤缺陷，目标去除深度应大于 200nm。

　　目前，超精密抛光被广泛应用于亚表面损伤层深度的检测中，并且普遍认为超精密抛光是一种不会引入新的亚表面损伤的加工手段[16]。此外由于利用 KDP 晶体的水溶解性质去除材料，与通过机械作用去除材料的传统抛光方法相比，水溶解抛光理论上能够进一步避免加工过程中可能出现的缺陷。因此，在本章中不考虑水溶解超精密数控抛光后的 KDP 晶体表面的亚表面损伤问题。

6.6.2　去除函数及抛光轨迹

为了在去除车削纹理的同时改善晶体表面质量，结合前文对抛光工艺参数的优化结果和车削纹理特点，选择适宜车削纹理消减试验的参数。由于纹理尺寸和目标去除量较小，为提高去除精度，降低去除函数峰值，选择抛光头行星运动公转自转方向为同向，公转自转转速均为 100r/min，抛光头直径为 25mm，公转偏心距为 5mm，抛光垫为 IC1000/SUBA Ⅳ聚氨酯复合抛光垫，抛光液含水量（质量分数）降至 4%～8%。去除函数理论及试验曲线如图 6.55 所示，其中黑色实线为依据式（6.26）仿真计算得出的去除函数理论值，点画线为同参数下试验测得的实际去除函数曲线。两者趋势基本吻合，验证了去除函数理论模型的准确性。

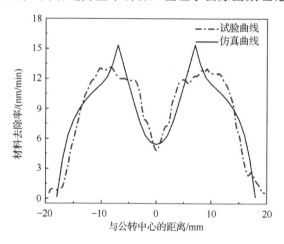

图 6.55　去除函数理论及试验曲线

车削后的 KDP 晶体样件已经具有较高的面形精度，且工程应用中 SPDT 方法加工后 KDP 晶体元件的面形已经接近 ICF 工程的要求，因此采用如图 6.40 所示的匀速抛光轨迹均匀去除表面材料。由于抛光头在晶体表面各驻留点驻留时间相同，驻留时间函数 $T(x, y)$ 可写作常数 T，因此，抛光去除量 $H_{\text{removal}}(x, y)$ 计算式（6.35）可以改写为

$$H_{\text{removal}}(x_i, y_j) = T \sum_{i=1, j=1}^{i=n, j=m} \text{MRR}_{x_i y_j}(r_i, \theta_j) \qquad (6.43)$$

去除试验中，将驻留点网格间距设为 3mm。为避免抛光中抛光头发生倾覆，抛光轨迹起点需与晶体边缘预留一段边量作为安全距离，车削纹理去除试验中将留边量设为 8mm。抛光前晶体表面形貌如图 6.54 所示，已具有较高面形精度，因此将目标去除量 $H_{\text{removal}}(x, y)$ 确定为 250nm，并代入式（6.43）中，可求得行星运动中心在 KDP 晶体表面各点驻留时间 $T=0.23$min。为使机床运动连续平稳，选用

速度驻留模式，即通过设定相邻的驻留点之间的运动速度，使其运动时长刚好等于理论计算所得的驻留时间。

由于采用图 6.40 所示均匀去除轨迹，抛光头需要经过多次换向，在一次迭代抛光中行星运动中心经过各个驻留点四次。同时尽量提高抛光头在工件表面运动速度，减少单次抛光时间，采用快速多次的去除形式，有利于控制抛光头的边缘效应，提升加工质量[17]。因此去除试验中增加了迭代次数以减少一次迭代抛光中晶体表面各点的驻留时间，将迭代次数设为 N，有如下的驻留时间 T 表达式成立：

$$T = 4(d/F)N \tag{6.44}$$

式中，d 为网格间距；F 为抛光行星运动中心的进给速度；N 为抛光迭代次数。由式（6.44）求得 F=313mm/min，将其圆整为 300mm/min。将 T 重新代入式（6.43）中，求得中心区域去除量 $H_{removal}$=248.6nm，与目标去除量相符。

由于留边量 D 的存在，晶体边缘处的材料去除量少于中心区域，如图 6.56 所示，抛光材料去除分布呈棱台状，中心的矩形区域去除量各点相等。这一平面区域的面积取决于被抛光表面尺寸、抛光头面积和留边量大小。为了保证抛光的均匀性，应尽可能扩大中心平面去除量分布区域的面积。

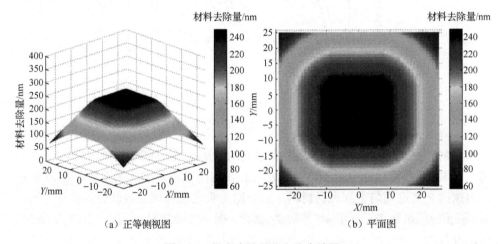

（a）正等侧视图　　　　　　　（b）平面图

图 6.56　抛光去除量分布仿真结果

被抛光晶体尺寸一定的情况下，减小抛光头尺寸或者减小留边量均可扩大中心均匀去除区域的面积。然而，为防止抛光头侧翻，留边量必须大于公转偏心距，抛光头也无法完全平移出晶体表面。考虑到抛光效率，抛光头尺寸也不能无限缩小。本试验为了扩大均匀去除区域，将四块矩形 KDP 晶体切为合适的尺寸，布置于 KDP 晶体样件四周，并将其修磨至与被抛光 KDP 晶体样件相同高度，使抛光头可以平移出被抛光 KDP 晶体表面而不发生倾覆，从而扩大了中心均匀去除区域。保护块设置方式及设置保护块后中心均匀去除区域如图 6.57 所示，由去除量分布仿真结果可看出，通过设置保护块扩大抛光覆盖面积后，将驻留点网格区域扩大至 84mm×84mm，虚线所表示的被抛光晶体样件尺寸 [图 6.57（b）中坐标值从-25mm 至 25mm] 完全被平面均匀去除区域覆盖，抛光去除的均匀性得到了进一步增加。

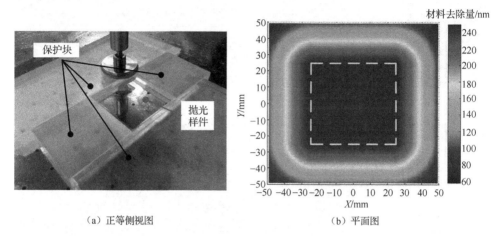

（a）正等侧视图　　　　　　　　（b）平面图

图 6.57　保护块设置方式示意图及设置保护块后去除量分布仿真结果

6.6.3　去除效果分析

抛光试验在千级净化间（25℃，相对湿度 50%）内进行。KDP 晶体样件中心区域表面形貌如图 6.58 所示（图 6.58 为单次试验取值）。抛光前晶体平均表面粗糙度 RMS 为 6.974nm，Ra 为 5.308nm，表面纹理幅值为 20~30nm，车削纹理清晰可见，如图 6.58（a）所示。整个样件表面粗糙度 RMS 随迭代次数变化趋势如图 6.59 所示，在抛光初始阶段，KDP 晶体表面粗糙度 RMS 迅速降低，之后样件表面质量改善速度相对变慢（图 6.59 为多次试验取平均值）。2 次迭代抛光后，小尺寸纹理仍然存在，但纹理幅值已明显减小，表面粗糙度 RMS 降为 4.30nm；而 4 次迭代抛光后，车削纹理幅值继续降低至 9.65nm，此时 KDP 晶体表面仅有少量最深的切削痕迹存在 [图 6.58（b）]，表面粗糙度 RMS 已经降低至 2.402nm；全部 6 次迭代后的 KDP 晶体表面形貌如图 6.58（c）所示，此时抛光后晶体表面的小尺寸纹理已完全去除，表面纹理幅值降为 7.406nm，表面粗糙度 RMS 也降为 1.790nm，获得了超光滑无损表面。用 OLYMPUS MX40 光学显微镜观测晶体表面，车削后清晰可见的纹理完全消失，去除效果非常显著（图 6.59）。抛光后 KDP 晶体表面面形如图 6.60 所示，采用均匀去除抛光轨迹加工后，样件面形精度略有提升，PV 由 0.498wave 降低至 0.308wave。

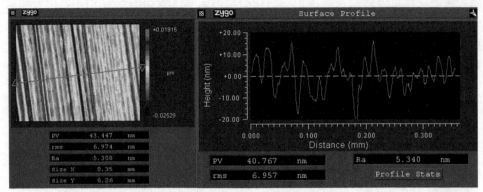

（a）0 次迭代后表面（车削表面）

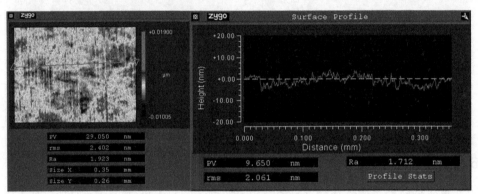

（b）4 次迭代后表面

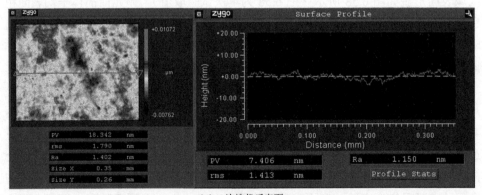

（c）6 次迭代后表面

图 6.58　经过不同迭代次数抛光后的 KDP 晶体样件中心区域表面形貌

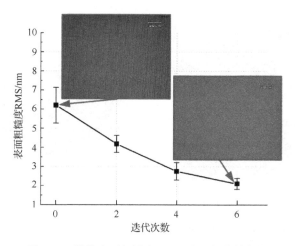

图 6.59　样件表面粗糙度 RMS 随迭代次数变化

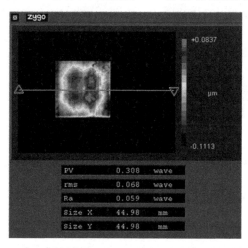

图 6.60　抛光后 KDP 晶体表面面形

使用 AFM 观测抛光前后 KDP 晶体表面形貌，对比高分辨率下车削表面与水溶解抛光后表面。AFM 通过样品表面与检测针尖间微弱的原子间相互作用力来得到物质的表面结构形貌，分辨率可达原子级，能够更加精确地反映出 KDP 表面的微观形貌。图 6.61（a）中，虚线标识处为小尺寸车削纹理的峰值，AFM 测量区域内表面粗糙度 Ra 达 9.747nm；经过水溶解超精密数控抛光后的 KDP 晶体表面质量得到明显改善［图 6.61（b）］，不仅小尺寸车削纹理被完全去除，测量区域表面粗糙度 Ra 也降低至 0.6nm，样件表面已经接近于理想平面。

（a）抛光前晶体表面形貌（虚线为刀纹峰值位置）

（b）抛光后晶体表面形貌

图 6.61   AFM 测量的抛光前后 KDP 晶体表面形貌

6.6.4   抛光后晶体表面功率谱密度分析

在对光学加工误差进行评价时，除了传统的 PV、表面粗糙度 RMS 等指标，通常还采用功率谱密度（power spectral density，PSD）对表面的频谱进行描述[18-20]。PSD 是一种基于傅里叶频谱分析的评价指标，其值为表面轮廓某个空间频率振幅平方，将被测表面轮廓视为由不同频率、振幅和相位的波面叠加而成，直观地展现了表面轮廓的频域特征，并明确了各种空间频率成分的比重，为光学表面加工提供了有效的评价依据，同时为解决加工过程中产生的误差提供了思路[21]。Lawson 等[22]首先采用 PSD 分析对光学元件表面进行评价，按照空间波长 L 将其划分为高频段、中频段和低频段。①高频段：$L \leqslant 0.12$mm，其对应的空间频率为 $f \geqslant 8.33$mm^{-1}，该频段的误差主要反映元件的表面粗糙度。光学元件的高频段一般对光学系统的光束质量影响较小，但是会增加散射损耗。②中频段：0.12mm$<L$ <33mm，对应的空间频率为 0.03mm$^{-1}<f<8.33$mm^{-1}，该频域主要反映波纹度，会导致光束的调制，降低元件的可聚焦功率。③低频段：$L \geqslant 33$mm，对应的空间

频率为 $f \leqslant 0.03\text{mm}^{-1}$，能够反映出表面的几何形状误差。

为了评价水溶解超精密数控抛光方法对 SPDT 后 KDP 晶体表面中高频误差的改善情况，对晶体表面进行 PSD 分析。

假设 $u(t)$ 为可进行傅里叶变换的实函数，则有

$$u(f) = \int_{-\infty}^{+\infty} u(t)\mathrm{e}^{-\mathrm{i}2\pi f t}\mathrm{d}t \qquad (6.45)$$

式中，f 为空间频率。通常 $u(f)$ 为复函数，依据 Parseval（帕塞瓦尔）定理，$u(t)$ 和 $u(f)$ 之间满足：

$$\int_{-\infty}^{+\infty} u^2(t)\mathrm{d}t = \int_{-\infty}^{+\infty} \left|u(f)\right|^2 \mathrm{d}f \qquad (6.46)$$

当 $u(t)$ 为光学元件表面轮廓曲线时，式（6.46）左侧为 $u(t)$ 在积分区域内的总能量，$|u(f)|^2$ 为单位频率所具有的能量，即能谱密度，则功率谱密度的定义如下[23]：

$$\text{PSD}(f) = \lim_{T \to \infty} \frac{\left|u(f)\right|^2}{2T} \qquad (6.47)$$

在 PSD 计算中，在采样长度 L 内对元件表面轮廓高度数据 $H(x)$ 进行傅里叶变换，即

$$H(k) = \int_0^L H(x)\exp(-\mathrm{i}kx)\mathrm{d}x \qquad (6.48)$$

式中，k 为空间波数，有 $k = 2\pi f$。在实际测量中，表面轮廓曲线 $H(x)$ 并非连续的函数，而是由 N 个采样点组成，采样间隔为 Δx，则有 $L = N\Delta x$ 成立，空间频率 $f_m = m / T_m = m / (N\Delta x)$，据此可将各采样点高度 $H(k)$ 的表达式（6.48）进行离散化。

$$H(k) = \Delta x \sum_{n=0}^{N-1} H(n)\exp(-\mathrm{i}2\pi mn / N) \qquad (6.49)$$

式中，m 为正整数，表示驻留点在 y 方向的数量，$-N/2 \leqslant m \leqslant N/2$；$n$ 表示驻留点在 x 方向的数量。则由式（6.47）可得出 $\text{PSD}(f)$ 的计算公式[23]：

$$\text{PSD}(f) = \frac{\left|H(k)\right|^2}{L} = \frac{\Delta x}{N}\left|\sum_{n=0}^{N-1} H(n)\exp(-\mathrm{i}2\pi f n\Delta x)\right|^2 \qquad (6.50)$$

一维 PSD 是对一条采样线上的数据进行分析。为了更加准确地反映出工件表面的频域信息，在进行一维 PSD 计算时，对 M 条采样长度相同的表面轮廓线分别按照式（6.50）计算 PSD，并取平均值。

$$\overline{\text{PSD}(f)} = \frac{1}{M}\sum_{j=1}^{M}\text{PSD}_j(f) \qquad (6.51)$$

依据式（6.50）和式（6.51）计算得到的 SPDT 加工后 KDP 晶体表面及水溶解数控抛光后的表面 PSD 曲线如图 6.62 所示。

车削加工后 KDP 晶体表面空间频率为 15.1mm^{-1}、31.9mm^{-1}、48.7mm^{-1} 和 61.4mm^{-1} 成分所占比例最高，四者近似成倍数关系，与车削加工时的进给速度、

刀盘转速等参数密切相关。水溶解超精密数控抛光方法则成功消减了车削加工后表面小尺寸纹理造成的分布于空间频率 $5.2 \sim 79.3\text{mm}^{-1}$ 内的中高频成分，抛光后的 KDP 晶体表面主要由空间频率低于 5mm^{-1} 的中低频误差构成。

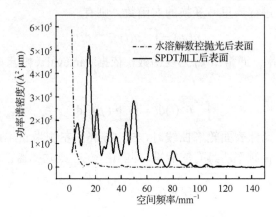

图 6.62　SPDT 与水溶解数控抛光后 KDP 晶体表面的 PSD 曲线

二维 PSD 通过对整个测量得到的曲面数据进行傅里叶变换，并将得到的频谱平方乘以采样密度，从而得到整个曲面的功率谱分布情况，能够反映出测得表面不同方向上的频域分布信息。

二维 PSD 计算方法可参考一维 PSD 计算公式，式（6.50）可变形为

$$\text{PSD}(f_x, f_y) = \frac{1}{L_x L_y} \left| \iint H(x, y) \exp(-i2\pi(f_x x + f_y y)) dx dy \right|^2 \quad (6.52)$$

式中，L_x 和 L_y 分别为曲面数据 X、Y 方向的采样长度；f_x、f_y 为 X、Y 方向频率。将式（6.52）离散化，变形为

$$\text{PSD}(f_x, f_y) = \frac{(\Delta x)^2}{MN} \left| \sum_{n=0, m=0}^{N-1, M-1} H(n, m) \exp(-i2\pi(my/M + nx/N)) \right|^2 \quad (6.53)$$

式中，M 和 N 为表面数据 X、Y 方向的数据数目；$f_x = n/(N\Delta x)$，$f_y = m/(M\Delta x)$，$-N/2 \leqslant x \leqslant N/2$，$-M/2 \leqslant y \leqslant M/2$。

KDP 晶体车削后表面与抛光后表面的二维 PSD 如图 6.63 所示。在垂直于车削纹理的方向上分布有明显的中高频率成分，而在平行于车削纹理的方向上则仅存在低频成分，表明车削后 KDP 晶体表面具有极强的纹理特征，方向性明显。抛光后晶体表面的中低频误差则集中在中心区域（频率零点）附近，不同方向上表面频域成分分布无明显区别，证明了水溶解超精密数控抛光后表面均匀，无方向性。

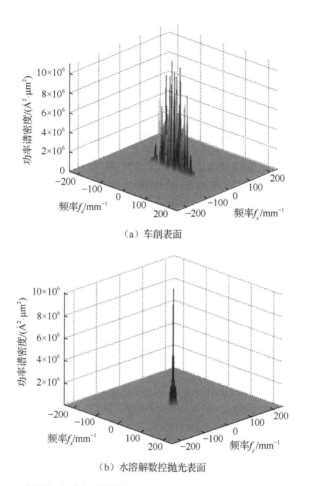

（a）车削表面

（b）水溶解数控抛光表面

图 6.63 车削与水溶解数控抛光后 KDP 晶体表面的二维 PSD 分析[24]

参 考 文 献

[1] Ke X L, Wang C J, Guo Y B, et al. Modeling of tool influence function for high-efficiency polishing[J]. International Journal of Advanced Manufacturing Technology, 2016, 84(9-12): 2479-2489.

[2] 李徐钰, 魏朝阳, 徐文东, 等. 随动压力分布下的非球面抛光去除函数[J]. 光学精密工程, 2016, 24(12): 3061-3067.

[3] Nam H S, Kim G C, Kim H S, et al. Modeling of edge tool influence functions for computer controlled optical surfacing process[J]. International Journal of Advanced Manufacturing Technology, 2016, 83(5-8): 911-917.

[4] 王旭, 张峰, 张学军. 固着磨料抛光碳化硅反射镜的去除函数[J]. 光学精密工程, 2009, 17(5): 951-957.

[5] Hu H X, Zhang X, Ford V, et al. Edge control in a computer controlled optical surfacing process using a heterocercal tool influence function[J]. Optics Express, 2016, 24(23): 26809-26824.

[6] Wan S L, Zhang X C, He X Y, et al. Modeling of edge effect in subaperture tool influence functions of computer controlled optical surfacing[J]. Applied Optics, 2016, 55(36): 10223-10228.

[7] Wang J, Fan B, Wan Y J, et al. Method to calculate the error correction ability of tool influence function in certain polishing conditions[J]. Optical Engineering, 2014, 53(7): 075106.

[8] Liu H T, Zeng Z G, Wu F, et al. Study on active lap tool influence function in grinding 1.8m primary mirror[J]. Applied Optics, 2013, 52(31): 7504-7511.

[9] 苑泽伟. 利用化学和机械协同作用的 CVD 金刚石抛光机理与技术[D]. 大连: 大连理工大学, 2012.

[10] 徐驰. 基于摩擦力在线测量的化学机械抛光终点检测技术研究[D]. 大连: 大连理工大学, 2011.

[11] 淡卜绸. 自由曲面数控加工的刀具轨迹生成算法研究[D]. 西安: 西安理工大学, 2009.

[12] 王碧玲, 高航, 滕晓辑, 等. 抛光加工参数对 KDP 晶体材料去除和表面质量的影响[J]. 人工晶体学报, 2010, 39(1): 29-33.

[13] 李圣怡, 戴一帆, 解旭辉, 等. 大中型光学非球面镜制造与测量新技术[M]. 北京: 国防工业出版社, 2011: 43-45.

[14] 王碧玲. KDP 晶体无磨料水溶解抛光方法与加工机理[D]. 大连: 大连理工大学, 2010.

[15] Tie G P, Dai Y F, Guan C L, et al. Research on subsurface defects of potassium dihydrogen phosphate crystals fabricated by single point diamond turning technique[J]. Optical Engineering, 2013, 52(3): 033401.

[16] Wang B L, Wu D J, Gao H, et al. Subsurface damage in scratch testing of potassium dihydrogen phosphate crystal[J]. Chinese Journal of Mechanical Engineering, 2009, 22(1): 15-20.

[17] Lv D X, Huang Y H, Tang Y J, et al. Relationship between subsurface damage and surface roughness of glass BK7 in rotary ultrasonic machining and conventional grinding processes[J]. International Journal of Advanced Manufacturing Technology, 2013, 67(1-4): 613-622.

[18] Wang C C, Fang Q H, Chen J B, et al. Subsurface damage in high-speed grinding of brittle materials considering kinematic characteristics of the grinding process[J]. International Journal of Advanced Manufacturing Technology, 2016, 83(5-8): 937-948.

[19] Wang J J, Zhang C L, Feng P F, et al. A model for prediction of subsurface damage in rotary ultrasonic face milling of optical K9 glass[J]. International Journal of Advanced Manufacturing Technology, 2016, 83(1-4): 347-355.

[20] 许乔, 王键, 马平, 等. 先进光学制造技术进展[J]. 强激光与粒子束, 2013, 25(12): 3098-3105.

[21] Aikens D M. The origin and evolution of the optics specifications for the national ignition facility[J]. Proceedings of SPIE-The International Society for Optical Engineering, 1995, 2536: 2-12.

[22] Lawson J K, Aikens D M, English R E, et al. Power spectral density specifications for high-power laser systems[J]. Proceedings of SPIE-The International Society for Optical Engineering, 1996, 2775: 345-356.

[23] 刘宪芳. 超精密加工表面的功率谱密度与分形表征技术研究[D]. 哈尔滨: 哈尔滨工业大学, 2007.

[24] 王旭. 基于水溶解原理的 KDP 晶体超精密数控抛光方法[D]. 大连: 大连理工大学, 2017.

7 大尺寸 KDP 晶体超精密水溶解环形抛光工艺

7.1 超精密水溶解环形抛光方法概述

近几年来新兴的水溶解抛光被认为是可以实现大尺寸 KDP 晶体超精密近无损伤加工的新技术,其基于 KDP 晶体易潮解的原理,利用 KDP 晶体与水发生溶解实现材料去除,是在传统的化学机械抛光基础上结合无磨粒的 W/O 型抛光液所形成的一种新的平坦化抛光技术,既可以避免磨料嵌入的问题,也可以消除车削产生的小尺寸纹理,最终获得超光滑表面。

环形抛光(continuous polishing, CP),简称环抛,产生于 20 世纪 60 年代,是一种适用于大尺寸超精密平面光学元件加工的抛光技术[1],具体原理如图 7.1 所示。贴有抛光垫的抛光盘在主轴的作用下绕其轴心做旋转运动,拨叉与旋转电机连接,工件由夹具夹持,在抛光垫的摩擦作用以及拨叉的限制下,工件绕其轴心做旋转运动,在工件进行加工的同时,修整盘在抛光垫的摩擦作用下开始自转,对抛光垫进行实时面形修整。抛光盘、修整盘及工件盘沿同一方向旋转,在抛光垫表面不断滴加抛光液,通过抛光垫与工件之间的相对运动,使抛光液与工件表面材料发生反应,工件受到抛光垫的机械作用,实现对工件表面加工层材料的去除,从而得到极低表面粗糙度和较高面形精度的工件,最终实现大尺寸光学元件的超精密加工。

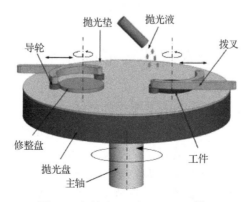

图 7.1 超精密环形抛光原理图[2]

环形抛光多用于获得高面形精度和低表面粗糙度的大尺寸光学元件的加工，具有以下优点[3-6]：①工件以复合轨迹运动，具有均匀化抛光效果；②可以自由调节外加载荷，根据实际的加工效果，进行面形修正；③修整盘能够在工件进行加工时，对抛光垫进行修整，可以稳定抛光垫加工效果，得到较好的面形；④运动速度相对较低，工件热变形相对较小。因此，将环形抛光技术用于大尺寸 KDP 晶体的加工是切实可行的，作者进一步将水溶解原理与环形抛光技术相结合，提出了超精密水溶解环形抛光（water dissolution ultra-precision continuous polishing，WDUCP）方法，用于大尺寸 KDP 晶体的加工。

WDUCP 是利用 KDP 晶体易溶于水的特性，研制 W/O 型微乳液作为抛光液，通过抛光液中水的溶解以及抛光垫的机械摩擦作用进行材料去除，具体去除过程如图 7.2（a）所示。抛光液由水、油、表面活性剂组成，油通过表面活性剂将水包裹起来，形成水核。水溶解抛光去除机理如图 7.2（b）所示，在抛光压力 F 的作用下，抛光垫与晶体表面粗糙峰之间的水核受到挤压、摩擦进而变形破裂，破裂水核内部的水流出并溶解晶体表面材料，溶解产物在抛光垫的机械作用以及抛光液的流动作用下被带走，以此实现材料的去除，最终实现 KDP 晶体的超精密加工。

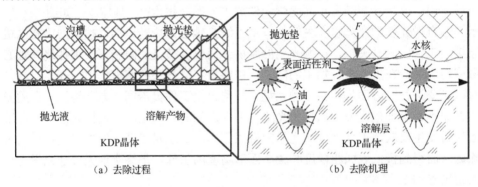

（a）去除过程　　　　　　　　　　　　（b）去除机理

图 7.2　水溶解超精密环形抛光示意图

7.2　超精密水溶解环形抛光水核运动模型

目前常用于 KDP 晶体 WDUCP 加工的设备主要有定偏心式和不定偏心式两种。如图 7.3（a）所示，在定偏心式抛光系统中，抛光盘和晶体夹持装置各自绕着自身的轴线旋转，两者的转速可以自由人为调节，晶体由夹具夹持，KDP 晶体的被加工面向下受压于抛光盘上的抛光垫，抛光液由中心附近均匀滴落到抛光垫上，通过抛光液中水核的溶解作用以及抛光垫的机械摩擦作用进行材料的去除，以实现对晶体的抛光，抛光盘和晶体中心的距离始终不变，故称为定偏心。如图

7.3（b）所示，在不定偏心式抛光系统中，除了抛光垫和晶体各自绕着自身的轴线主动旋转外，晶体还可以在径向上做直线摆动，抛光盘和晶体中心的距离呈现周期性的变化，故称为不定偏心。本试验所使用的大尺寸水溶解超精密环形抛光试验系统可以实现以上两种不同的运动形式。

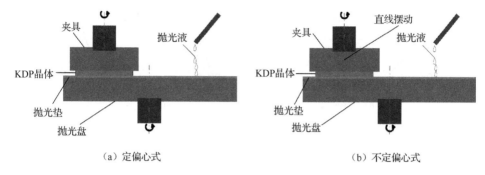

（a）定偏心式　　　　　　　　　　　　（b）不定偏心式

图 7.3　抛光系统示意图

定偏心式抛光系统运动学模型示意图如图 7.4（a）所示，把抛光盘和晶体简化为两个相对运动的平面，抛光盘的转速为 n_p，抛光盘的角速度为 ω_p，晶体的转速为 n_w，晶体的角速度为 ω_w，旋转中心分别为 O_1 和 O_2，抛光盘半径为 R，晶体半径为 r，晶体与抛光盘之间的偏心距 $O_1O_2=e$，水核的初始相位为 θ，设初始位置 P 在 O_1O_2 连线上，即 $\theta=0°$，并且 P 与抛光盘中心 O_1 的距离为 r_w，即 $O_1P=r_w$，$X_1O_1Y_1$ 为固定坐标系固着在抛光盘上，$X_2O_2Y_2$ 固着在晶体上。经过时间 t，利用图形变换法可以得到水核初始位置 P 相对于晶体的运动轨迹方程为

$$\begin{cases} X_{2P} = r_w \cos(\omega_p - \omega_w)t + e\cos\omega_w t \\ Y_{2P} = r_w \sin(\omega_p - \omega_w)t - e\sin\omega_w t \end{cases} \tag{7.1}$$

根据转速与角速度之间的关系，可知：

$$\omega_p = \frac{2\pi n_p}{60} = \frac{\pi n_p}{30} \tag{7.2}$$

$$\omega_w = \frac{2\pi n_w}{60} = \frac{\pi n_w}{30} \tag{7.3}$$

由此可得转速比 i：

$$i = \frac{n_p}{n_w} = \frac{\omega_p}{\omega_w} \tag{7.4}$$

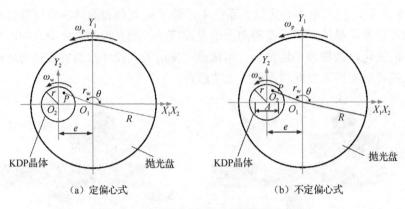

（a）定偏心式　　　　　　　　　（b）不定偏心式

图 7.4　环形抛光系统运动学模型示意图

不定偏心式抛光系统运动学模型示意图如图 7.4（b）所示，晶体在 X 轴上以 O_2 为中心做直线摆动，摆动速度为 V，摆动幅度为 A，摆动周期为 T，同理可得水核的初始位置 P 相对于晶体的运动轨迹方程为

$$\begin{cases} X'_{2P} = r_w \cos(\omega_p - \omega_w)t + e\cos(\omega_w t) + A\sin\dfrac{2\pi t}{T} \\ Y'_{2P} = r_w \sin(\omega_p - \omega_w)t - e\sin(\omega_w t) \end{cases} \tag{7.5}$$

根据所得到的轨迹方程，借助 MATLAB 软件，得到轨迹分布图，进而对各参数对轨迹均匀性的影响进行分析。

7.3　机床运动形式对抛光轨迹均匀性影响的仿真分析

WDUCP 加工过程中晶体表面材料去除的均匀性是影响晶体面形精度的主要因素，水核在晶体表面运动轨迹的均匀性能直观地反映表面材料去除均匀性，轨迹分布越均匀，则表面材料的去除均匀性越好。因此有必要对 KDP 晶体水溶解抛光轨迹均匀性进行研究，探究运动形式对轨迹均匀性的影响，并引入变异系数作为评价标准，对轨迹均匀性进行定量分析，对试验进行预测与优化。为了使理论与实际更贴合，本章主要通过区域划分策略将晶体进行网格化划分，通过区域统计策略对晶体表面各区域内轨迹点的数量进行统计，从而得到晶体表面的轨迹分布情况，并引入变异系数作为轨迹均匀性评价标准，对不同运动形式、不同径向摆动幅度以及不同转速比对轨迹均匀性的影响进行分析。

在 WDUCP 加工过程中，影响因素很多，如加工环境、载荷分布、抛光液的性质等。为了能够得到反映实际加工效果的轨迹，需要对水核轨迹均匀性仿真模型进行一定程度的简化，即提出理想化假设条件：①水核在抛光垫上的分布是均匀的；②水核在晶体各区域内的去除量相等；③水核在晶体各区域内的去除量可以线性累加；④水核当作质点来处理。由于本章的仿真分析主要是针对水核在晶体表面的运动轨迹分析，通过轨迹均匀性来研究去除均匀性，从而反映加工面形质量，故通过以上假设，研究运动形式以及转速比对轨迹均匀性的影响。

为了对晶体表面的轨迹分布进行统计，需要对工件表面离散化，即需要将工件表面进行网格化划分。本章选取正方形网格对晶体表面进行区域划分。划分的正方形网格数量太少，则不能反映出水核运动轨迹在表面的分布情况；划分的正方形网格数量太多，则会导致计算量加大，甚至无法出现计算结果。基于此，本章选择了边长为 1mm 的正方形网格对整个晶体表面进行划分，通过间距为 1mm 的水平线与竖直线将整个晶体表面划分成若干个区域，如图 7.5 所示。根据划分的区域，对该区域内（如 S_1）轨迹点的数量进行统计，轨迹点的数量相当于晶体表面的材料去除量。

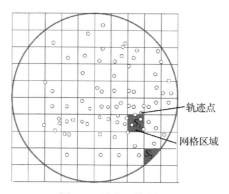

图 7.5　晶体网格划分

因为所加工的晶体为圆形，所以在晶体边缘位置处不能得到完整的正方形网格。为了使统计结果更加准确，本章采用了虚拟补全的方法，先按照完整的正方形网格进行该区域内轨迹点数量的统计，然后根据非正方形区域（如 S_2）和补全区域的面积比求出边缘区域内轨迹点的个数。根据区域划分策略以及区域统计策略，得到晶体表面轨迹点的采样数据 Q。

根据所得到的采样数据 Q，可以得到不同区域内轨迹采样点的个数，反映出晶体表面不同区域的去除量。为了对轨迹均匀性进行量化分析，本章引入变异系数（coefficient of variation，CV）作为轨迹均匀性的评价标准。变异系数是反应数据分布状况的指标，是原始总体数据 Q 的标准差与算术平均值的比值，即

$$CV = \frac{\sigma}{\mu} \tag{7.6}$$

式中，CV 为变异系数；σ 为标准差；μ 算术数平均值。

值得注意的是，标准差作为样本离散程度的评价标准时，容易受到不同样本

数据的影响。与标准差以及平均值作为样本离散程度大小的评价指标相比，变异系数可以消除测量尺度与量纲的影响，并且变异系数的大小不仅受变量值离散程度的影响，而且还受变量值平均水平大小的影响，可以综合对不同样本的离散程度进行准确分析，因此，本章引入变异系数作为轨迹均匀性的量化标准。在轨迹均匀性评价中，CV 越小，轨迹均匀性越好，反之，CV 越大，轨迹均匀性越差。

运动方式是轨迹均匀性的主要影响因素，本章选取了两种典型的环形抛光运动形式，即定偏心式与不定偏心式，探究不同运动形式对水核运动轨迹均匀性的影响。选取能够实现两种运动形式的自制的大型水溶解环形抛光试验系统结合水核运动轨迹方程以及 MATLAB 软件进行仿真分析，具体的仿真参数如表 7.1 所示。

表 7.1　运动形式仿真参数

参数	数值
抛光盘转速 n_p / (r/min)	10
抛光盘半径 R/mm	540
晶体半径 r/mm	50
偏心距 e/mm	350
初始相位角 θ / (°)	0
摆动幅度 A/mm	110
摆动速度 V/（mm/s）	200
摆动周期 T/s	0.55
抛光时间 t/s	10
转速比	0~1（每隔 0.1 变化增加）

设定仿真抛光时间 t 为 10s，转速比分别为 0.1、0.2、0.3、0.4、0.5、0.6、0.7、0.8、0.9、1.0，在不同转速比下根据式（7.1）与式（7.5）结合 MATLAB 软件对定偏心和不定偏心运动形式下的水核运动模型进行仿真分析，得到变异系数的变化如图 7.6 所示。通过比较变异系数的大小，可以看出轨迹均匀性的分布情况，可以对运动形式对轨迹均匀性的影响规律进行总结。为了进一步看出轨迹在整个晶体表面的分布情况，转速比为 0.1 时，定偏心与不定偏心两种运动形式下轨迹在整个晶体表面的离散化分布如图 7.7 所示，转速比为 1 时，轨迹分布情况如图 7.8 所示，轨迹的分布情况即是对去除次数的直观表示。

分析图 7.6 可以发现，转速比为 0~1 时，不定偏心式抛光系统的变异系数在 0.48~0.65 变化，定偏心式抛光系统的变异系数在 0.67~2.02 变化，转速比为 0.1 时两者差异最大，轨迹分布的对比如图 7.7 所示，转速比为 1 时两者差异最小，轨迹分布的对比如图 7.8 所示。分析可以发现：在不定偏心式抛光系统中，运动轨迹仿真的变异系数较小，晶体表面材料的去除基本一致，均匀性较好，不同区域内的材料去除基本一致，波动很小，有利于晶体均匀抛光的实现；在定偏心式抛光系统中，运动轨迹仿真的变异系数相对较大，晶体表面在四周边缘位置处出现过去除现象，使晶体表面趋向于凸台状，不同区域内的去除呈现锯齿状，出现较大波动。进一步观察发现，随着转速比的增加，两者变异系数都在逐渐减小，轨迹均匀性变化趋势一致，说明随着转速比的增大，晶体表面材料的去除均匀性不断改善。更进一步比较可以发现，转速比发生变化时，定偏心式抛光系统的变异系数变化程度较大，不定偏心式抛光系统的变化程度趋于平稳，说明转速比的变化对定偏心式抛光系统的影响较大，在使用定偏心式抛光系统时，可以通过改变转速比快速改善晶体的面形精度。

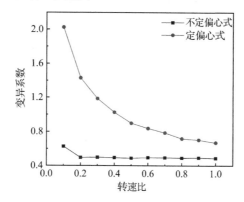

图 7.6 定偏心与不定偏心运动形式下轨迹均匀性仿真分析

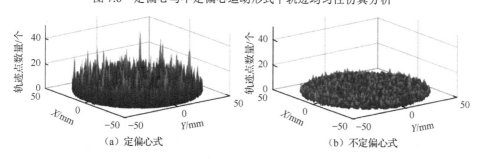

（a）定偏心式 （b）不定偏心式

图 7.7 转速比为 0.1 时轨迹分布对比

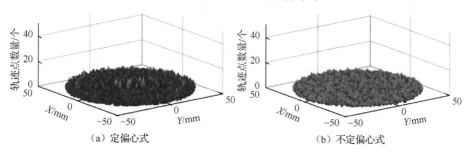

（a）定偏心式 （b）不定偏心式

图 7.8 转速比为 1 时轨迹分布对比

　　转速比的变化对不定偏心式抛光系统的影响较小，作者进一步研究不定偏心式抛光系统中晶体摆动幅度对晶体表面材料去除均匀性的影响。选取转速比为 1，晶体的径向移动速度 V=50mm/s，晶体摆动幅度 A 分别为 25mm、50mm、75mm、100mm、125mm、150mm、175mm、200mm、225mm、250mm、275mm。在不同摆动幅度下对不定偏心运动形式的水核运动模型结合式（7.5）进行仿真分析，离散化后得到水核对晶体运动轨迹的均匀性仿真结果，如图 7.9 所示。可以发现：随着摆动幅度加大，变异系数逐渐减小，说明增大摆动幅度，有利于晶体表面材料的均匀去除，但是当增加到一定程度时，变异系数的变化程度趋于平稳。当摆动幅度小于晶体直径时，变异系数较大，摆动幅度增加至大于晶体的直径时，变异系数出现急促减小现象，说明在实际的加工过程中，为了较好的加工效果，摆动幅度要大于晶体的直径。摆动幅度的增大有利于晶体材料去除均匀性，这也进一步说明了大盘径的抛光盘有利于去除均匀性的提高，从而改善晶体的面形精度。

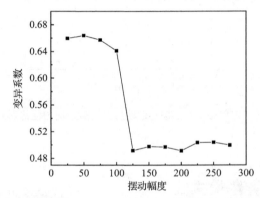

图 7.9　不定偏心运动形式下摆动幅度对轨迹均匀性仿真分析

7.4　抛光垫表面沟槽结构对轨迹均匀性影响的仿真分析

　　抛光垫作为与晶体直接接触的部分，其性质对抛光效果有着显著影响，一方面它将抛光液带到晶体加工位置处，并带走抛光过程中晶体的去除产物，另一方面抛光垫与晶体接触的机械摩擦行为将水溶解后的晶体表面材料去除，并维持一个合适的化学机械环境，保证抛光加工的顺利进行。除此之外，抛光垫与晶体直接接触，其结构性能对加工质量有着重要的影响，又因为抛光垫的尺寸较大，直径大于 1m，市面上成熟的抛光垫产品，直径大多小于 1m，故需要对抛光垫进行选型设计，来保证试验的顺利进行。

　　抛光垫的性能与抛光垫的材料和结构有关。抛光垫的材料决定了抛光垫的硬度、表面粗糙度、压缩比、剪切模量和弹性模量等机械性能参数，对抛光垫的寿命以及材料去除有着显著的影响；表面沟槽几何形状会影响抛光垫的特性，槽形结构会影响抛光液的输送以及分布，在机械去除中，抛光垫的表面沟槽会改变抛光垫与晶体之间接触区域、摩擦力及薄膜厚度，从而影响机械去除率和加工质量。

现今 WDUCP 加工中常用 IC1000 抛光垫。IC1000 抛光垫主要是由发泡固化的聚氨酯组成，聚氨酯分子排列紧密，可以防止抛光液渗入底面而溶解背胶，同时表面有许多空球体微孔封闭单元结构，可以进行抛光液的存储以及加工产物的收集，并且由于聚氨酯材料硬度相对较高，可压缩性小，能够产生更大的剪切作用，有利于提高抛光效率。

抛光垫沟槽表面结构形状有圆环形、网格形、放射线形及螺旋形，具体如图 7.10 所示。经过比较分析发现：开有圆环形沟槽的抛光垫表面沟槽单个圆环封闭，可以将更多的抛光液储存到抛光垫表面沟槽中；网格形抛光垫的空间不封闭且抛光液的流动路径不一样，不利于抛光液的分布及运输；放射线形沟槽能够使抛光液在离心力的作用下迅速到达抛光垫边缘，流动路径最短，运送产物的效率最高，抛光液的停留时间最短；螺旋形沟槽的抛光垫可以延长抛光液的流动路径，从而增加抛光液在抛光垫表面的停留时间，同时可以将参与加工后的抛光液快速带出。由水溶解环形抛光的去除机理可知，为了使晶体表面材料能够在抛光液中发生水溶解，需要抛光液在抛光垫的表面停留，这就说明所选取的抛光垫要有储存抛光液的能力，故放射线形抛光垫不适用于水溶解工艺的加工，而网格形的抛光垫虽然可以储存一定量的抛光液，但是其流动路径不一，不利于抛光液的均匀分布。因此本章选取了圆环形抛光垫、螺旋形抛光垫进行验证。

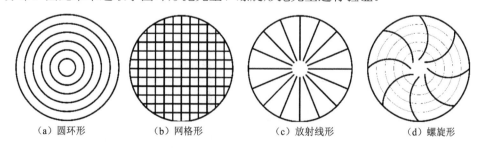

(a) 圆环形　　　　　(b) 网格形　　　　　(c) 放射线形　　　　　(d) 螺旋形

图 7.10 抛光垫沟槽表面结构形状

进一步结合轨迹均匀性仿真分析方法，分析抛光垫表面沟槽结构对抛光轨迹均匀性的影响。从去除机理可知，抛光垫的机械摩擦作用是水溶解环形抛光过程中材料去除不可或缺的一部分，而抛光垫的性能是晶体表面去除的重要影响因素，抛光垫的材料和结构对抛光垫的性能有着极大的影响。从前面的分析可以知道，聚氨酯材料的 IC1000 抛光垫能够在水溶解环形抛光加工过程中取得较好的效果，而表面沟槽形状兼顾抛光液的流动性以及抛光液中水核的溶解作用，因此选取了两种常用的抛光垫槽型，即圆环形表面沟槽和螺旋形表面沟槽，抛光垫的表面沟槽进行抛光液的存储和流动，对抛光液的分布有着决定性的作用。不同的沟槽形状所对应的抛光液分布如图 7.11 所示，圆环形表面沟槽对应的是圆形线的水核分布，螺旋形表面沟槽对应的是螺旋线的水核分布。在此基础上探究圆形线分布以及螺旋线分布的水核对轨迹均匀性的影响，从而确定抛光垫的最佳槽型。

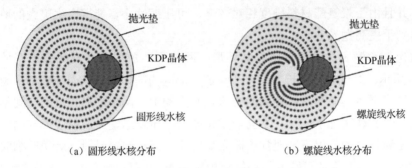

(a) 圆形线水核分布　　　　　　　(b) 螺旋线水核分布

图 7.11　不同表面沟槽水核分布示意图

　　根据式（7.1）的定偏心轨迹方程以及表 7.2 的仿真参数（为了便于后续的试验验证以及节约成本，仿真参数采用的是 ZYP200 型旋转摆动重力式研磨抛光机的具体参数），结合 MATLAB 软件，利用水核运动轨迹均匀性仿真研究方法，可以得到晶体表面的轨迹分布情况，具体的仿真结果如图 7.12 和图 7.13 所示。图 7.12 是圆形线水核分布时晶体表面的分布情况，以及晶体表面各个区域内轨迹分布情况。图 7.13 是螺旋线水核分布时晶体表面的分布情况，以及晶体表面各个区域内轨迹分布情况。

表 7.2　表面沟槽仿真参数

参数	数值
抛光盘转速 n_p / (r/min)	101
晶体转速 n_w / (r/min)	100
抛光盘半径 R /mm	100
晶体半径 r /mm	25
偏心距 e /mm	50
初始相位角 θ / (°)	0
抛光时间 t /s	10

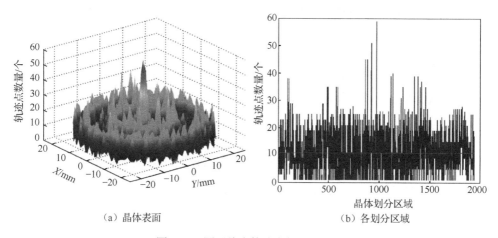

（a）晶体表面 （b）各划分区域

图 7.12 圆形线水核分布的轨迹分布

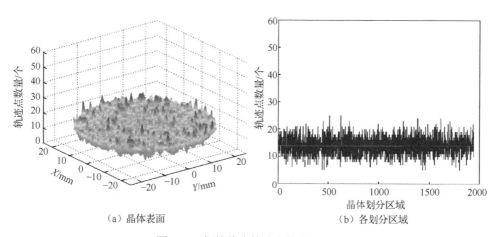

（a）晶体表面 （b）各划分区域

图 7.13 螺旋线水核分布的轨迹分布

分析对比可以发现：螺旋线分布时，在整个晶体表面轨迹分布基本一致，均匀性较好，在晶体表面不同区域内的去除次数也基本一致，波动很小，反映出加工后晶体表面的去除均匀性较好，从而得到较好的面形；而在圆形线分布时，晶体表面在圆心以及边缘位置处出现轨迹过度累积现象，轨迹分布差异较大，均匀性相对较差，不同区域内的去除次数呈现锯齿状，波动很大，反映出加工后晶体表面在中心以及边缘位置处出现过去除现象，加工后晶体表面材料去除不一致，表面平整性较差，影响加工效果。从变异系数对比可以发现，螺旋线水核分布时，CV 为 0.2326，而圆形线水核分布时，CV 为 0.6898，螺旋线分布的水核变异系数较小,说明轨迹均匀性较好。以此分析,可以发现螺旋线分布的水核运动轨迹均匀性相对较好,这也说明了开有螺旋形沟槽的抛光垫在水溶解环形抛光加工过程中可以得到较好的效果。

综合可以看出,使用螺旋形表面沟槽的 IC1000 抛光垫在非整数转速比进行水溶解超精密环形抛光加工,轨迹均匀性较好,可以获得表面质量较高的 KDP 晶体。

7.5　超精密水溶解环形抛光原理样机及抛光试验系统构建

7.5.1　超精密水溶解环形抛光原理样机

为了验证水溶解超精密环形抛光方法的可行性与有效性,作者进行了试验系统主体结构的设计,并对与工艺相关的结构进行了优化设计。

水溶解超精密环形抛光试验系统主体结构的三维模型图如图 7.14 所示。环抛机整体采用立式结构,整个抛光工作台在基座的上方,主轴单元位于基座内部,是抛光工作台的主要驱动机构。工件驱动单元与抛光垫修整单元对称布置,位于工作台的两侧,用于实现对工件的加工以及抛光垫的在线修整。采用龙门结构的盘面测量单元位于工作台的上方,用于对抛光盘面的面形测量;盘面修整单元采用悬臂结构安装于工作台的一侧,通过车刀实现对抛光盘面的修整加工,经过实际的修整可以实现机床抛光盘面形平面度为 0.028mm。采用静压主轴作为整个抛光机的运动回转轴系,采用液压流体循环供给,一方面使轴承处于流体摩擦状态,摩擦系数较小,另一方面可以对轴承进行有效冷却,延长使用寿命。并将直驱力矩电机与液体静压轴承直连,提高工作效率并具有良好的可靠性;选择规格为 $\phi1200\text{mm}\times500\text{mm}$ 的天然大理石作为抛光盘材料,因为其使用寿命长、耐腐蚀且力学性能稳定,具体的抛光系统实物图如图 7.15 所示,机床的具体参数如表 7.3 所示。可以看到抛光盘直径为 1200mm,最大可以实现对直径 425mm 的工件加工,可以实现抛光盘与工件转动的无级调速,抛光盘面单点跳动≤5μm,精度较高,最终可以实现大尺寸 KDP 晶体的水溶解超精密加工。

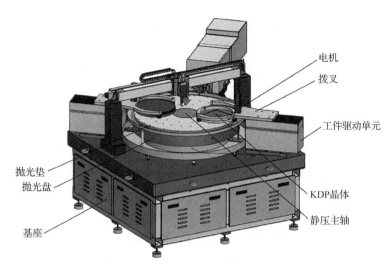

图 7.14　水溶解超精密环形抛光试验系统主体结构三维模型图

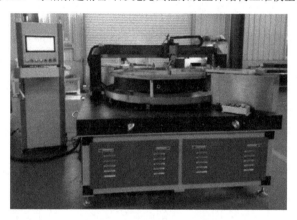

图 7.15　水溶解超精密环形抛光试验系统实物图

表 7.3　水溶解超精密环形抛光试验系统技术参数

指标	参数
抛光盘直径/mm	1200
工作台尺寸/（mm×mm）	2000×2000
最大抛光工件直径/mm	425
抛光盘面单点跳动/μm	≤5
抛光盘转速/（r/min）	0~20
盘面测量单元径向行程/mm	1400
盘面修整单元径向行程/mm	500
盘面面形修整精度/μm	30

指标	参数
盘面测量单元竖直方向行程/mm	100
工件径向移动行程/mm	150
工件自转转速/（r/min）	0～100

　　进一步结合水溶解抛光原理对抛光试验系统进行构建。因为抛光盘直径较大，单一滴定的抛光液很难保证均匀分布，为了试验加工的顺利进行，需要设计多点可变位的抛光液滴定装置。由于 KDP 晶体是易潮解的晶体，对抛光垫的干燥与清洁程度要求较高，故每次试验前后需要对抛光垫进行清洗。为了快速吹干抛光垫，故需要风淋装置辅助吹干抛光垫。晶体不能直接与滚轮接触，故需要设计专门的夹持装置，对 KDP 晶体进行装夹，并与滚轮配合，实现 KDP 晶体的自转。为了水溶解环形抛光试验的顺利进行，对抛光试验系统进行了优化设计。

7.5.2　抛光液多点可变位滴定装置

　　由去除机理可知，抛光液的溶解作用是材料去除不可或缺的一部分，抛光液的分布是抛光加工中重要的影响因素之一，均匀的抛光液分布有利于晶体材料的均匀性去除，获得高质量面形。而抛光液滴定装置作为超精密抛光设备的重要组成部分，对抛光效果有着极大的影响。目前抛光液滴定装置大多是单一固定位置滴定，抛光液通过一根滴液管直接喷洒到抛光设备上，位置以及速度不易控制，极易造成抛光液分布不均匀，具有明显的随机性和不确定性，影响抛光效果，对大尺寸抛光设备的适用性较低。总体而言，现存的滴定装置大多是通过独立的调节流量或者独立的调节滴液位置来实现抛光液的滴定，大多只能滴定一种抛光液，手段单一，种类单一，不适用于水溶解超精密环形抛光技术。抛光设备的尺寸较大，整体盘径达到 1.2m，以至少覆盖一般的盘面计算，抛光液滴加半径需要 0.6m，单一的滴定很难满足要求，故要设计多个管路进行抛光液的滴定。根据加工参数的选择、径向移动距离的不同，需要增加位置调控装置，来对抛光液的滴定位置进行调节，同时还要能够进行流量的调节以及管路数量的调节。因此本章根据技术需要，设计了一种多点滴定可变位、流量可控、数量可控、位置可控，能够实现抛光液均匀分布的抛光液滴定装置。

　　抛光液多点可变位滴定装置主要由升降单元、旋转单元、储液单元、滴液单元、移动单元、控制单元六大部分组成，具体示意图如图 7.16 所示。

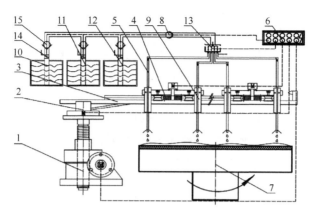

图 7.16　抛光液多点可变位滴定装置示意图

1. 升降单元；2. 旋转单元；3. 滑道；4. 滑座；5. 滴液单元；6. 控制单元；
7. 抛光设备；8. 输送泵；9. 连接块；10. 粗加工抛光液容器；11. 半精加工抛光液容器；
12. 精加工抛光容器；13. 分流阀；14. 电磁开关阀；15. 单向溢流阀

　　升降单元通过连接法兰使整个装置固定连接到环抛机基座上。升降单元主要是实现整个装置的升降功能，通过电机控制的螺旋升降机构可以根据实际加工的需要进行竖直方向上的高度调节，使抛光液管以距离抛光工作台合适的高度进行抛光液的滴加。旋转单元主要是实现整个装置在水平面内的多角度旋转，通过电机控制圆柱齿轮啮合机构调节角度，使抛光液可以滴加到抛光盘面的更多位置。储液单元是抛光液的储存装置，主要包括粗加工抛光液容器、半精加工抛光液容器和精加工抛光液容器，各抛光液容器通过管路并联后经输送泵与分流阀连接，通过控制单元选择不同的抛光液进行滴加。滴液单元也是整个多点滴定装置的核心单元，其包括多根滴液管和连接块，每根滴液管通过一个连接块固定在滑座上，多个管路的布置可以实现多点滴定，而通过移动单元，可以实现在水平方向上的位置移动，最终实现多点均匀滴定。移动单元包括滑道和滑座，滑道固定安装在旋转单元上，滑座与滑道滑动接触，并沿滑道往返移动，滑座与伺服电机连接，可以通过控制系统实现自动控制。

　　进行加工时，先根据加工需要进行位置调节，通过升降单元调整滴液单元到合适的高度，通过旋转单元调整滴液单元到合适的角度，通过移动单元调整滴液单元到合适的水平方向位置，以上调节均通过控制单元实现自动调节。根据抛光设备的尺寸以及抛光液的加工要求，选取 8 根滴液管通过连接块与滑座连接，确保抛光液能够均匀稳定地滴加到抛光设备上。根据加工需要，通过控制单元先开启粗加工抛光液容器的电磁开关阀，再开启单向溢流阀，并设定工作时间，粗加工抛光液开始被输送泵抽取，均匀稳定地滴定到抛光设备上，直至工作时间结束，先关闭粗加工抛光液容器的单向溢流阀，再关闭电磁开关阀。根据加工需要，通过控制单元先开启半精加工抛光液容器的电磁开关阀，再开启单向溢流阀，并设定工作时间，半精加工抛光液开始被输送泵抽取，均匀稳定地滴定到抛光设备上，直至工作时间结束，先关闭半精加工抛光液容器的单向溢流阀，再关闭电磁开关阀。根据加工需要，通过控制单元先开启精加工抛光液容器的电磁开关阀，再开启单向溢流阀，并设定工作时间，精加工抛光液开始被输送泵抽取，均匀稳定地滴定到抛光设备上，直至工作时间结束，先关闭精加工抛光液容器的单向溢流阀，再关闭电磁开关阀。

根据加工需要，可以重复进行以上步骤，直至加工完成。通过上述的抛光液多点可变位滴定装置，选取合适的滴定管数量进行抛光液的滴加，使抛光液均匀稳定地滴加到抛光垫上，实现对大尺寸 KDP 晶体的超精密加工。

7.5.3　风淋装置

由于 KDP 晶体是一种易潮解的软脆功能晶体，所使用的抛光垫必须干燥洁净，故每次使用前需要用水对抛光垫进行清洗，使用后需要用无水乙醇把残留的抛光液清洗干净，然后再用水清洗抛光垫。为了快速清除残留的水，引入了风淋装置，快速吹干抛光垫，节省试验的准备时间，具体结构如图 7.17 所示。

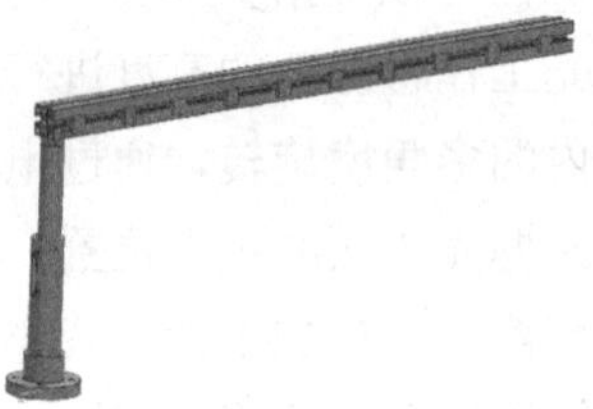

图 7.17　风淋装置示意图

竖直单元是由连接法兰、上下支撑杆组成，下支撑杆通过连接法兰使整个装置固定到机床基座上，上下支撑杆之间套接，通过上下移动实现装置的高度调节。水平单元主要包括旋转座及滑轨，滑轨通过旋转座与上支撑杆连接，并能在水平面内多角度旋转，以便对整个抛光垫进行吹干处理。吹风单元主要包括歧管块、风管、分气块及万向竹节管，因为抛光垫的尺寸较大，为了加快效率，需要布置多个吹风管路，因此采用分气块将总气源的单根管路进行分流，总气源管路连接到分气块的进气口，出气口位置分别连接风管，再与歧管块通过快速插头连接，开有螺纹孔的歧管块一端连接风管，一端连接万向竹节管，并通过滑块螺母连接到滑轨上，能够实现吹风单元的位置调节及固定。风淋装置具体实物图如图 7.18 所示，通过调节方向竹节管，可以实现对抛光垫的多角度风淋，达到快速吹干抛光垫的目的。

本装置通过自由调节高度的支撑杆和可自由滑动的多个风管，实现对整个抛光垫的吹风，能够控制风速以及风量，快速吹干抛光垫，使抛光垫处于最佳的工作状态，达到较好的抛光效果。本装置具有结构简单、可靠性高、造价低廉的显著特征。

图 7.18 风淋装置实物图

7.5.4 晶体夹持装置

由于工件通过滚轮进行运动传输，而使用的晶体是方形块，晶体的尺寸有多个规格，并且 KDP 晶体是软脆功能晶体，不能与滚轮直接接触，故要设计专用的夹持装置。

夹具材料选择聚四氟乙烯（polytetrafluoroethylene，PTFE）。PTFE 具有抗酸抗碱、抗各种有机溶剂的特点，几乎不溶于所有的溶剂，可以有效防止抛光液中有机溶剂的腐蚀作用，同时机械性质较软，可以一定程度上保护晶体，使用寿命长，抗老化能力强，且具有固体材料中最小的表面张力而不黏附任何物质，容易清洗。但是 PTFE 摩擦系数极小，具有塑料中最小的摩擦系数（0.04），因此为了保证转速的稳定传输。夹具采用齿轮结构传动，其上半部分外侧装有齿形带，与聚四氟乙烯齿轮啮合。啮合点位于夹具的中下部，且上半部的齿宽大。随着加工，啮合部位逐渐上移，始终维持啮合，保证转速的稳定输出。

加工晶体的试验件厚度有多种规格，夹具底部设计有分离式垫块，并且垫块厚度可以根据晶体的厚度不同进行选择，保证齿轮啮合位置的一致性，增加试验的可靠性。晶体的四周采用软质橡胶材料楔形垫块配合，既保护了软脆的晶体材料，也可实现整个晶体的防滑定位。楔形块采用球头轴承配合，增加自适应定位，球头轴承采用螺纹帽上部紧密贴合固定，外部用螺母进行锁死防滑，在夹具的上端开有螺纹孔，方便进行配重块的加载，夹持装置的结构如图 7.19 所示。然而，在实际使用的过程中发现，频繁地装夹 KDP 晶体，使用螺钉紧固时，PTFE 会有摩擦产生的掉渣现象出现，造成螺纹孔扩大，螺纹消失，出现松动或者滑丝现象。为了避免金属螺钉与塑料夹具的过度摩擦，在夹具上开有螺纹孔位置处增加钢丝螺纹衬套，减小摩擦，延长夹具的使用寿命。

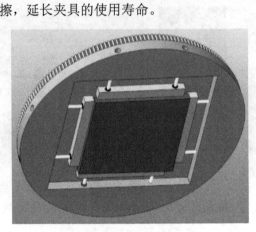

图 7.19　夹持装置结构示意图

7.6　工艺参数对 KDP 晶体环形抛光效果的影响

7.6.1　不同表面沟槽抛光垫试验

采用 ZYP200 型旋转摆动重力式研磨抛光机进行水溶解抛光试验，以定偏心运动形式分别采用圆环形表面沟槽与螺旋形表面沟槽的 IC1000 抛光垫以尺寸为 50mm×50mm×10mm 的 KDP 晶体为例，采用表 7.2 的仿真参数进行水溶解抛光试验，抛光液为 W/O 型微乳液，抛光液流量为 10mL/min，抛光压强为 15kPa，抛光时间为 20min，试验在 1000 级洁净间中进行，环境温度 20℃，相对湿度 45%。

分别对加工后的 KDP 晶体进行表面形貌和粗糙度的测量。圆环形表面沟槽抛光垫水溶解加工后晶体测量数据如图 7.20 所示，可以看到晶体加工后表面有细小的划痕存在，表面粗糙度 RMS 为 2.343nm。螺旋形表面沟槽抛光垫水溶解加工后晶体测量数据如图 7.21 所示，加工后晶体表面光滑近无损伤，无明显缺陷，表面粗糙度 RMS 为 1.320nm。总体而言，螺旋形抛光垫的加工效果较好，与仿真结果一致，故在实际的加工过程中，选择开有螺旋形表面沟槽的 IC1000 抛光垫进行抛光加工。

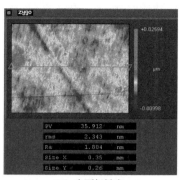

（a）表面形貌　　　　　　　　　　　　　　　（b）表面粗糙度

图 7.20 圆环形表面沟槽 IC1000 抛光垫加工后晶体测量数据

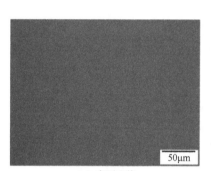

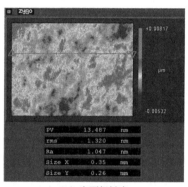

（a）表面形貌　　　　　　　　　　　　　　　（b）表面粗糙度

图 7.21 螺旋形表面沟槽 IC1000 抛光垫加工后晶体测量数据

7.6.2 不同转速比试验

在确定抛光垫的基础上对转速比进行了验证，晶体转速 $n_w=100$r/min 保持不变，改变抛光盘转速，使转速比在 0.5～2 区间内变化，其他参数与仿真参数保持一致，进行 WDUCP 试验。

为了直观地表现出不同加工参数下晶体材料去除量的差异，用 MRR 进行表征，以各加工参数下抛光前后晶体的质量差与表面积的比值作为 MRR。具体的试验结果如图 7.22 所示，定偏心运动形式下，随着转速比的增加，晶体的材料去除率增加，但是当转速比增加到一定程度时，材料去除率的增长趋势趋于稳定。随着转速比的增加，晶体表面在一定区域内轨迹经过的次数增多，去除率增加。另外随着转速比的增加，在离心效应的作用下，晶体底部的抛光液趋向于在边缘聚集，去除率趋向于平缓变化，这也说明了抛光过程中晶体的加工质量并不是由单一因素调控，而是多种影响因素共同作用的结果。而晶体的表面粗糙度 RMS 在整数转速比时较大，相邻的小数转速比时则相对较小，与仿真结果一致，故在实际的加工过程中，选择非整数转速比进行加工，能够达到较好的加工效果。

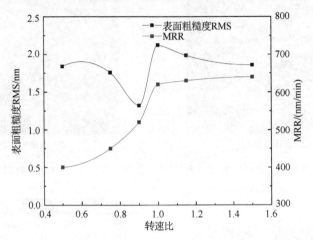

图 7.22　不同转速比下晶体去除率 MRR 和表面粗糙度 RMS 对比

7.6.3　不同运动形式试验

7.2 节～7.4 节我们从轨迹仿真分析角度论证了定偏心与不定偏心两种运动形式对抛光效果的影响，为验证仿真结果的正确性，本节进行试验验证。采用水溶解超精密环形抛光试验系统进行试验，以 100mm×100mm×10mm 尺寸的 KDP 晶体为例，进行水溶解环形抛光试验，抛光液为特制 W/O 型微乳液，抛光液流量为 30mL/min，转速比为 1，抛光时间为 20min，抛光压强为 10kPa，其他参数与仿真参数一致。KDP 晶体用砂纸干磨处理，先用 1000 目砂纸去除晶体表面明显的缺陷，然后依次用 2000 目及 5000 目砂纸干磨，直至晶体表面无明显缺陷。砂纸干磨后的 KDP 晶体如图 7.23 所示。

图 7.23　砂纸干磨后的 KDP 晶体样件

两种运动形式加工后晶体表面形貌如图 7.24 所示。可以发现，定偏心运动形式加工后的晶体表面有细小的划痕存在，并且表面有抛光液聚集现象 [图 7.24（a）]。图 7.24（b）中不定偏心运动形式加工后的晶体表面无明显缺陷，面形精度较高。在不定偏心运动形式中引入径向运动，使抛光液分布更均匀。两种运动形式加工后的晶体表面粗糙度 RMS 见图 7.25。定偏心与不定偏心运动形式加工后的晶体表面粗糙度 RMS 值分别为 4.678nm 与 2.182nm，不定偏心运动形式加工后的表面粗糙度 RMS 较小，面形精度较高。

 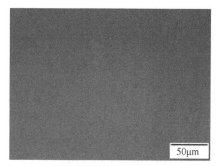

（a）定偏心式　　　　　　　　　　　（b）不定偏心式

图 7.24　WDUCP 加工前后的 KDP 晶体表面形貌

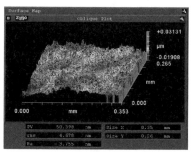 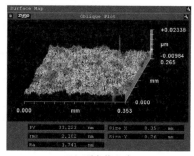

（a）定偏心式　　　　　　　　　　　（b）不定偏心式

图 7.25　WDUCP 加工后 KDP 晶体表面粗糙度

　　两种运动形式加工后晶体平面度对比如图 7.26 所示。可以发现，定偏心与不定偏心运动形式加工后的晶体平面度值分别为 32.207μm 与 22.013μm，加工后晶体边缘部分出现过去除现象，晶体表面呈中间高、四周低的凸台形状，这是因为加工中抛光液在抛光垫上的分布会影响水核和 KDP 晶体的接触机会、接触面积和溶解速度。一般来说，KDP 晶体的边缘最先接触抛光液，然后随着抛光液的流动KDP 晶体的中心开始与抛光液接触。在离心作用下，抛光液倾向于积聚到边缘，即在实际抛光过程中，抛光液在 KDP 晶体加工面位置处分布不均匀，KDP 晶体的边缘比中心接触更多的抛光液，这意味着同一时间晶体边缘位置处的去除更多。同时边缘位置处的速度较大，相同时间内轨迹经过的次数较多，去除率相对较高，所以通过对整个晶体表面平面度测量可以发现，晶体表面呈现中间高、四周低的凸台形状。而不定偏心运动形式下摆动运动的引入可以改善抛光液以及速度的不均匀分布，提高表面质量。一般来说，在不定偏心运动形式下，WDUCP 更容易得到超光滑、超干净的 KDP 晶体表面，这与仿真结果是一致的。

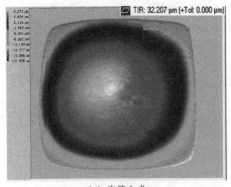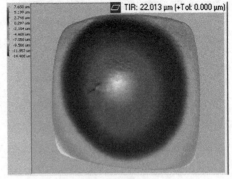

（a）定偏心式　　　　　　　　　　　　　（b）不定偏心式

图 7.26　WDUCP 加工后 KDP 晶体的平面度对比

7.6.4　最佳工艺参数下大尺寸 KDP 晶体双面加工试验

在以上仿真分析与试验验证的基础上，确定了开有螺旋形表面沟槽的 IC1000 抛光垫在不定偏心运动形式下的加工效果最好。为了得到加工效果较好的 KDP 晶体，以 100mm×100mm×10mm 尺寸的 KDP 晶体为例，采用含水量（质量分数）为 15%的抛光液进行水溶解超精密环形抛光双面加工，具体的加工参数如表 7.4 所示。首先采用常规手段进行单面加工，然后选用胶皮和薄膜覆盖两种方法进行已加工表面保护，如图 7.27 所示。胶皮保护，即裁剪与晶体截面尺寸一致的胶皮，在用夹具装夹 KDP 晶体时，将胶片垫于晶体底部，然后进行反面加工。薄膜保护，即用薄膜覆盖已加工表面。

表 7.4　WDUCP 试验加工参数

参数	数值
抛光盘转速 n_p / (r/min)	10
晶体转速 n_w / (r/min)	101
偏心距 e /mm	350
晶体摆动幅度 A /mm	150
晶体的径向移动速度 V / (mm/s)	150
晶体摆动周期 T /s	1
抛光液流量/ (mL/min)	20
抛光压力 P /kPa	10
抛光时间 t /min	20
晶体半径 r /mm	50
抛光液含水量（质量分数）/%	15

（a）薄膜保护

（b）胶皮保护

图 7.27　KDP 晶体已抛光表面的保护措施

运用薄膜及胶皮进行已加工表面保护的双面加工后，已加工表面的情况如图 7.28 所示。进行反面加工后，两者均有抛光液进入已加工表面区域。薄膜保护的已加工表面，由于薄膜与晶体侧壁未能紧密贴合，在晶体自转的过程中，会有抛光液的渗入，但是由于薄膜与已加工表面的紧密贴合性，抛光液只在边缘部位有少量渗入，未能在整个表面自由流动。而胶皮保护的已加工表面，在抛光加工时，侧壁的抛光液不断接触胶皮，被胶皮所吸收，不断在整个表面内渗透流动，从图 7.28 可以看出，除了边缘位置外，抛光液渐渐渗入中心部位，对已加工表面的防护性较弱，故选择薄膜保护已加工表面来进行 KDP 晶体的双面加工。

（a）薄膜保护

（b）胶皮保护

图 7.28　采用不同保护措施的 KDP 晶体样件在双面抛光后的外观

运用薄膜保护进行双面水溶解环形抛光加工后的 KDP 晶体如图 7.29 所示，可以看到晶体是透亮、超光滑、无明显缺陷的，双面加工后正面与反面的表面粗糙度 RMS 分别为 2.850nm 与 2.247nm，小于 3nm（图 7.30），达到了加工要求，证明了薄膜防护的有效性。但是在实际加工过程中，薄膜保护时要注意薄膜与晶体侧壁的贴合性，并且由于薄膜容易产生褶皱，在进行贴合时，要防止空隙的产生，以免抛光液损伤已加工表面。

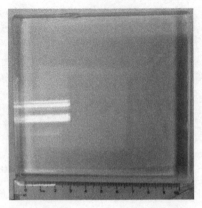

图 7.29　双面加工后的 KDP 晶体[7, 8]

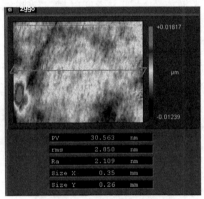

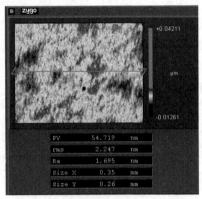

（a）晶体正面　　　　　　　　　　　　　（b）晶体反面

图 7.30　双面加工后的 KDP 晶体表面粗糙度

经以上抛光试验可得，采用开有螺旋形表面沟槽的 IC1000 抛光垫，在不定偏心运动形式下，采用非整数转速比，以薄膜进行已加工表面的保护，进行水溶解环形抛光加工，可获得表面粗糙度 RMS 小于 3nm 的高质量 KDP 晶体表面，证明了水溶解超精密环形抛光方法加工大尺寸 KDP 晶体的可行性与有效性，为工程应用的大尺寸 KDP 晶体的超精密加工提供了借鉴。

参 考 文 献

[1] 陈卫华, 包蕾, 张浩斌, 等. 大口径平面光学元件传统及先进加工技术[J]. 激光与光电子学进展, 2010, 1(12): 21.

[2] 李俊卿. 超精密抛光机结构设计及开发[D]. 大连: 大连理工大学, 2020.

[3] 张超. BK7 光学平面玻璃环抛工艺实验研究[D]. 长沙: 湖南大学, 2019.

[4] 石恒志. 环形抛光技术[J]. 光子学报, 1986(4): 1-9.

[5] Jiao X, Zhu J Q, Fan Q T, et al. Application of continuous polishing technology to manufacturing of a lens array[J]. Chinese Journal of Lasers, 2015, 42(7): 0708011.

[6] 谢磊, 马平, 刘义彬, 等. 大口径反射元件环形抛光工艺[J]. 强激光与粒子束, 2012, 24(7): 1687-1690.

[7] 程志鹏. 大尺寸 KDP 水溶解超精密环形抛光方法研究[D]. 大连: 大连理工大学, 2020.

[8] Cheng Z P, Gao H, Liu Z Y, et al. Investigation of the trajectory uniformity in water dissolution ultraprecision continuous polishing of large-sized KDP crystal[J]. International Journal of Extreme Manufacturing, 2020, 2(4): 54-62.

8 KDP 晶体水溶解抛光表面残留物分析及清洗方法

8.1 水溶解抛光表面残留物对 KDP 晶体光学性能的影响

光学性能是光学元件最重要的指标，具体到 KDP 类光学晶体元件，就是其抗激光损伤的能力，即激光损伤阈值，它直接反映了元件的光学性能。水溶解超精密抛光方法已被证实能够改善 KDP 晶体的表面质量，提高其激光使役性能。然而，加工后晶体表面会有大量的抛光残留物，这些残留物会对晶体的表面质量、光学透过率、镀膜工艺等造成影响，最终引起 KDP 晶体抗激光损伤能力的下降，降低其激光损伤阈值。因此，本节对水溶解超精密抛光方法加工后 KDP 晶体表面残留物的影响进行分析讨论。

抛光后表面残留物最直接的影响就是覆盖在已加工晶体的表面，掩盖真实的超光滑表面，引起表面误差，改变表面形貌参数，因此，本节将对表面残留物引起的表面质量变化进行分析。同时表面残留物引起的表面误差又会对入射光造成影响，改变入射光的参数，进而影响入射光的能量，改变 KDP 晶体的激光损伤阈值。而且，表面残留物的物理化学性质与基底晶体的材料不同，还有可能会影响后续的镀膜膜层。因此，本节将从这些方面的对表面残留物的影响进行探讨。

8.1.1 表面残留物对抛光表面质量的影响

基于水溶解原理的超精密抛光能够实现 KDP 晶体低损伤、高质量的加工，改善晶体表面的几何精度，如 PV、表面粗糙度 RMS 和 *Ra* 值，这在先前的研究工作中已经得到证实。表面几何精度的提高对光学元件的光学性能表现有着至关重要的作用，譬如能够减少对入射光的调制，减少散射及反射，增加光的透过率，提高激光损伤阈值等。因此，保证光学元件加工后的表面质量是光学元件发挥其光学性能的前提。

本章采用 ZYGO NewView 5022 三维光学表面轮廓仪对抛光后晶体的表面质量进行测量。对于水溶解超精密抛光后表面有残留物的晶体，其测量结果如图 8.1 所示，可以看到晶体表面覆盖有很多微小的点状凸起，并且点状区域在表面的分布呈现随机不均匀的状态，通过获取点状区域的轮廓曲线可以看到，点状凸起引起的峰谷值可达 30nm，小点的直径为 10μm 左右，说明经过加工后的晶体表面有残留物质，仪器的测量结果无法反映加工后超光滑表面真实的质量情况，测得晶体加工后的表面粗糙度是由加工后的表面残留物引起的表面粗糙度，因此晶体表面的 PV 达到了 63.093nm，表面粗糙度 RMS 值为 4.750nm。抛光后使用专用的清洗液处理后，表面洁净无残留的晶体测量结果如图 8.2 所示，从表面形貌图中可以看出，表面无残留物附着凸起点，变得平整光滑，表面 PV 减小为 21.555nm，表面粗糙度 RMS 降至 2.462nm，截取表面任一位置处的轮廓曲线可以看到，轮廓曲线幅值明显下降，最大值降为 10nm，并且周期性的轮廓凸起消失，轮廓曲线反映出表面的真实情况。这些迹象表明，经过清洗后晶体表面的残留物被去除，表面质量有明显提升，可以判定为露出了抛光后的原始表面。

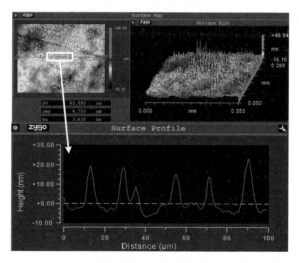

图 8.1　水溶解超精密抛光晶体表面带残留物的形貌图

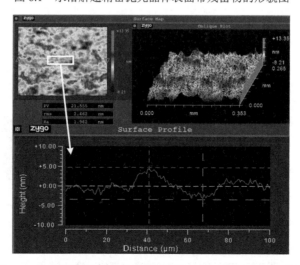

图 8.2　水溶解超精密抛光晶体经过洁净处理后的表面形貌图

对光学元件加工后表面质量的评价，除了传统的面形几何精度指标，学者还引入 PSD 来描述光学表面的频谱分布，它能够直观地反映工件表面轮廓的频域信息。对于高功率激光器中所使用的晶体元件，其在特定空间频率的表面质量具有严格的规定[1]。

为了对抛光表面质量中对激光损伤阈值有重要影响的物理频率进行表征，需对晶体表面形貌数据进行 PSD 分析，二维平面的 PSD 函数可以表示为[2]

$$\text{PSD}(f_x, f_y) = \frac{(\Delta x)^2}{MN} \left| \sum_{n=0}^{N-1} \sum_{m=0}^{M-1} Z(n,m) \exp[-i2\pi(my/M + nx/N)] \right|^2 \tag{8.1}$$

式中，$Z(n,m)$ 是 $N \times M$ 区域内表面轮廓高度的离散函数值；(n,m) 为 KDP 晶体表面在 $N \times M$ 区域内的位置坐标；Δx 是采样间距；f_x 和 f_y 分别是沿着 X 和 Y 方向上的 PSD 函数，$f_x = n/(N\Delta x)$，$f_y = m/(M\Delta y)$；采样区间为 $-N/2 \leqslant x \leqslant N/2$，$-M/2 \leqslant y \leqslant M/2$。当对平面上的线进行 PSD 分析时，式（8.1）转换为如下的一维形式：

$$\text{PSD}(f_x) = \frac{\Delta x}{N} \left| \sum_{n=0}^{N-1} Z(n) \exp\left(-\frac{i2\pi nx}{N} \right) \right|^2 \tag{8.2}$$

图 8.3 是根据以上公式计算得到的抛光后表面有残留物和洁净表面的一维 PSD 曲线图。可以看到，表面有残留物的晶体的 PSD 曲线在 25.7mm^{-1}、75.7mm^{-1}、142.8mm^{-1} 位置处有明显的波峰，这是残留物尺寸在晶体表面引起的空间频率变化，这说明了表面残留物尺寸和分布的不均匀性。有残留物晶体表面的 PSD 值在整个计算空间频率范围内均比洁净表面的值要高，说明了表面残留物引起的表面粗糙度测量值要比洁净表面的真实表面粗糙度值大。

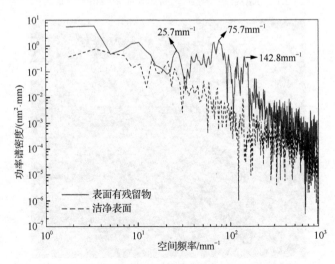

图 8.3　表面有残留物和洁净表面的一维 PSD 曲线

图 8.4 是计算得到的表面有残留物和洁净表面的二维 PSD 对比图，二维的功率谱密度可以反映空间频率在不同方向上的分布信息。由图可见，抛光后晶体表面无论是否有残留物，其 PSD 频谱范围均集中在中低频区域（频率零点），并且空间频率分布在晶体表面无方向性。但是，有残留物的晶体表面的空间频率影响范围要大于抛光后洁净的表面。经过专用清洗液进行洁净处理后，晶体表面的空间频率的幅值大幅下降，由 $3.7 \times 10^5 \text{nm}^2 \cdot \text{mm}^2$ 降至 $1.8 \times 10^5 \text{nm}^2 \cdot \text{mm}^2$，空间频率的影响范围也大幅缩小。

从以上分析可知，水溶解超精密抛光后表面残留物对 KDP 晶体的已加工表面质量有明显影响，它会残留在晶体表面引起表面形貌参数改变，导致仪器测得的 PV 和表面粗糙度 RMS 变大，还会在晶体表面形成影响范围较大的空间频率。这使得加工后真实的超光滑晶体表面被掩盖，同时也增加了对入射激光的调制而增加晶体损伤的风险[3]。

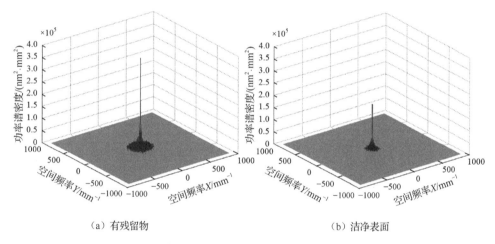

（a）有残留物　　　　　　　　　　　　　　（b）洁净表面

图 8.4　表面有残留物和洁净表面的二维 PSD 图形

8.1.2　表面残留物对晶体光学透过率的影响

影响光学元件透过率的主要因素是元件的表面粗糙度和波纹度，表面粗糙度过高会引起光的漫反射和散射，而表面存在特定频率的周期性波纹将会对光产生调制聚焦和散射，降低透过率，影响透光性能。庞启龙[4]的研究结果表明，对于 KDP 晶体元件，在表面粗糙度差别不大的情况下，表面高频特征明显的元件透光性能较差。而针对镀膜的光学元件，膜层的表面粗糙度 RMS 和折射率是影响其透过率的主要因素。相关研究表明[5]，薄膜的表面粗糙度 RMS 引起的光散射强度 L 服从：

$$L \approx \left(\frac{4\sigma\pi\cos\theta}{\lambda} \right)^2 \qquad (8.3)$$

式中，σ 为薄膜的表面粗糙度 RMS；θ 为入射角；λ 为入射波长。由上式可以看出，薄膜引起的表面粗糙度越高，产生光散射越严重，薄膜透光性降低越多。

一般在应用中认为，如果光散射强度低于 1%，那么由薄膜表面粗糙度引起的散射损失可忽略不计[6]。在本节中，由表面残留物引起的 KDP 晶体表面粗糙度 RMS 测量值在 5nm 左右，假设入射光强度为 1，当入射角 θ 为 0°、入射光波长为基频（1064nm）时，所允许的表面粗糙度 RMS 最大值需小于 8.47nm，显然，有表面残留物的晶体可以满足要求。当入射波长为二倍频或者三倍频时，所允许的表面粗糙度 RMS 的最大值分别为 4.24nm 和 2.83nm，带有表面残留物的晶体则不能够满足使用需求。

本章对抛光后 KDP 晶体透过率的测量所使用的仪器为美国珀金埃尔默公司生产的紫外可见光近红外分光光度计，图 8.5 为试验测量结果。从图中可以看到，表面残留物确实对抛光后晶体的透过率有影响，在 200～1200nm 波长范围内，有表面残留物的晶体透过率比洁净处理后的晶体低 10%左右。晶体光学透过率的降低很可能是表面残留物及其引起的粗糙度变化对入射光产生了吸收、反射及散射作用，这些作用在激光辐照时会降低入射激光的能量，降低 KDP 晶体的光学性能。

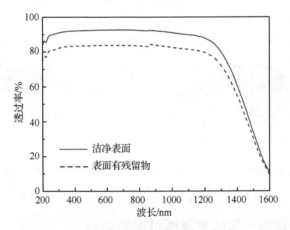

图 8.5　洁净表面和有残留物表面的透过率曲线

8.1.3　表面残留物对激光损伤阈值的影响

KDP 晶体水溶解超精密抛光后表面残留物除了影响晶体抛光表面质量和光学透过率外，还会对晶体的激光损伤阈值造成影响，而激光损伤阈值是光学元件使役性能中最重要的指标。因此，本节将对实际加工后的晶体进行激光损伤试验，开展表面残留物对水溶解超精密抛光后 KDP 晶体的激光损伤阈值影响的研究。

1. 激光损伤阈值试验

本节针对水溶解超精密抛光后的 KDP 晶体采用的激光损伤阈值试验方式是

1-on-1，即晶体上每个试验点只进行一次激光辐射，同一激光能量下试验 10 个点。试验中使用的激光光源是 Nd:YAG 激光器（型号 PL8000，美国 Continuum 公司），工作波长为 355nm，脉冲宽度 6.8ns，激光脉冲的重复频率是 1Hz，激光损伤试验光路如图 8.6 所示，激光光束通过透镜聚焦在三维工作台上的 KDP 晶体样件表面，工作距离为 2m，入射角为 0°，测得的高斯型光束的焦斑面积为 0.22mm^2，试验参数如表 8.1。测量时，能量计布置在光路中对每束激光的能量进行读数，其中的一个 He-Ne 激光器被作为准直光路，另外一个 He-Ne 激光器照射试验晶体样件上光斑位置，用来检测 KDP 晶体表面试验点的损伤状况。

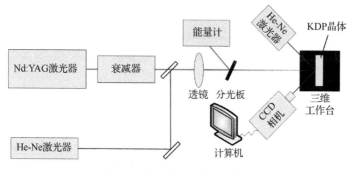

图 8.6　激光损伤试验光路图

表 8.1　激光损伤试验参数

参数	数值
波长/nm	355
脉宽/ns	6.8
光斑面积/mm^2	0.22
入射角/（°）	0
频率/Hz	1
试验距离/m	2
环境温度/℃	25
相对湿度/%	43

　　由于采用 1-on-1 的试验方法，即每个试验点只辐照一次，随后激光能量以设定的梯度向上增加，直至某个能量下的所有试验点全部损伤，根据国际试验标准《激光和激光相关设备　激光导致损伤阈值的试验方法　第 1 部分：定义与一般原则》（ISO 21254-1：2011）[7]，以激光能量密度作为横坐标，使用统计方法得到的损伤概率作为纵坐标，将损伤点分布概率标记在坐标系中，然后采用最小二乘法拟合出损伤概率和激光能量密度之间的关系曲线，取拟合线与横坐标轴的交点作为激光损伤阈值，即零概率激光损伤阈值。本试验中统一选取零概率损伤下的激光能量密度值作为试验样件的激光损伤阈值。零概率激光损伤阈值的作图求解方式如图 8.7 所示。

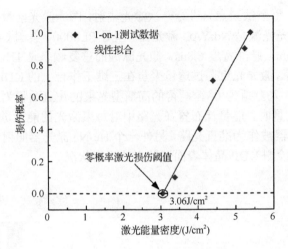

图 8.7　零概率激光损伤阈值计算

2. 激光损伤阈值分析

根据前文的 KDP 晶体零概率激光损伤阈值（laser induced damage threshold，LIDT）的计算方法，得到试验中所有晶体样件的激光损伤阈值，将水溶解超精密抛光后晶体表面带有残留物和经过洁净处理的晶体样件的激光损伤阈值作对比，如图 8.8 所示。抛光后表面有残留物的晶体样件的激光损伤阈值比洁净表面样件的激光损伤阈值有所降低，平均值降低了 $0.067J/cm^2$，而激光损伤阈值的波动性显著增大，达到洁净表面的 9.14 倍，波动增加了激光损伤的不稳定性，容易给元件和光路带来破坏。

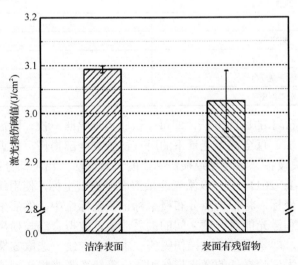

图 8.8　试验晶体样件的激光损伤阈值对比

对于水溶解超精密抛光后有表面残留物的晶体来说，激光损伤阈值的波动被认为是由晶体表面的残留物造成的。通过扫描电子显微镜观测抛光残留物凝固在晶体表面后的形貌，如图 8.9 所示，可以看到凝固后的残留物呈膏状覆盖在晶体表面，在稀薄的边缘处，会产生很多气孔交替分布，在部分区域，表面残留物有明显的终止边界。这些抛光残留物遮挡住了加工后的原始晶体表面，会对入射激光造成扰动，产生光强调制和散射、衍射效应，引起光热弱吸收，影响激光损伤阈值的稳定性[8]。

由以上分析可知，KDP 晶体的抗激光损伤性能主要是由其本身材料的性质决定的，并受到表面残留物的影响，水溶解超精密抛光后晶体表面残留物能够对入射激光产生吸收、散射等作用，对入射激光的能量造成扰动，使得测量结果波动变大、随机性增加，影响超精密加工后 KDP 晶体超光滑表面真实的激光损伤性能。

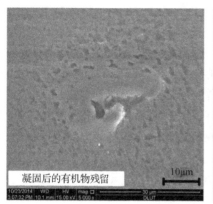

图 8.9　水溶解超精密抛光晶体样件表面的凝固残留物

8.1.4　表面残留物对镀膜膜层的影响

由于 KDP 晶体这种光学元件具有软、脆、易潮解的特性，长时间暴露在环境中，经过超精密加工后的表面质量会随着时间的增加而迅速降低，这将严重影响晶体元件的性能和使用寿命，因此，不能将其直接地应用在激光装置和设备上。为了提高晶体的抗环境干扰能力且不影响晶体的光学性质，国内外大量的科研人员对 KDP 晶体镀膜开展研究。

研究发现，通过化学涂膜的途径解决 KDP 晶体的防潮和增透问题具有极大的优越性[9]。通常，经过超精密加工后的 KDP 晶体表面在使用之前需要进行镀膜处理，先是喷涂基层防潮膜，然后是减反膜及增透膜，防潮膜层是为了保护晶体不受空气中的水分侵蚀，而增透膜和减反膜是为了提高晶体的光学性能。目前，已报道的适用于 KDP 晶体且具有优良光学透过率和折射率的防潮膜的成分中都含有甲基硅氧烷（甲基硅酮），其化学成分如图 8.10 所示。Thomas[10]采用凝胶溶胶

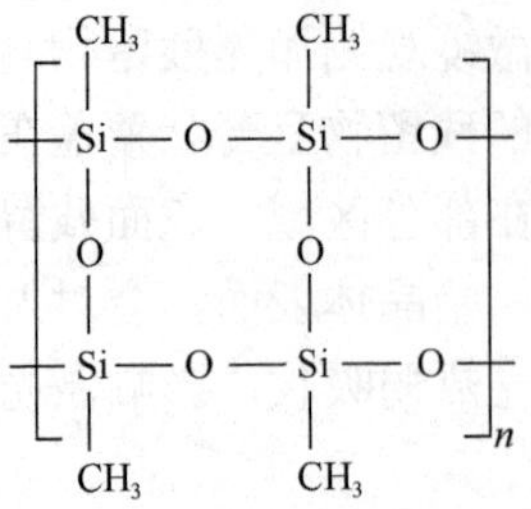

图 8.10　防潮膜膜层主要化学成分[13]

旋涂工艺制备了 KDP 晶体专用的防潮膜，其主要成分就是甲基硅氧烷，这对 KDP 晶体的防潮性能有了很大提升。张伟清等[11]和熊怀等[12]也采用溶胶凝胶工艺，通过对膜层成分进行化学改性，成功制得 KDP 晶体用甲基硅氧烷防潮和减反膜，并在此基础上研究了其性能。KDP 晶体从防潮膜中引入烷基基团后，薄膜的疏水性和透过率都有了很大的提高。

在晶体表面薄膜的镀制过程中，基底材料的表面状况对镀膜膜层有重要的影响。首先，镀膜的过程是晶体表面形貌的复印过程，此种情况下，由抛光后表面残留物引起的表面质量恶化将直接反映到镀制的膜层表面，这会引起膜层的光学性质发生变化，失去减反或者增透的作用，甚至还会对入射激光进行调制，改变光束质量，破坏基底材料。其次，抛光后表面残留物如果覆盖在镀膜膜层下面，则会形成气泡、包裹体、节瘤等缺陷，这些缺陷会在激光损伤过程中扮演损伤先驱体的角色，降低薄膜的激光损伤阈值。而且，当表面残留物为有机物成分时，其还可能与镀膜膜层成分发生化学反应，溶解膜层成分，在局部形成点坑或者孔洞，破坏光学薄膜的完整性和致密性。表面残留有机污染物还能够降低镀膜膜层与基底材料之间的化学键合力，降低膜层与基底之间的黏附能力，导致膜层脱落等灾难性结果。Cui 等[14]研究发现，基底元件表面的有机污染是导致光学薄膜抗激光损伤能力降低的重要原因。程勇等[15]强调，基底表面的洁净程度是保证光学元件镀膜膜层附着能力及激光损伤阈值的前提。

因此，为了研究水溶解超精密抛光后 KDP 晶体表面残留物对镀膜膜层的影响，本章对表面残液和防潮膜层的主要化学成分进行了相溶性试验。试验收集的抛光残液如图 8.11（a）所示，为澄清无色透明的液体；防潮膜层的主要化学成分为甲基硅氧烷，如图 8.11（b）所示，也是澄清无色透明的液体；将两者进行混合之后的溶液如图 8.11（c）所示，可以看到，混合后的溶液变成了乳白色浑浊状，这说明了抛光残留物与镀膜膜层的化学成分发生了作用，这不仅能够损坏镀膜膜层，破坏膜层的致密性，形成损伤缺陷，而且会降低膜层的光学透过率附着能力，这对镀膜工艺和应用极为不利，必须去除。

综上，水溶解超精密抛光后 KDP 晶体表面残留物对晶体的影响是多方面的。首先，表面残留物覆盖在已加工晶体的光滑表面引起表面形貌参数改变，导致测得的表面粗糙度最大值和面型精度值均变大；其次，表面残留物还会降低已加工晶体元件的光学透过率，降低光学元件的激光损伤阈值及其稳定性；最后，表面残留物能够与后续镀膜膜层成分发生化学反应，破坏镀膜膜层。因此，针对水溶解超精密抛光后的 KDP 光学晶体元件，必须对其表面进行清洗和洁净处理，彻底除去表面残留物，使得加工后的超精密、抗损伤原始表面完全裸露，以满足后续的镀膜要求及工程应用上的激光使役性能要求。

（a）抛光残液　　　　　（b）甲基硅氧烷　　　　　（c）混合后

图 8.11　抛光残液与膜层成分的作用

8.2　抛光后表面残留物的性态及吸附机理分析

基于水溶解原理的 KDP 晶体超精密数控抛光过程所使用的抛光液为 W/O 型微乳液，抛光过程中所采用的抛光工具是小型平面抛光头，其覆盖面积不足工件尺寸的 1/4。抛光过程中为了防止非加工区域与空气中的水分接触而发生潮解反应，因此在整个工件表面都覆盖上一层抛光液。在抛光区域，抛光液与晶体材料发生反应而产生材料去除，这些成分复杂的抛光液体产物在加工完成后会残留在工件表面，影响晶体的激光损伤阈值和后续应用，必须将其去除。因此，弄清楚抛光后残留物的成分及其在晶体表面的吸附机理是制定相应清洗去除策略的前提。本节在详细分析抛光液化学成分和水溶解抛光过程机理的基础上，通过使用检测分析仪器确定了抛光后 KDP 晶体表面残留物的分布及其化学成分，揭示了残留物在超光滑 KDP 晶体表面的吸附机理，为后续清洗方法的制定提供理论依据。

8.2.1　抛光后表面残留物的性态分析

1. 表面残留物的物理分布状态

针对大尺寸 KDP 晶体的超精密数控抛光过程使用的是小抛光头，加工现场如图 8.12 所示。在加工区域，小抛光头与晶体表面接触，在程序的控制下完成整个加工过程。抛光过程中除去小抛光头所覆盖的加工区域，大部分晶体表面处于非加工区域，为了防止非加工区域表面与空气中的水分反应而发生潮解，晶体整个表面都被喷洒覆盖上一层抛光液，如图 8.13 所示。由于抛光液中的水分子被油基母液隔开，且没有机械作用的参与，不会与晶体材料直接接触发生腐蚀溶解。同时，非加工区域提前覆盖上一层抛光液也有利于加工过程的持续进行，保证了数控加工的连续性。

图 8.12　加工现场图

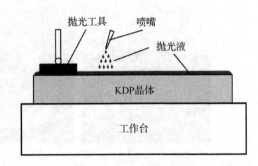

图 8.13　加工过程示意图

经过水溶解超精密抛光后的晶体表面会残留大量的液体物质，先用滤纸和擦镜纸进行简单处理，擦拭吸干表面的流动残液，然后使用 OLYMPUS MX40 金相显微镜观察。残留物在晶体表面的分布状况如图 8.14 所示，可以看到晶体表面布满了残液，残液以微小的液珠、棒状或者条状液滴的形态分布在晶体表面，液珠的直径在数微米左右，与擦拭吸干过程有关，条状液滴是液珠连接而形成的，宽度和液珠相同，长度为数十微米，从显微镜照片上看，它们在晶体表面的分布具有方向性，沿着擦拭痕迹的方向随机分布。表面残液的这种形态是因为油基抛光液有很强的疏水性，致使残液黏度很大，当其少量分布在局部区域时，由于表面张力作用能够自发聚集成液珠，同时在液珠集聚过程的路径上会形成一层薄薄的液膜，如图 8.14（b）中左侧区域所示。这些抛光残留物遮盖住了原本加工得到的高精度表面，严重影响晶体的表面质量。

（a）液珠

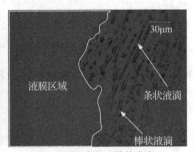

（b）液膜和条状及棒状液滴

图 8.14　抛光后 KDP 晶体表面残液分布状况

由于抛光后表面残液和 KDP 晶体均是无色透明的，这使得在光学显微镜下无法观测到厚度较薄的液膜，只能通过残留物分布区域边缘的终结处看到一些薄膜存在的端倪。关于 KDP 晶体超光滑表面残留液膜的检测，关利超[16]研究了基于光学中的椭圆偏振技术和原子力显微镜检测液膜厚度方法，确定了 KDP 晶体表面抛光清洗后残留液膜的存在，且其厚度最薄处为纳米级别。为了进一步观测确定水溶解超精密抛光后 KDP 晶体表面残液的状态及液膜的存在，使用 ZYGO NewView 5022 三维光学表面轮廓仪对抛光加工后未清洗的晶体表面进行观测，结果如图 8.15 所示，可以看到干涉仪成像后的表面残留物分布状态和光学显微镜观测到的结果一致，残留物为小液珠、条状和棒状液滴。这些残留物对 KDP 晶体抛光加工后的表面粗糙度 RMS 有影响，特别是对晶体表面 PV 的影响尤为明显。

（a）液珠区域   （b）条状和棒状液滴区域

图 8.15   KDP 晶体表面残留物观测图

由于 KDP 晶体水溶解超精密抛光过程在 1000 级洁净间中进行且只用到专用的 W/O 型微乳液，整个抛光过程中没有使用磨粒，所以加工后晶体的表面残留物成分中没有固体颗粒残留物，显微镜观测到的结果也显示晶体表面没有固体颗粒物残留。因此，基于水溶解原理的 KDP 晶体超精密数控抛光后的表面残留物分布状态可以表示成如图 8.16 所示情形，晶体表面只有抛光残留物形成的液珠和液膜，没有固体颗粒物残留，这也是水溶解超精密加工方法和 MRF 方法加工 KDP 晶体表面残留物的最大区别之处。

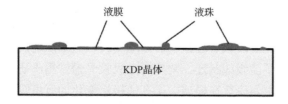

图 8.16   抛光后 KDP 晶体表面残留物分布示意图

　　为了更好地确定表面残留物的分布状态及其对抛光后晶体表面的影响，将一块经过水溶解超精密抛光后带有残留物的 KDP 晶体表面的半面进行洁净处理，然后放在 ZYGO NewView 5022 三维光学表面轮廓仪下进行观测，结果如图 8.17 所示。可以看到晶体表面形貌有明显的区别，左上部分是洁净的状态，呈现为平整连续的状态，右下部分则被一层油腻状物质所覆盖，表面呈颗粒状高低起伏分布，两个区域的界限非常明显。两个区域的轮廓对比曲线则更加明显地反映了这种差异，洁净区域的表面轮廓线是常见的表面粗糙度 RMS 的微峰谷波动，峰谷值差异较小，而污染区域的轮廓线则掩盖了这两种信息，表现为较少、比较大的峰谷波动，且峰谷过度变得平滑，表面高度的平均值比洁净区域要大，说明了污染区域被油状物质覆盖的事实。

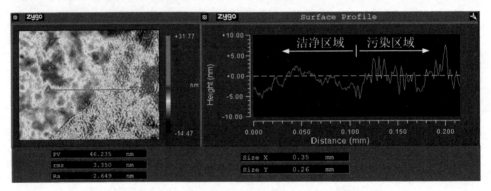

图 8.17　KDP 晶体表面状态对比分析观测图

2. 表面残留物的化学组成分析

　　清楚了水溶解超精密抛光后 KDP 晶体表面残留物的分布状态后，还需要对其化学成分进行分析测定，这样才能够有针对性地对其进行去除。由上文分析可得，表面残留物成分初步确定为与水溶解抛光过程有关的液体，主要是有机液体成分。因此，本节中采用化学分析中常用来测量有机物分子的红外光谱仪来分析残留物的化学组成。

　　红外吸收带的波长位置及吸收带的强度反映了物质分子结构的特点：吸收带的位置可以用来鉴定未知物的分子结构；吸收带的强度可以用来对分子的组成或其化学基团的含量进行定量分析。红外光谱与紫外可见吸收光谱的不同之处在于物质分子吸收红外光后，只引起分子的振动和转动能级跃迁，不涉及紫外可见吸收光谱中的分子电子能级的跃迁。紫外可见吸收光谱常用于研究无机物和不饱和有机物，红外光谱主要研究在振动中伴有偶极矩变化的有机物，几乎所有的有机物在红外光区均有吸收。

红外光谱分析中常规的透射法是使用压片或涂膜进行测量，将样品研磨或者压碎制作成 KBr 压片或者用高聚物溶液进行涂抹制备薄膜，这样会对被测样品造成破坏，改变样品的表面或者微观状态，对某些特殊的难溶、难熔、难粉碎等样品试验造成困难，给测量带来了一定的局限性。针对水溶解超精密抛光后 KDP 晶体超光滑表面上残留物质的测量，这种破坏性的检测方法显然不适合。为此，采用衰减全反射（attenuated total reflection，ATR）方法来测量，ATR 光谱法是一种表面采样技术，获得的主要是样品表面层的光谱信息，因此尤其适合观测样品表面成分的变化。这种方法出现于 20 世纪 60 年代，它通过样品表面的反射信号获得样品表层有机成分的结构信息，制样简单，无破坏性，能够保持样品的原貌，不损坏样品本体的机械强度，对样品的大小、形状、含水量没有特殊要求，它检测灵敏度高，测量区域面积可为数微米大小，能得到测量位置处化合物分子的结构信息、官能团空间分布的红外光谱图像微区的可见显微图像[17]。这种测量方法只需在普通的红外光谱仪上配置 ATR 附件即可实现测量，仪器价格相对低廉，操作十分简便。本节中针对 KDP 晶体水溶解抛光后超光滑表面上的残留物测量所使用的红外光谱仪是 NICOLET 6700 傅里叶变换红外光谱仪，测量时 KDP 晶体样件被测表面朝下，贴合工作平面，背部有压头压紧，红外光谱仪的性能指标如表 8.2 所示。

表 8.2　NICOLET 6700 傅里叶变换红外光谱仪的性能指标

名称	参数指标
干涉仪	数字化连续动态调整，130000 次/s
光谱范围	$15\sim27000\text{cm}^{-1}$
分辨率	$>0.09\text{cm}^{-1}$
峰-峰噪声值	$<8.68\times10^{-6}$ AU（1min 扫描，4cm^{-1} 分辨率） $S/N=50000:1$（1min 扫描，4cm^{-1} 分辨率）
线性度	—
波数精度	0.01cm^{-1}

注：S/N 表示信号平均功率与噪声平均功率的比值

1）纯净 KDP 晶体的红外光谱

测量抛光后晶体表面残留物的反射红外光谱时，不可避免地会将 KDP 晶体本身成分的红外光谱信息作为背景包含进去，由前面的分析可知水溶解超精密抛光 KDP 晶体过程的产物是 KDP 溶液，当测量残留物成分的光谱时，可以将 KDP 晶体的背景信息直接抠除，因此，需先测得纯净 KDP 晶体的红外光谱。纯净 KDP 晶体的制备方法是选取与待加工晶体品质相同的晶体，将其敲碎并取出中间部分材料，压成粉末制成 KBr 压片，采用透射法来测量。采用此法测得的 KDP 晶体的透射红外光谱如图 8.18 所示。

　　KH_2PO_4 晶体中包含了离子键和共价键，在一个晶胞中，PO_4^{3-} 基团形成了三维的立方体框架并且位于框架的顶角，PO_4^{3-} 基团近似呈正四面体结构，一个 PO_4^{3-} 基团和相邻的 PO_4^{3-} 基团通过氢键连接。从晶体的红外光谱图中可以看出：在波数 $435cm^{-1}$ 和 $538cm^{-1}$ 处出现的特征吸收峰是 PO_4^{3-} 基团中具有红外活性的 O—P—O 的面外弯曲振动峰；位于 $881cm^{-1}$、$1050cm^{-1}$ 和 $1091cm^{-1}$ 波数处的特征吸收峰分别是 H—O—P—O—H 面内的对称和反对称伸缩振动峰以及 O—H 键的面外弯曲振动峰；O—H 键的面内弯曲振动峰出现在波数 $1303cm^{-1}$ 处；在波数为 $1668cm^{-1}$、$2475cm^{-1}$、$2890cm^{-1}$ 和 $2975cm^{-1}$ 处的 H 原子振动带是由费米共振的 O—H 伸缩振动模和弯曲振动模相缔合或是由 O—H 的快速振动和 O···O 的低速伸缩振动之间的强烈耦合造成的，分别被指定为 C、B 和 A 类高频 H-振动吸收带[18, 19]；而在高波数位置 $3356cm^{-1}$ 处宽大的吸收峰则是 O—H 键的伸缩振动造成的。这些都是 KDP 晶体的特征吸收峰，是晶体分子内部各种化学键对红外光吸收的外在特征表现。

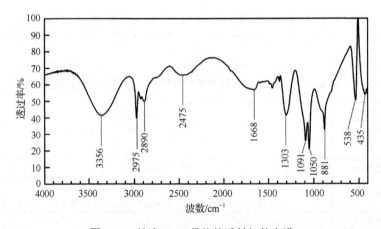

图 8.18　纯净 KDP 晶体的透射红外光谱

　　上文中经过透射法测得的晶体红外光谱图主要是与下文中 KDP 晶体表面的反射红外光谱做对比分析使用。在对抛光后的晶体表面残留物进行测量时，为不破坏晶体的已加工高质量表面，采用了 ATR 法进行。因此需先测出纯净 KDP 晶体的 ATR 光谱图，所需纯净 KDP 晶体样件的制备方法是：选取一块与待加工 KDP 晶体品质相同的晶体，将晶体敲击裂开，选取沿解离面裂开后的晶体块作为样件，测量解离面处的 ATR 红外光谱，得到如图 8.19 所示光谱图，认为是纯净 KDP 晶体的 ATR 红外光谱图。

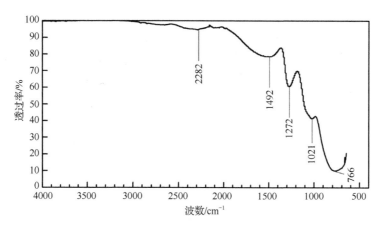

图 8.19　纯净 KDP 晶体的 ATR 红外光谱

从图 8.19 中可以明显看出，KDP 晶体的 ATR 光谱与透射光谱在谱线的形状上有着明显的区别，首先是 ATR 光谱少了许多特征吸收峰，特别是在高波数区域，其次是这些特征吸收峰在不同波数区域的强度差异非常明显。这是由 ATR 法的测量原理所决定的，ATR 法中光线穿透样品的深度随着波长的增加而加深，如果在某个长波段（低波数）样品成分对光有吸收，则反射回来的光的强度较弱，因此，ATR 谱在高波数区域谱带强度较弱，随着波数的减少（波长增加），吸收峰的强度呈线性上升。在高波数区域，纯净 KDP 晶体中 O—H 键伸缩振动的特征吸收峰极弱甚至消失，这为晶体表面残留物中含有 O—H 键物质的测量提供了极佳的观测机会。在波数为 2282cm^{-1} 处是 O—H 键（band B）的伸缩振动吸收峰[20]，P—O—H⋯O—P 的伸缩振动吸收峰出现在波数 1492cm^{-1} 处，在波数为 1272cm^{-1} 和 1021cm^{-1} 处的特征吸收峰是 PO_4^{3-} 基团中 P=O 和 P—O 的伸缩振动峰[21]，766cm^{-1} 波数处的吸收峰仍然是 H—O—P—O—H 的面内对称伸缩振动所造成的，这些都是 KDP 晶体的特征峰。由于没有对 ATR 测量样品进行挤压粉碎，改变其表面及物质状态，因此 ATR 光谱中各个特征峰相比透射光谱中峰的位置有少量漂移。

2）抛光后未清洗晶体的红外光谱

水溶解抛光后未清洗的晶体表面覆盖了大量残留物质，无法直接测量，使用滤纸和擦镜纸吸湿和擦拭处理后，残留物将以液珠、液滴和液膜形式分布在晶体表面，如图 8.14 所示，然后可以对其表面进行 ATR 红外光谱的测量，结果如图 8.20 所示。

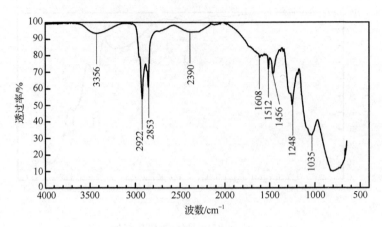

图 8.20 抛光后未清洗晶体表面测量点 1 处的红外光谱

可以看到，在波数 3200~3700cm⁻¹ 宽大的特征吸收峰是 O—H 键的伸缩振动峰，此峰在纯净 KDP 晶体的 ATR 红外光谱中未曾出现，说明残留物成分中含有羟基（—OH）官能团。在波数 2922cm⁻¹ 和 2853cm⁻¹ 处的强吸收峰分别是甲基（—CH₃）、亚甲基（—CH₂）和次甲基（—CH）中的 C—H 键的反对称和对称伸缩振动峰，其验证峰为出现在 1512cm⁻¹ 波数处的甲基和亚甲基的弯曲振动峰以及 1465cm⁻¹ 波数处的甲基弯曲振动峰，证明残留物成分中含有—CH₃、—CH₂、—CH 等基团。在波数为 2390cm⁻¹ 处的吸收峰位置同纯净 KDP 晶体相同，是 KDP 晶体本身的 O—H 键的伸缩振动吸收峰。在波数 1608cm⁻¹ 位置及其附近的一些微小杂峰是芳环基团中的碳碳双键的伸缩振动吸收峰，说明表面残留物成分中含有苯环，由于其含量较少，因此其特征峰不甚明显。波数 1248cm⁻¹ 和 1035cm⁻¹ 处是醚键（—O—）的反对称伸缩振动吸收峰，表明残留物中含有醚键。综上分析，抛光后 KDP 晶体超光滑表面残留物的化学成分是含有羟基、甲基、亚甲基等基团的有机物。为了进一步确定表面不同位置残留物的成分是否相同，另选表面任一区域进行测量，得到的 ATR 红外光谱如图 8.21 所示。对比两幅谱图可以看出，光谱曲线走势和特征峰的位置都相同，说明表面残留物的成分相同，只是在 KDP 晶体表面各处的分布不均匀。

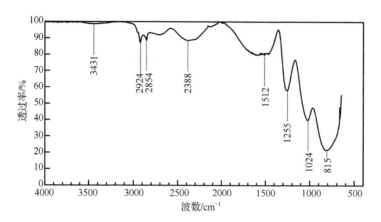

图 8.21 抛光后未清洗晶体表面测量点 2 处的红外光谱

将纯净 KDP 晶体和抛光后未清洗 KDP 晶体的红外光谱进行对比，如图 8.22 所示。在高波数区域，抛光残留物质的特征峰异常明显，主要是羟基、甲基、亚甲基和次甲基的振动吸收峰；而在低波数区域，有少量残留物的特征吸收峰出现。说明抛光后未清洗晶体表面的红外光谱曲线是以纯净 KDP 晶体为背景，与表面残留物成分的吸收特征峰叠加形成的。

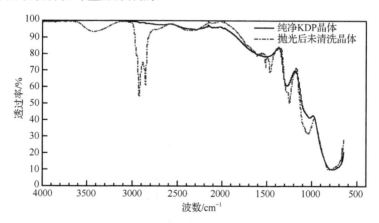

图 8.22 纯净 KDP 晶体和抛光后未清洗晶体红外光谱对比

3）抛光液含水量为 0 的红外光谱

为了确定 KDP 晶体的表面残留物与抛光液成分之间的关系，对抛光液进行了红外光谱测量。为了避免水中游离态的羟基对光谱曲线的影响（因为水中游离态羟基的特征峰出现在 $3500cm^{-1}$ 和 $1600cm^{-1}$ 波数左右，是异常宽大的强吸收峰，容易将其他物质的峰淹没），采用含水量（质量分数）为 0 的抛光液，测得的红外光谱如图 8.23 所示。可以看到在高波数区域，有明显的羟基、甲基和亚甲基等的特征吸收峰，且出现位置和抛光后未清洗的 KDP 晶体表面的 ATR 红外光谱曲线相同。在低波数区域，抛光液成分中的特征吸收峰较多，出现在 1610cm^{-1} 波数处的芳香环的特征吸收峰较明显，且周围伴随有多个微小的杂峰，与未清洗晶体表面此位置处观测到的情况类似；在 1467cm^{-1} 波数处的吸收峰是甲基及亚甲基的振动峰，醚键的强吸收特征峰位于 1113cm^{-1} 波数处，还有低波数区域（700~1000cm^{-1}）直链的碳碳双键和碳氢键等的特征吸收峰。从分析中可以得到，表面残留物的特征峰全部包含在抛光液的红外光谱曲线中。

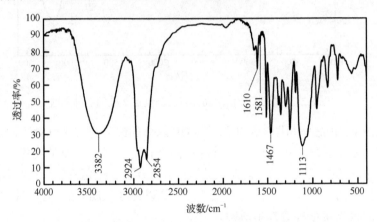

图 8.23　抛光液含水量（质量分数）为 0 的红外光谱

　　综上所述，水溶解超精密抛光后 KDP 晶体的表面残留物成分主要是抛光液体，其化学组成包含苯环、醚键、甲基、亚甲基和羟基等，如图 8.24 所示。由于抛光液中含有非离子型表面活性剂和直链型长链醇，因此其亲水基团羟基和醚键与疏水性基团甲基等分布在分子链的两端，抛光后晶体的表面残留物可能是该成分化合物中的一种或者几种的混合物，呈油状液体，具有强烈的疏水性。

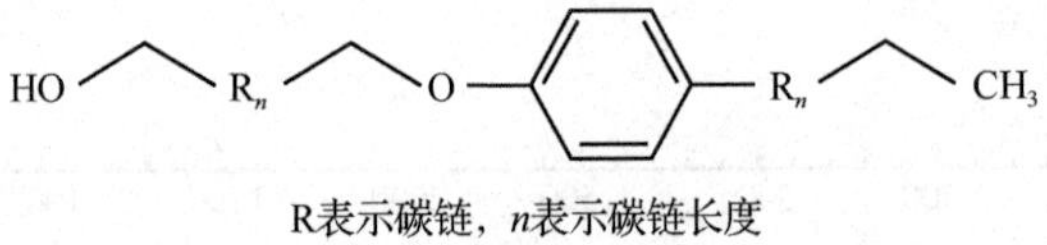

R表示碳链，n表示碳链长度

图 8.24　表面残留物化学成分示意图

8.2.2　抛光后表面残留物的吸附机理分析

　　由上文分析可知，水溶解超精密抛光后 KDP 晶体的表面残留物以液珠、液滴和液膜的形式分布在加工后晶体的超光滑表面。红外光谱分析显示残留物中含有特定化学基团，这些基团表现出特定的化学性质，与 KDP 晶体表面产生物理化学作用，吸附在超光滑的晶体表面难以去除，又由于抛光残留物中没有固体颗粒，主要是抛光残液成分，因此表面残液的附着是固-液界面的吸附。固-液界面的吸附需要考虑液体分子的性质和固体已加工表面的状态，它们之间吸附性能的强弱主要取决于液体分子与固体表面分子之间作用力的强弱。

1. KDP 晶体抛光后的表面状态

分析水溶解超精密抛光后 KDP 晶体表面状态是开展残液与其相互作用研究的前提。在自然界中存在的表面称为实际表面，它是与理想表面相对应的。理想表面是指理论上结构完整的二维点阵平面，表面的原子分布位置和电子密度与体内一样，而在现实中这种表面是不存在的。不存在吸附物也不存在任何污染的固体表面称为洁净表面，因为洁净表面的上方没有原子存在，表面原子会受到下层原子的拉力，由于固体不像液体那样容易通过移动改变形态，所以表面原子的能量高于内部原子，如果表面原子没有足够的附加能量，将被拉到下面去，这部分附加能量称为表面张力。相对于理想表面而言，为了减少表面张力，使系统达到稳定状态，处于洁净表面的表面区原子的排列应做某种程度的调整，具体表现为表面弛豫、重构、吸附等，如图 8.25 所示。

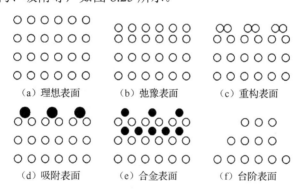

(a) 理想表面　　(b) 弛豫表面　　(c) 重构表面

(d) 吸附表面　　(e) 合金表面　　(f) 台阶表面

图 8.25　洁净表面的表面区原子排列情况

固体表面张力越大，则越倾向于吸附其他相的物质原子来降低表面能，宏观表现为吸附作用越强。实际情况下加工表面与多种因素相关，从原子排列的角度来看，表面区原子的排列大概在几层原子厚度范围内与体内有差别。通常认为，距表面处 5～100Å（1Å=0.1mm）范围内，原子排列与体内有所不同。样品经过切削、研磨、抛光之后，表面区的晶粒尺寸在几十至数百微米范围内有明显差别。对于光学材料来说，其加工后的表面及亚表面状态如图 8.26 所示，表层 0～0.1μm 深度范围内是抛光表面水解层，与所使用的加工液以及环境有关，其下面是机械加工引起的破裂层，分布着杂乱的损伤裂纹，里面还可能嵌入磨料磨粒等物质，往下紧挨着的是变形层，主要是裂纹尖端应力场产生的残余应力，可达几十至数百微米以上。

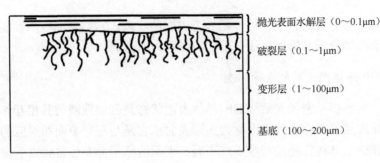

抛光表面水解层（0~0.1μm）

破裂层（0.1~1μm）

变形层（1~100μm）

基底（100~200μm）

图 8.26　光学材料加工后的亚表面损伤[22]

　　固体材料经过机械加工后，会在表层以下发生剧烈的组织结构变化，造成一定程度上的晶格畸变，特别是在研磨和抛光后，在变形层基底一侧还存在着各种残余应力。残余应力是一种内应力，是指产生应力的各种因素（外加荷载、受热不均匀、机械加工、相变过程等）不复存在时，由于形变、体积变化不均匀而存留在构件内部并自身保持平衡的力[23]。内应力根据作用范围的大小可以分为宏观内应力和微观内应力。宏观内应力多指材料受热不均匀或各部分热膨胀系数不同而在材料内部产生的热应力；微观内应力是指材料内各晶粒或者亚晶粒之间不均匀变形而产生的内应力，又通常根据其作用范围分为两个层次，显微应力（晶粒或亚晶粒之间的力）和超微观应力（又称晶格畸变应力）。显然，KDP 晶体材料经过超精密光学加工后存在残余内应力，应对其进行检测分析。采用英国雷尼绍公司生产的高分辨显微拉曼光谱仪测量水溶解超精密抛光后的 KDP 晶体表面残余应力，具体参数为：激光波长 532nm，功率 ≥50mW，光谱范围 50~8000cm^{-1}，光谱重复性 ≤0.1cm^{-1}，激光束直径 2μm。

　　水溶解超精密抛光后 KDP 晶体表面拉曼光谱如图 8.27 所示。根据资料显示，自由状态的 KDP 晶体特征峰是位于 916cm^{-1} 处 $H_2PO_4^-$ 基团的反对称伸缩振动峰[24]。从试验所测的光谱图可见，抛光后 KDP 晶体表面的拉曼光谱中没有出现新的波峰，与标准谱线的一致性很好，说明抛光表面材料没有发生化学改变，没有新物质生成。抛光后表面的 $H_2PO_4^-$ 基团的特征峰出现在 910cm^{-1} 处，相对标准峰位置向低频区域偏移了 6 个波数，说明抛光后表面存在残余拉应力，这与抛光的材料去除机理和抛光区域的微幅温度变化有关。为了进行对比，本章也对 SPDT 超精密加工后的 KDP 晶体表面进行了测量，其拉曼光谱如图 8.28 所示，可以看出，SPDT 超精密加工后 KDP 晶体表面的 $H_2PO_4^-$ 基团的特征峰相对标准峰也有向低波数方向少量偏移，说明表面也存在残余拉应力。这与 SPDT 的机理有关，单点金刚石刀具具有较大的负前角，致使变形区塑性变形较大，在刀尖前方区域将形成复杂的应力状态，金刚石刀具切削刃走过表面部分时，沿表面方向上出现塑性收缩，而在表面垂直方向上出现塑性拉伸变形（塑性凸出效应），从而在表面上出现残余拉应力。同时表层在切削热的作用下产生热膨胀，温度高于基体温度，这也对残余拉应力有贡献。进一步对比分析可得，抛光和车削后 KDP 晶体表面拉曼光谱的特征峰强度都略有下降，且车削后下降的更多，说明这两种超精密加工方法加工后晶体表层有一定的晶格畸变，产生了超微观应力，而车削加工所产生的晶格畸变要比水溶解抛光的严重。KDP 晶体表面水溶解超精密抛光后残余应力的存在改变了晶体的表面性质和状态，改变了晶体的表面张力和表面自由能，影响了残留物在晶体表面的吸附情况。

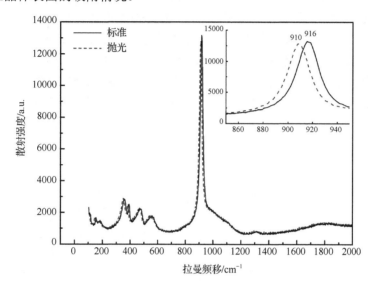

图 8.27　抛光后 KDP 晶体表面的拉曼光谱

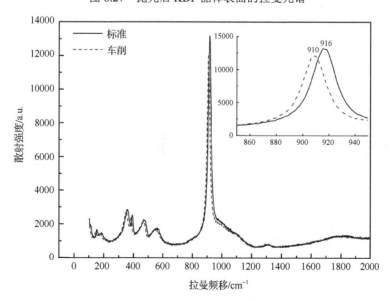

图 8.28　车削后 KDP 晶体表面的拉曼光谱

2. 残留物与晶体表面的相互作用

固-液界面的形成原因是固-气界面被固-液界面和气-液界面取代，整个体系表面自由能达到最低。固-液吸附的本质是固体表面分子对液体分子的作用力大于液体分子之间的作用力，液体分子向固-液界面迁移聚集，同时降低固-液界面能。液体在固体表面吸附能力的大小取决于液体分子与固体表面分子间作用力的强弱。分子间作用力又称范德瓦耳斯力，它不同于分子中的化学键，比化学键弱得多，但作用范围比化学键大得多，是一种长程力，主要决定着物质的物理性质，包括取向力（静电力）、色散力、诱导力。取向力是极性分子间由于取向而产生的作用力。极性分子的电性分布不均匀，从而形成永久的偶极矩。当两个分子相互接近时，它们的偶极矩会发生同极相斥，异极相吸，接着分子会发生相对转动，使得偶极子中相反的两极相对，叫作取向。由取向力引起的分子间势能如下：

$$E_K = -\frac{2\mu_1^2\mu_2^2}{3kTr^6} \times \left(\frac{1}{4\pi\varepsilon_0}\right) \qquad (8.4)$$

式中，E_K 为取向力引起的分子平均势能；μ_1 和 μ_2 分别为分子 1 和 2 的偶极矩；k 为玻尔兹曼常数；T 为热力学温度；r 为两分子之间的距离；ε_0 为势能比例因子。

从上式可以看出，取向力的大小与分子的偶极矩成正比，与温度和分子间距离成反比。若分子的永久偶极矩为零（即分子是非极性分子），则分子间不存在取向力，因此取向力只发生在极性分子与极性分子之间。

色散力也称伦敦力，是分子之间瞬时偶极矩产生的作用力，产生原因是分子内正电荷重心和负电荷重心发生瞬间不重合，从而产生瞬时偶极，此偶极产生一个瞬时的电场，使附近的原子或者分子极化，其结果是两个极化的偶极之间产生了库仑力。色散力存在于一切分子之间。色散力产生的能量如下：

$$E_L = -\frac{3I_1I_2\alpha_1\alpha_2}{2(I_1+I_2)r^6} \times \left(\frac{1}{4\pi\varepsilon_0}\right) \qquad (8.5)$$

式中，E_L 为分子间色散力产生的能量；I_1 和 I_2 分别为两个分子的电离能；α_1 和 α_2 分别为两个分子的极化率；r 为两分子间的距离；ε_0 为势能比例因子。

从式（8.5）可以看出，色散力的大小和分子间距离成反比，色散力主要和分子的极化率有关，即与分子的变形程度有关，变形程度越大（一般分子量越大，变形程度越大），就越容易被极化，色散力越大。色散力还与分子的电离能有关，分子的电离势越低（分子内所含的电子数越多），色散力越大。

诱导力是分子中存在的一种与温度无关的力。由极性分子偶极所产生的电场对非极性分子发生影响，使非极性分子电子云变形，进而使本来非极性分子中重合的正、负电荷重心发生相对位移，从而产生了偶极，而电场与诱导产生的偶极之间存在的力称为诱导力。诱导力所引起的能量如下：

$$E_\mathrm{D} = -\frac{\alpha_1\mu_2^2 + \alpha_2\mu_1^2}{r^6} \times \left(\frac{1}{4\pi\varepsilon_0}\right) \tag{8.6}$$

式中，E_D 为诱导力产生的能量；α_1 和 μ_1 分别是分子 1 的极化率和该分子由电场产生的诱导偶极；α_2 和 μ_2 分别是分子 2 的极化率和该分子由电场产生的诱导偶极；r 为两分子间的距离 ε_0。诱导力普遍存在于极性分子和非极性分子之间以及极性分子和极性分子之间。极性分子中存在产生取向力的固有偶极和这种由诱导作用产生的诱导偶极，其结果就是使分子的偶极距增大，分子间作用力增大，既具有取向力又具有诱导力。诱导力的大小与极性分子偶极矩的平方成正比，与被诱导分子的变形程度成正比。

由以上分析知道，抛光后晶体表面残留物成分是含有多种官能团的化学物质，且多为抛光液的残留，其中包含了长链醇和非离子型表面活性剂，都是极性分子，因此，其与晶体表面存在的分子间作用力的类型取决于 KDP 晶体的分子性质。KH_2PO_4 可以看成是由 K^+ 和 $H_2PO_4^-$ 组成的离子晶体，其内部存在有离子键、共价键和氢键。这些类型的化学键都存在极性，但是由于 KDP 晶体的晶胞结构呈现高度的空间对称性，相互作用的正负电荷重心重合导致电性抵消，因此 KH_2PO_4 晶体属于非极性物质，所以其与抛光表面残留物之间的吸附力主要是色散力和诱导力，不存在分子间的取向力。

晶体表面与抛光残留物之间除了存在色散力和诱导力，还有可能存在氢键。氢键是一种较弱的化学作用，尤其是带有—OH、—NH、—SH、—XH（X 为卤原子）等官能团的分子，与电负性较大的其他物质原子相互作用时，其中的 H 原子与另一个分子中的 O、N、F、S 以及具有 π 电子的芳香烃结合，形成名义上的"共价键"。可以从中看出，形成氢键的条件包含了存在与电负性较大的原子形成强极性键的 H 原子和具有较小半径、较大电负性、含孤对电子、带有部分负电荷的原子[25]。因此，只需判断 KDP 晶体表面与残液分子之间是否满足氢键形成的条件，即可确定它们之间是否存在氢键。

分析 KDP 晶体的晶胞结构得出，P 原子和 O 原子之间存在着强烈的极化作用，并以共价键结合成四面体形状的 PO_4^{3-} 基团。每个 P 原子被位于近似正四面体角顶的 4 个 O 原子包围，P 原子位于基团的中心，PO_4^{3-} 基团和 O 原子通过氢键与相邻的 4 个 PO_4^{3-} 基团中的一个临近的 O 原子连接。氢键与 c 轴近于垂直，单个晶胞含 4 个分子，分别由两组互相穿插的 PO_4^{3-} 四面体体心格子和两组互相穿插的 K^+ 体心格子组成，P 原子带正电且外层电子已全部成键，电负性较大的是 O 原子。其中 P=O 中 O 原子有 4 个孤对电子，P—O—H 键中 O 原子也具有 4 个孤对电子，可以看到晶体分子中本身存在的 H 原子就容易与内部相邻的电负性较大的 O 原子形成氢键。因此，KDP 晶体符合与极性物质之间形成氢键的条件，而表面残液中同样含有—OH 和具有 π 电子的芳香烃等基团，也符合形成氢键的条件。而 Reedijk 等[26]使用界面 X 射线衍射研究晶体的生长时发现靠近 KDP 晶体表面的水分子层与 KDP 表面存在较强的氢键作用，这使得接近晶体表面的两层水分子具有有序结构并且与表面紧密连接。进一步地，结合 KDP 晶体宏观的四棱锥外形结构可以得出，晶体的柱面仅有一种表面终止结构，而锥面却有两种可选结构：终止于 K^+ 或终止于 $H_2PO_4^-$。Vries 等[27]确定了 KDP 溶液中 KDP 晶体表面的原子结构：柱面为中性层，每层之间只能靠垂直于层面的氢键结合，而锥面总是终止于 K^+，为极性层，带正电荷。Zhang 等[28]通过密度泛函理论研究了水分子在 KDP 晶体(101)晶面和(100)晶面的吸附行为，发现水分子的确会与晶体表面的 H 原子和 O 原子形成氢键，吸附在晶体表面，而且这种吸附具有选择性，主要受到 KDP 晶体分子中的功能性原子（即 H 原子、O 原子和 K 原子）的影响。因此，KDP 晶体表面与接触的极性物质之间存在氢键作用。

　　表面残留物中除了分析出的化学成分外，还包含大量的抛光液成分，即含有非离子型表面活性剂和直链型长链醇。直链型长链醇虽然碳链较长而具有强烈的疏水性，但是，其链的另一端是亲水性的极性羟基，能够与 KDP 晶体表面形成氢键。通常，表面活性剂在固体表面的吸附机理包括离子交换吸附、离子对位吸附、氢键形成吸附、π 电子极化吸附和色散力吸附，而对于非离子型表面活性剂来说，其在溶液中不会电离出带电离子，主要的吸附力还是氢键形成吸附和色散吸附。本章试验研究中所采用的非离子型表面活性剂是一种聚环氧乙烷，它的一端为亲油性的长碳链烃基，另一端为含有醚键和羟基的亲水性基团。因为亲水性基团在分子中所处的位置使其中的 O 原子具有较大的电负性，能够通过极化作用形成偶极与水分子发生强烈的相互作用，所以非离子型表面活性剂也能与 KDP 晶体表面分子之间形成氢键。考虑到 KDP 晶体中带正电的钾离子不具备形成氢键的条件，具有强烈极化作用的只有 P=O 和 O—H 中的 O 原子，同时 O—H 也提供了可供氢键形成的 H 原子，因此，根据前面分析得到，KDP 晶体与表面残留物中化学成分分子之间氢键的相互作用和其形成过程如图 8.29 所示。

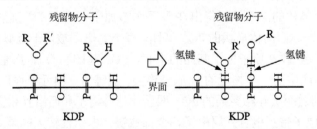

图 8.29　残留物与 KDP 晶体之间的氢键示意图

综上所述,经过水溶解超精密抛光后的 KDP 晶体表面残留物在晶体表面的吸附主要是物理吸附和弱化学作用吸附,吸附机理是表面残留物中化学成分分子与 KDP 晶体表面分子之间存在色散力、诱导力和氢键作用。残留物在加工后 KDP 晶体表面的吸附会形成吸附层,改变界面的自由能,影响超光滑表面的性质,故必须将其去除。

8.3 KDP 晶体的清洗机理及清洗液的性能与表征

水溶解超精密抛光后 KDP 晶体超光滑表面残留物成分通过分子间作用力吸附在晶体表面,如不去除,将影响超光滑 KDP 晶体表面后续的镀膜和存储,甚至影响晶体元件的激光损伤性能,然而由于 KDP 晶体质软、易脆裂、对温度敏感和物理水溶的特性,使用不合适的清洗液和清洗方法会破坏抛光后晶体的表面完整性。因此,研制专用清洗液并制定与其相匹配的清洗方法对 KDP 晶体水溶解超精密抛光方法的实际应用具有重要意义。本节以液体吸附润湿固体表面的模型为切入点,对抛光液和表面残液的润湿性能进行了测定,计算了残液在晶体表面的润湿功,提出了水溶解超精密抛光后 KDP 晶体表面残留物的清洗机理与方法。

8.3.1 表面残留物的润湿功计算

通过 8.2 节对水溶解抛光后残留物与 KDP 晶体已加工超光滑表面间吸附机理的分析可知,两者之间由于色散力、诱导力和氢键作用所产生的吸附力大于抛光残液的内聚力,其宏观表现就是 KDP 晶体表面被残液润湿,残液分子牢牢吸附在晶体表面,形成稳定的固-液-气三相体系,如图 8.30 所示。图中 γ_{lg} 为气-液界面的表面张力,γ_{sg} 为固-气界面的表面张力,γ_{sl} 为固-液界面的表面张力,θ 为接触角,是指气-液界面的切线与固-液界面切线之间所形成的在液体一侧的夹角。接触角是反映固体表面润湿特性的重要指标,润湿性是某种液体在某固体表面铺展的能力和倾向性。当 $\theta < 90°$ 时,表示固体表面比较容易被润湿,是亲液性表面,特别是当 $\theta = 0°$ 时,固体表面则被完全润湿;当 $\theta > 90°$ 时,说明固体表面不易被润湿,液体会在表面移动,固体表面呈现疏液性。根据残留液体在晶体表面的分布状态可知,残液润湿 KDP 晶体的过程是黏附润湿,三相体系的自由能将发生变化。

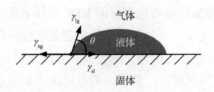

图 8.30　液体在固体表面润湿示意图

在抛光残液浸润 KDP 晶体表面这个过程中，固-液界面生成，取代了原有部分的固-气和气-液界面，引起体系的自由能变化，可以表示为[29]

$$\mathrm{d}F = \sum_i \mu_i (\mathrm{d}n_i^{\mathrm{lg}} + \mathrm{d}n_i^{\mathrm{sg}} + \mathrm{d}n_i^{\mathrm{ls}})$$
$$+ \sum_i \mu_i (\mathrm{d}n_i^{\mathrm{l}} + \mathrm{d}n_i^{\mathrm{g}} + \mathrm{d}n_i^{\mathrm{s}}) \tag{8.7}$$
$$+ \gamma_{\mathrm{sl}} \mathrm{d}A_{\mathrm{sl}} + \gamma_{\mathrm{sg}} \mathrm{d}A_{\mathrm{sg}} + \gamma_{\mathrm{lg}} \mathrm{d}A_{\mathrm{lg}}$$

式中，$\mathrm{d}F$ 表示体系自由能；n_i 是接触区域 i 处的实际摩尔数；μ_i 是跟自由焓和 n_i 相关的函数；$\mathrm{d}A_{\mathrm{sl}}$、$\mathrm{d}A_{\mathrm{sg}}$ 和 $\mathrm{d}A_{\mathrm{lg}}$ 分别表示固-液接触面积、固-气接触面积和液-气接触面积的微小变化。由于体系在这个过程中的摩尔数保持不变，因此有

$$(\mathrm{d}n_i^{\mathrm{lg}} + \mathrm{d}n_i^{\mathrm{sg}} + \mathrm{d}n_i^{\mathrm{ls}}) + (\mathrm{d}n_i^{\mathrm{l}} + \mathrm{d}n_i^{\mathrm{g}} + \mathrm{d}n_i^{\mathrm{s}}) = 0 \tag{8.8}$$

从而式（8.7）变为

$$\mathrm{d}F = \gamma_{\mathrm{sl}} \mathrm{d}A_{\mathrm{sl}} + \gamma_{\mathrm{sg}} \mathrm{d}A_{\mathrm{sg}} + \gamma_{\mathrm{lg}} \mathrm{d}A_{\mathrm{lg}} \tag{8.9}$$

由接触界面的几何关系得到，固-气界面的减少等于固-液界面的增加，即

$$\mathrm{d}A_{\mathrm{sg}} = -\mathrm{d}A_{\mathrm{sl}} \tag{8.10}$$

由于液滴是球形的，因此可得

$$\mathrm{d}A_{\mathrm{lg}} = \cos\theta \mathrm{d}A_{\mathrm{sl}} \tag{8.11}$$

将上面公式相结合可得到

$$\frac{\partial F}{\partial A_{\mathrm{sl}}} = \gamma_{\mathrm{sl}} - \gamma_{\mathrm{sg}} + \gamma_{\mathrm{lg}} \cos\theta \tag{8.12}$$

当三相体系达到平衡状态时，$\dfrac{\partial F}{\partial A_{\mathrm{sl}}} = 0$，可得到杨氏方程：

$$\gamma_{\mathrm{sg}} = \gamma_{\mathrm{sl}} + \gamma_{\mathrm{lg}} \cos\theta \tag{8.13}$$

该方程是吸附液滴平衡状态下的受力方程，可见表面的受力状态与三相的表面张力和接触角有关，由于固-气界面的表面张力 γ_{sg} 和固-液界面的表面张力 γ_{sl} 无法计算，因此常用润湿功来表示体系的能量变化，如下：

$$W_{\mathrm{a}} = -\Delta G = \gamma_{\mathrm{sg}} + \gamma_{\mathrm{lg}} - \gamma_{\mathrm{sl}} = \gamma_{\mathrm{lg}}(1 + \cos\theta) \tag{8.14}$$

式中，W_a 称为润湿功（黏附功），值越大表示固-液界面结合越牢固，即附着润湿越强；ΔG 是体系的自由焓变化，与润湿功大小相等、方向相反。

从式（8.14）中可以看出，润湿功可以通过测量液体的接触角和表面张力计算获得。由于超精密加工后 KDP 晶体表面接近理想超光滑表面，因此符合接触角测量要求，为了与抛光液的性质作对比，在测量晶体表面残液的接触角和表面张力的同时也测量了抛光液在晶体表面的接触角和表面张力。本章中使用的是德国克吕士公司的 DSA100 型光学接触角测量仪。测量接触角的方法是角度测量法，仪器分辨率是 0.01°，为避免液滴自重对接触角造成的影响，控制液滴的体积为 5μL；测量表面张力的方法是悬滴法，通过分析悬滴的形状来获得表面张力数据，悬滴法测量表面张力的分辨率为 0.01mN/m。

抛光后表面残液在 KDP 晶体表面的接触角和表面张力测量如图 8.31 所示，测得的接触角为 48.9°，表面张力为 24.83mN/m。为了更直观地显示该试验结果所代表的意义，本章给出了不同含水量（质量分数）抛光液在晶体表面的接触角及其相应的表面张力的测量结果，如图 8.32 所示。其中，抛光基载液在 KDP 晶体表面的接触角为 52.6°，是所有液体中接触角最大的，因此，润湿能力最差，这符合其作为油相保护 KDP 晶体表面不与抛光液中的水分接触的特性定位；当使用基载液配制成含水量（质量分数）为 5%抛光液时，在 KDP 晶体表面接触角减小到 46.2°，说明水分有助于改善抛光液的润湿特性，这对抛光过程中抛光液进入抛光区域完成溶解机械交互作用至关重要。

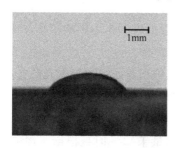

图 8.31 残液在晶体表面的接触角和表面张力

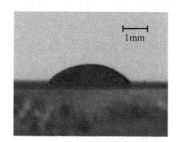

（a）基载液，接触角 52.6°，表面张力 24.78mN/m

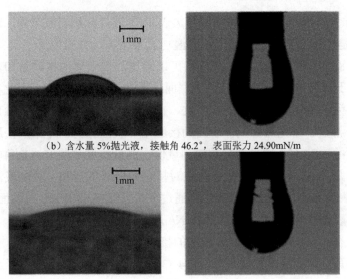

（b）含水量 5%抛光液，接触角 46.2°，表面张力 24.90mN/m

（c）含水量 20%抛光液，接触角 19.1°，表面张力 25.73mN/m

图 8.32　不同含水量的抛光液在晶体表面的接触角和表面张力

　　此后，随着含水量增大，抛光液在 KDP 晶体表面的接触角逐渐减小。当含水量（质量分数）达到 20%时，接触角已降为 19.1°，对 KDP 晶体表面的润湿性能达到最高。由图中对比看出，不同含水量（质量分数）抛光液的表面张力均在 25mN/m 左右，均略高于基载液，说明抛光液中的水分均被油相包裹，与空气接触的界面主要是油相基载液，表面张力特性接近于基载液。综上，水分对抛光液在晶体表面的接触角影响较大，而对抛光液的表面张力影响较小，说明水分是影响抛光液润湿特性和吸附能力的重要因素。

　　根据所测液体在 KDP 晶体表面的接触角和表面张力与抛光液含水量的关系，绘制其规律如图 8.33 所示。可以得到，接触角与含水量呈负相关，而表面张力则与含水量呈正相关；随着含水量的改变，接触角的变化范围较大而表面张力的变化范围较小。抛光后晶体表面残液的含水量未知，但是根据水溶解超精密抛光 KDP 晶体的机理可知，其是由不同含水量的抛光液，经过抛光过程使其内部的水分溶解 KDP 晶体表面材料形成 KDP 溶液，致使内部含水量减少所形成的液体，因此，残液中的含水量必然小于加工前所使用的抛光液的初始含水量。根据所测表面残液的接触角和含水量数值在图中绘制其所处的位置（箭头所指位置），可以推测所测抛光后晶体表面残液的含水量（质量分数）小于 5%而大于 0，说明水溶解抛光过程中的水分并没有全部用于溶解 KDP 晶体材料，还有部分游离态水的存在，它们之间存在一定的比例，这正是水溶解抛光过程中的水核破碎率，用 ω(%)

表示。水核破碎率与抛光压力、抛光速度和接触面的表面粗糙度理论模型有关。实际加工中，在实际加工中，抛光液的初始含水量及加工时间对表面残液的表面张力和接触角的影响。

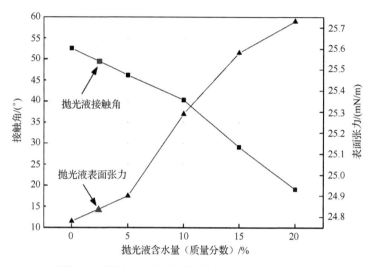

图 8.33　抛光液含水量对接触角和表面张力的影响

由以上分析可知，水溶解抛光后 KDP 晶体表面残液的物理吸附特性主要是受到残留含水量的影响，和所使用抛光液的初始含水量有重要的关系，抛光后残液在 KDP 晶体表面的吸附能力大小可以通过润湿功计算表征。润湿功反映了固-液界面结合的牢固程度，将试验结果代入式（8.14）中计算得到各种试验液体在 KDP 晶体超光滑表面的润湿功，如表 8.3 所示。

表 8.3　试验液体在 KDP 晶体表面的润湿功计算

液体	接触角/（°）	表面张力/（mN/m）	润湿功/（mN/m）
基载液	53.6	24.78	39.49
含水量 5%抛光液	46.2	24.90	42.13
含水量 10%抛光液	40.3	25.29	44.58
含水量 15%抛光液	29.1	25.58	47.93
含水量 20%抛光液	19.1	25.73	50.04
残液	48.9	24.83	41.15

从表 8.3 中可知，润湿功随着抛光液的含水量增大而增大，呈正相关。基载液的润湿功最小，在 KDP 晶体表面的吸附能力最弱，润湿能力最差。含水量（质量分数）为 20%的抛光液的润湿功最大，为基载液的 1.27 倍。抛光后残液的润湿功为 41.15mN/m，略高于基载液，但比所有含水抛光液的润湿功都低，说明经过

抛光后残液在晶体表面的吸附能力比初始液体有所下降，这将有利于后续的清洗过程，这也是我们希望看到的效果。结合前面的分析，推断抛光后残液的含水量（质量分数）小于 5%，可知含水量的降低，即抛光过程中水核破碎率 ω 的提升，使更多水分参与材料去除，是抛光后残液润湿功减小的主要原因。当使用含水量（质量分数）为 20% 的抛光液进行加工时，由于其接触角较小，润湿性能更好，更容易因毛细作用进入抛光区域，参与材料去除过程，但是，如果含水量较高的抛光液残留在加工后的晶体表面时，由于其润湿功较高，其在晶体表面的吸附力较大，将会变得更加难以去除。因此抛光过程中选择合适含水量的抛光液和优化抛光参数，使抛光过程中接触区域的水核破碎率提高，对后续的清洗过程具有一定的好处。

8.3.2　表面残留物的清洗机理分析

清洗去污是一个复杂的过程，它是通过清洗媒介和污垢及清洗对象之间的作用力将污染物从清洗对象表面清除，并将他们分散在清洗媒介中被带走的过程。水溶解超精密抛光方法加工 KDP 晶体所采用的抛光液是有机液体，抛光残留物成分也是含多种官能团结构的化学物质，前文分析可知，抛光后表面残液的吸附机理就是液体分子和晶体表面分子之间的相互作用，其间所受的力引起的总势能 E 为

$$E = E_L + E_D + E_H \tag{8.15}$$

式中，E_L 是色散力引起的势能；E_D 是诱导力引起的势能；E_H 是氢键作用力产生的势能。对于大多数物质，分子间的作用能服从 Lennard-Jones（伦纳德-琼斯）关系式：

$$E = \frac{A}{r^{12}} - \frac{B}{r^6} \tag{8.16}$$

式中，A 和 B 为常数，与物质的成分有关；r 是分子间距。因此，对抛光后晶体表面残留物的清洗去除，主要使用清洗力破坏残留物与晶体表面之间的分子作用。

清洗力主要包括以下几类：溶解力和分散力、表面活性力、化学反应力、吸附力、物理力和酶力。溶解力和分散力是指作为洗涤媒介溶剂把污染物溶解并稳定分散在媒液中的作用，是最常见而且最普遍的一种清洗力。表面活性剂有在污染物和清洗对象表面吸附并使表面的能量降低，从而使污染物从清洗对象表面解离分散的能力，表面活性剂这种独特的作用称作表面活性力。化学反应力是指酸、碱、氧化剂、金属离子螯合剂等化学试剂能与污染物发生化学反应而使污染物解离分散从清洗对象表面去除的作用。某些吸附剂如活性炭、硅胶、纤维毡布等具有较高比表面积的物质，能把原来吸附在清洗对象表面的污染物吸附到自己的表

面上而达到去污的目的，吸附剂的这种能力称为吸附力。物理力是利用热、流动力、压力、冲击力、摩擦力、声波力等物理作用给予体系能量，使污染物解离、分散的作用力的总称。酶的生物催化作用被应用到清洗过程中来达到特殊去污能力的作用叫作酶力。

　　针对抛光后 KDP 晶体表面残留物的清洗，应该根据残留物的特性选择适合的清洗力产生方式来对其进行去除。溶解力和分散力作为清洗媒介中最常见的作用力，适用范围较广，但它与清洗媒介的性质有关。水溶解超精密加工后 KDP 晶体表面残留物的成分是有机物，因此应该根据相似相溶原理选择溶解力较强的有机溶剂作为清洗剂，利用溶解力将表面残留物进行分散。表面活性力是一种界面力，发生在两种或者两种以上的清洗媒介之间，并且多是以水为载体，对清洗对象上的油污进行去除。而 KDP 晶体是亲水性材料，使用配以表面活性剂的水基清洗剂会对已加工的超光滑表面造成侵蚀和破坏，因此不适合 KDP 晶体表面的油污清洗。通过化学反应的清洗过程主要是使用化学药剂与污染物发生反应，将其从清洗表面剥离并分散到媒介中而将其去除。通常这个过程中化学药剂会与清洗对象之间发生化学反应，这种反应对清洗对象造成的影响只能尽可能地减小而不能完全消除。而对于超精密的光学元件，这种尽可能小的影响会被放大，并且是不能忽略的。而且 KDP 晶体对化学清洗中常用的酸碱药剂并不呈现惰性，酸洗和碱洗都会给晶体表面带来致命的损害。吸附剂吸附去污针对固体表面的残液并不适用。物理力在清洗过程中起着重要的作用，也是清洗过程中应用最多的一种清洗力。如热能提高化学反应速度，加速污染物的溶解和提高溶解度，改变污染物的物理性质等；搅拌、冲刷、超声波和擦拭过程中产生的机械力能够将污垢从清洗对象表面剥离，获得更好的清洗效果。针对 KDP 晶体抛光后的表面残留物，可以考虑加入物理清洗力来提高清洗效率，改善清洗效果。但是，由于已加工表面是超光滑的表面，KDP 晶体的软脆性质致使其非常脆弱，稍有不稳定的机械接触就有可能对已加工表面精度造成破坏，因此，可采用非人工干预的超声波力或冲洗力等物理清洗力。

　　综上分析，提出水溶解超精密抛光后 KDP 晶体表面残留物的清洗机理，如图 8.34 所示。首先，选择一种对残留物成分相溶性较好的有机溶剂作为清洗介质，将表面带有抛光残留物的 KDP 晶体样件浸入选择的清洗介质中。根据相似相溶原理，带有极性的残留物成分会与极性有机溶剂接触而发生溶解，而残留物在固-液界面处与有机清洗溶剂没有直接接触，不能产生溶解作用，阻碍了油基残留物的去除，因此，在清洗过程中引入超声波的物理清洗力。超声波的空化作用能够在清洗介质中特别是固-液接触的界面处形成超声空化气泡，空化气泡爆炸破裂将吸附在 KDP 晶体表面的残留物剥离下来［图 8.34（a）中放大图］。剥离下来的残留物成分与清洗介质接触很快地发生溶解分散［图 8.34（b）］。溶解分散后的残留物成分随着清洗介质的流动被带走。为了防止清洗介质残留在晶体表面形成二次污染，选择的有机物清洗介质必须具有良好的挥发性。清洗过程完成后表面的清洗介质自动挥发［图 8.34（c）］，达到无残留清洗的目的。由于基于水溶解原理的 KDP 晶体超精密抛光过程中没有磨粒的参与，表面残留物成分中也没有固体颗粒，因此超声波作用的引入不会引起颗粒物的震荡而对晶体表面造成冲击破坏。考虑到克服残留物成分分子和晶体表面之间的氢键作用，可在清洗介质中加入适量的短链醇作为清洗助剂，这样能够破坏它们之间的氢键，使之更容易从晶体表面脱离。选择使用的有机溶剂不能具有亲水性，且挥发过程中不会吸收空气中的水分，这样能够有效防止 KDP 晶体表面吸湿潮解，实现无残留的超精密清洗。

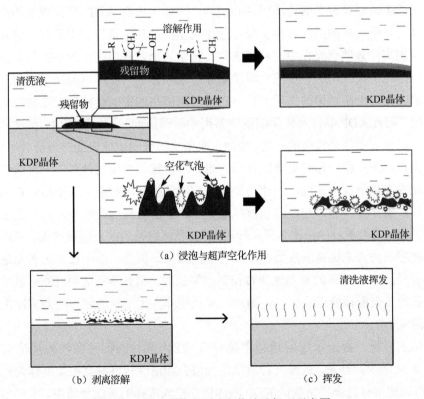

（a）浸泡与超声空化作用

（b）剥离溶解　　　　　　　　　　　　　　（c）挥发

图 8.34　KDP 晶体表面残留物清洗机理示意图

根据以上清洗机理的要求，选择的非水基有机溶剂必须具备以下特点：不能与 KDP 晶体表面发生化学反应或腐蚀晶体表面；必须是极性分子，具有较强的溶解力和分散力，这要求其对 KDP 晶体具有良好的润湿特性；必须同抛光液、表面残留中各种成分具有较好的化学相溶性，这样才可以将其溶解分散去除带走；能够容易地在超声的作用下产生空化气泡，因此表面张力不能太大；同时清洗后又不能在表面残留造成新的污染，因此要求清洗溶剂具有较好的物理挥发性。这些要求对水溶解超精密抛光后 KDP 晶体专用清洗液的研制提出了挑战。

8.3.3　清洗液的性能与表征

考虑到 KDP 晶体易潮解特性，选择了具有良好性能的非水基、易挥发的有机溶剂 X 作为清洗介质，为了削弱表面残留物成分分子和晶体表面之间的氢键作用，选择了短链醇 Y 作为助剂，两者根据不同的比例进行适配混合形成清洗液 C，呈无色透明。使用研制的专用清洗液对水溶解超精密抛光后的 KDP 晶体进行清洗。由于短链醇具有挥发性和吸湿性，因此，短链醇在清洗液中的含量较少且清洗作用占次要地位，清洗过程主要是有机溶剂在外部物理力作用辅助下的对晶体表面残留物的剥离、溶解带走和挥发过程。考虑到短链醇的加入改变了溶液的性质，因此，需对复配后的混合清洗液进行相关性能的试验表征，主要包括溶解性能、润湿特性及挥发性能。

1. 溶解性能表征

有机溶剂按照溶解性能分为三类：易溶于水的有机溶剂称为亲水性溶剂，易溶于乙醚的有机溶剂称为亲油性溶剂，易溶于乙醇的有机溶剂称为醇溶性溶剂[30]。表征有机溶剂对油性物质的溶解能力通常采用贝壳松脂丁醇（kauri butanol，KB）值，有机溶剂的 KB 值越高，说明其对有极性的油性有机物的溶解性能好。而在石油工业中，常用苯胺点来衡量有机溶剂的溶解性能。苯胺是一种有极性的有机物。溶剂越容易与苯胺相溶，说明该溶剂溶解极性有机物能力越强。

通常非极性有机溶剂苯胺点高，KB 值低，极性有机溶剂苯胺点低而 KB 值高。根据相似相溶原理，在溶解不同极性有机污染物时，可以选择不同的溶剂，如去除非极性的矿物油污染物时可选用苯胺点高、KB 值低的溶剂，而在去除油脂类极性油污时可选用苯胺点低、KB 值高的溶剂。

溶解度参数 δ 是物质分子间相互吸引和相互作用力大小的一种量度，普遍适用于各种溶剂。在橡胶行业中，常用溶解度参数来衡量溶剂的溶解性能。溶剂的溶解度参数 δ 值等于单位体积内摩尔蒸发能的平方根，即

$$\delta = \sqrt{\frac{\Delta E}{V}} = \sqrt{\frac{\Delta H - RT}{M / \rho}} \tag{8.17}$$

式中，ΔE 为摩尔蒸发能；ΔH 为蒸发过程中的摩尔焓变；R 为气体摩尔常数；M 为物质的摩尔质量；ρ 为物质的密度；T 为热力学温度；V 为摩尔体积。当溶剂与溶质的溶解度参数相接近时，易于溶解。一般有机物的溶解度参数多在 6.5～14.5 的范围，因此可根据溶解度参数相近的原则选择有机溶剂。三种指标可以说是相辅相成，在选择溶剂时可供参考。针对混合溶剂，其溶解度参数可以由下式计算[31]，可以看出，混合溶剂的溶解度参数是各组分溶剂溶解度参数与其在溶液中占比的线性加和，表示如下：

$$\begin{cases} \delta_{mix} = \sum_{i=1}^{n} \Phi_i \delta_i \\ \sum_{i=1}^{n} \Phi_i = 1 \end{cases} \tag{8.18}$$

式中，δ_{mix} 是混合溶剂的溶解度参数；δ_i 是组分 i 的溶解度参数；Φ_i 是组分 i 的体积分数。根据上式，经过计算后可得研制的三种含不同体积分数短链醇 Y 的清洗液的溶解度参数，如表 8.4 所示。三种清洗液按照短链醇 Y 的含量从小到大排序，依次为 C1、C2、C3。

表 8.4　不同溶液的溶解度参数

名称	溶解度参数 $\delta/(\mathrm{J/dm^3})$
有机溶剂 X	8.9
短链醇 Y	12.92
清洗液 C1	9.101
清洗液 C2	9.302
清洗液 C3	9.503

2. 润湿特性表征

　　液体在固体表面的接触角是衡量该液体对固体材料润湿性能的重要指标，因此，对清洗液润湿特性的表征采用接触角，不同液体在超光滑 KDP 晶体表面的接触角测量结果如图 8.35 所示。可以看到，几种液体在晶体表面的接触角均小于 5°，说明测量液体都具有较好的润湿特性，能在 KDP 晶体光滑表面铺展开来，适合作为清洗介质。其中，短链醇 Y 的接触角最小，为 0°，润湿性能最好，可以完全铺展在晶体表面；有机溶剂 X 的接触角为 2.44°，也具有良好的润湿性能；从研制的清洗液 C1 到 C2，随着短链醇含量的增加，清洗液在晶体表面的接触角增大，润湿性能变差；清洗液 C3 中的短链醇含量最大，但在晶体表面的接触角突变为0°，说明其性质已经接近短链醇 Y。由于短链醇 Y 具有亲水性且易挥发吸湿，会引起 KDP 晶体表面潮解，因此清洗液 C3 的性质与短链醇接近而不能保护超光滑的 KDP 晶体表面，不再适合作为专用清洗液。

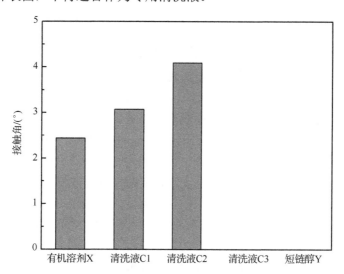

图 8.35　不同液体在超光滑 KDP 晶体表面的接触角

3. 挥发性能表征

挥发性是指液态物质在低于沸点的温度条件下转变成气态的能力，以及一些气体溶质从溶液中逸出的能力。溶剂的挥发速度受到诸多方面的影响，如环境的温度、分子间的氢键作用、表面气流、液体的比表面积等，这些因素的综合作用决定了有机物挥发性。一般来讲，沸点越低的有机物，其挥发性越好；饱和蒸气压越高，溶剂的挥发性越强。但这并不是普遍适用的规则，特别是针对混合溶剂。

对于理想的混合溶剂来说，其挥发速度等于各溶剂组分的挥发速度之和[32]。大多数混合溶剂，由于其分子结构的不同，不能看作是理想溶液，因而溶剂在其混合物中的挥发速度不等于其纯组分时的挥发速度，两者的关系如下：

$$\frac{R_i}{R_i^0} = a_i \tag{8.19}$$

式中，R_i 是溶剂 i 在混合溶剂中的挥发速度；R_i^0 是纯溶剂 i 的挥发速度；a_i 是溶剂 i 在混合溶剂中的活度。

混合溶剂的挥发速度 $R_{总和}$ 表示为

$$R_{总和} = a_1 R_1^0 + a_2 R_2^0 + \cdots = \sum_{i=1}^{n} a_i R_i^0 \tag{8.20}$$

在非理想溶剂中引入以体积为依据的活性系数为

$$r = \frac{a_i}{C_i} \tag{8.21}$$

式中，C_i 是组分 i 在混合溶剂中的体积分数。联立式（8.20）可得

$$R_{总和} = C_1 r_1 R_1^0 + C_2 r_2 R_2^0 + \cdots = \sum_{i=1}^{n} C_i r_i R_i^0 \tag{8.22}$$

严格来讲 $R_{总和}$ 只表示混合溶剂的瞬间挥发速度，因为在实际的混合溶剂（非理想溶剂）中，剩余组分的比例随着挥发过程而不断改变，因此，常通过实际试验的测量来确定混合溶剂的挥发速度。

本章中试验所测的几种液体的挥发速度如图 8.36 所示，实验室温度为 25℃，气压为标准大气压，挥发试验的时间间隔为 2h。由图可知，有机溶剂 X 的挥发速度最小，清洗液 C1 的挥发速度最大，研制的清洗液随着短链醇含量的增加，挥发性先降低后升高，分析其原因可能是短链醇的加入，改变了混合溶剂中分子之间的相互作用，从而影响了混合溶剂的挥发速度。从试验结果来看，无疑是挥发性最好的清洗液 C1 最适合作为水溶解超精密抛光后 KDP 晶体表面残留物的专用清洗液。

从以上对研制的清洗液的综合性能表征分析结果来看，清洗液 C1 在表面张力差异不大的情况下，在润湿性能和挥发性能方面有明显的优势，理论上能够满足清洗需求。因此，选择研制的清洗液 C1 作为水溶解超精密抛光后 KDP 晶体超光滑表面残留物的专用清洗液。具体的清洗性能效果还需进行相关的试验验证。

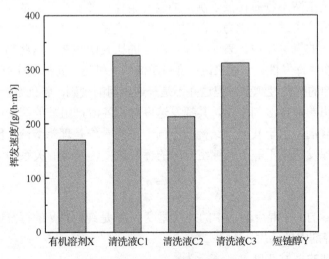

图 8.36　不同液体的挥发速度

8.3.4   清洗液的清洗性能研究

1. 清洗试验设计

为验证上述专用清洗液的清洗效果，本章先在小尺寸的 KDP 晶体上进行了清洗性能验证试验。试验中采用抛光液含水量（质量分数）为 15%。选取的三组晶体样件均采用水溶解超精密抛光，为了保证晶体材料有效地去除，且抛光液能够完全浸润晶体表面，加工时间设定为 20min。晶体样件在抛光完成后立即用滤纸和擦镜纸吸除表面多余的流动液体，然后将样件编号为 1、2、3，并分别放入盛有清洗液 A、清洗液 B 和研制的专用清洗液 C 的三个烧杯中进行超声清洗，清洗时间为 3min，试验参数如表 8.5 所示。

表 8.5   清洗试验参数表

样件编号	清洗溶剂	清洗时间/min	清洗温度/（℃）
1	清洗液 A	3	30
2	清洗液 B	3	30
3	清洗液 C	3	30

清洗完成后取出晶体样件，待表面清洗液挥发干净后放入干燥密闭环境中保存。使用红外光谱仪对清洗后的晶体样件进行表面反射红外光谱检测，同时采用光学显微镜观察样件的表面形貌，确定表面是否有清洗液残留，以此来评价清洗效果。为保证采样的合理性和可靠性，晶体表面红外光谱的测量采用三点采样法，采样规则如图 8.37 所示，保证样点离最近边缘的距离相等。KDP 晶体样件的抛光和清洗均在 1000 级的净化间内进行，环境温度为 25℃，相对湿度为 40%，超声清洗的温度为 30℃。

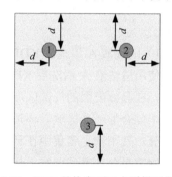

图 8.37   KDP 晶体表面三点采样示意图

2. 清洗后红外光谱分析

为对比三种清洗液对 KDP 晶体水溶解超精密抛光后表面残留物的清洗效果，将其清洗后的晶体表面的红外光谱与纯净 KDP 晶体的红外光谱进行对比，如图 8.38 所示。三种清洗液清洗过后的晶体表面红外光谱曲线上波峰的位置和数量都相同，和纯晶体的反射红外光谱一致，并没有新的特征波峰产生，说明三种清洗液对水溶解超精密抛光后的表面残留物成分都具有良好的去除效果。

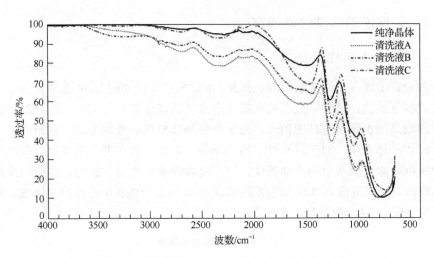

图 8.38　三种清洗液清洗过后 KDP 晶体表面试验点的红外光谱对比

3. 清洗后表面形貌观测

由于红外光谱测量结果只是对 KDP 晶体表面化学物质成分的反映，且试验的区域面积有限，很难判断经过清洗液清洗后晶体表面的物理形貌变化，因此，需要使用光学显微镜来观察清洗后的晶体表面是否受到清洗液的侵蚀发生物理形貌改变。

1）清洗液 A 清洗后 KDP 晶体表面形貌

使用清洗液 A 清洗后 KDP 晶体的表面形貌如图 8.39 所示。通过光学显微镜观察，在晶体表面的局部区域发现有清洗残留物，它们呈浮灰状聚集在一起形成一个半闭合的环形区域。环形区域分布范围达到数百微米，且与洁净表面界限十分明显。残留物主要集中在环形边界上，区域外部是清洗干净的晶体表面区域，内部则零星分布着残留物。环带上浮灰状物质中部有一些油性的小液滴，放大后观察，小液滴大小不均，且呈自包裹状，而没有平摊在晶体表面。表面的浮灰状物质和小液滴很容易擦除。用擦镜纸轻拭擦去浮灰后露出晶体表面，发现该区域的晶体表面并没有发生潮解或者腐蚀，和洁净区域的晶体表面相比并没有什么变化。浮灰状物质可能是清洗液挥发后留下的残渣，说明清洗液纯净度不高，而油性的小液滴可能是清洗液被这些浮灰包裹而没能挥发所产生的。虽然这些残留物很容易通过简单的机械擦拭而去除，但是这会影响到清洗后的 KDP 晶体超光滑表面的精度，因此清洗液 A 不能满足对超精密光学 KDP 晶体表面的清洗要求。

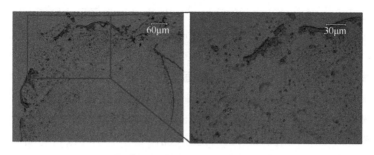

图 8.39   清洗液 A 清洗后 KDP 晶体的表面形貌

2）清洗液 B 清洗后 KDP 晶体表面形貌

清洗液 B 清洗后 KDP 晶体的表面形貌如图 8.40 所示。可以看到，在晶体表面的局部区域出现了大片黑色区域，晶体表面被严重破坏，伴随着许多密密麻麻的腐蚀线坑，表面质量严重下降。对比清洗液 A 清洗后的晶体表面形貌，清洗液 B 清洗后晶体表面质量有明显恶化，说明晶体表面发生了腐蚀，点状腐蚀坑主要聚集在划痕密集和交错的地方。而且还观察到晶体表面有残渣状物质形成，经过放大后观察可知，残渣尺寸达到 100μm，呈凸起状附着在晶体表面，同时其周围也发生了明显的潮解和腐蚀现象。分析清洗液的成分可以得出以下原因：清洗液 B 中可能含有水分或水溶性有机质和杂质，潮解现象是该溶液中的水分和亲水性有机物挥发过程吸收空气中的水分所致，残渣状的物质是清洗液挥发后留下的杂质。因此，清洗液 B 清洗后会对晶体表面造成严重的侵蚀和破坏，不能作为水溶解超精密抛光后 KDP 晶体表面残留物的清洗液。

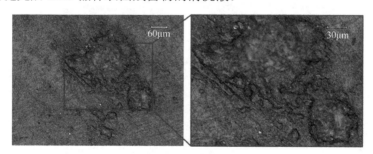

图 8.40   清洗液 B 清洗后 KDP 晶体的表面形貌

3）清洗液 C 清洗后 KDP 晶体表面形貌

清洗液 C 是本章中根据 KDP 晶体表面残留物的成分和吸附机理，以及对 KDP 这种软脆功能晶体的特殊清洗需求，自行研制的具有良好清洗性能的专用清洗液。使用 XE-200 型原子力显微镜（AFM）对清洗前后 KDP 晶体表面的微区域（10μm×10μm）形貌进行观测分析，对比高分辨率下抛光后未清洗表面与研制的专用清洗液 C 清洗后的表面，如图 8.41 所示。AFM 通过样品表面与检测针尖间微弱

的原子间相互作用力来得到物质的表面结构形貌，分辨率可达原子级（XE-200 的
Z 向分辨率为 0.1Å），能够更加精确地反映出真实的 KDP 晶体表面微观形貌。

图 8.41（a）为抛光后未清洗的 KDP 晶体表面。可以看到，图中标示出的区
域为抛光残留物污染的区域，该区域表面呈凹凸不平的连续起伏状，且高度明显
比周围区域更高，在边界处连续过渡到周围的表面，这表明了抛光后有残留物在
该区表面吸附，测量区域内的 PV 达到 18.131nm，表面粗糙度 RMS 为 1.125nm。
经过专用清洗液 C 清洗过后，KDP 晶体表面质量得到明显改善 [图 8.41（b）]，
表面残留物被完全去除，污染区域消失，表面 PV 降至 11.517nm，提升 36.5%，表
面粗糙度 RMS 也降低至 0.834nm，晶体样件表面变得干净平整，接近于理想平面。

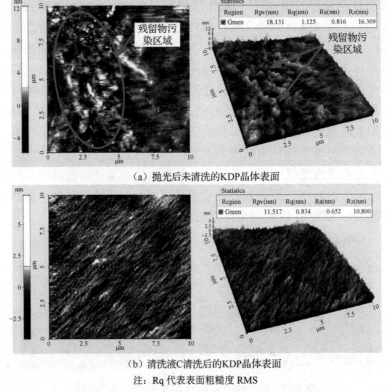

（a）抛光后未清洗的KDP晶体表面

（b）清洗液C清洗后的KDP晶体表面

注：Rq 代表表面粗糙度 RMS

图 8.41　清洗前后 KDP 晶体表面的 AFM 形貌图

8.4　抛光后表面清洗工艺的试验与效果分析

前文根据抛光残留物在 KDP 晶体超光滑表面的吸附机理研制了专用的清洗

液，并表征了其性能，提出了基于相似相溶原理辅以超声振动的清洗方法，在小块样件上开展了手工的清洗试验，并验证了超声波辅助清洗的可行性。然而，在实际工程需求中，要保证清洗质量并对大尺寸 KDP 晶体进行自动化的批量清洗，需研制专用的清洗装置和相应的自动化清洗工艺，这是一个亟待解决的关键问题。因此，在前文研究的基础上，本节提出采用超声清洗、喷淋清洗和风淋烘干相结合的工艺方法对水溶解超精密抛光后的 KDP 晶体超光滑表面进行自动清洗，并研制相应的专用多工位清洗装置，以超声空化和喷淋清洗的力学模型为参考，分析清洗过程中的清洗力作用，在研制的专用装置上对 KDP 晶体开展清洗工艺试验，分析各个清洗工位参数对清洗效果的影响，制定最优的清洗工艺。

8.4.1 清洗工艺的提出

超声清洗是常见清洗方法中应用最多、最广泛的一种清洗方法，具有清洗效率高、清洗效果好等特点，可用于对超精密光学元件的清洗。由于 KDP 晶体水溶解超精密抛光过程中没有固体颗粒参与，表面残留物中也没有固体颗粒，引入的超声振动不会造成颗粒物冲击晶体表面带来损伤和破坏。因此，超声辅助清洗可以用来去除水溶解超精密抛光后 KDP 晶体的表面残留物，具体的清洗需求和工艺路线的提出需要根据晶体的特点和研制的清洗液的性质而定。

1. 清洗需求分析

前文研究中提出了相似相溶原理辅以超声振动的清洗方法，在小块 KDP 晶体样件上开展了结合手工擦拭去除超声清洗后表面清洗液残留的清洗试验，验证了研制的有机挥发性清洗液在超声波辅助作用下的清洗性能，获得了良好的效果。然而，针对实际工程中使用的大尺寸、高质量 KDP 晶体超光滑光学表面的清洗，像手工擦拭这种劳动强度高、工艺稳定性低、操作性差的清洗环节，容易对软脆的 KDP 晶体表面造成划伤，明显不适用于规模化的清洗，因此需要研究自动化的清洗工艺方法。有机清洗液或多或少会含有毒性，若清洗过程中与操作者发生接触，则会在一定程度上造成人身伤害，因此，清洗过程必须在相对密闭的环境中进行。超声清洗过程中晶体工件浸泡在清洗液中，清洗完成后取出晶体工件时表面一定会带有清洗液，需采用后处理的方法将其去除，如喷淋清洗。如果使用的清洗液具有挥发性，还需考虑继续增加后续清洗工位，如风淋烘干，加快表面残留清洗液的挥发过程。针对多工位的清洗过程，特别是清洗工件是超精密的光学表面，还需考虑各个清洗工位之间的相互影响，防止发生工位交叉污染和二次污染，因此，针对 KDP 晶体的多工位清洗需要对清洗工位进行单独隔离。多工位的超声清洗过程在各个工位普遍使用清洗液，清洗工序复杂繁多，产生大量的清洗废液和废气，如果直接排放，会造成环境污染和资源浪费，因此需要对这些废液和废气进行循环回收处理,减少污染,提高清洗的经济性。

综上分析,基于易挥发有机清洗液的相似相溶原理,结合超声辅助振动去除水溶解超精密抛光后 KDP 晶体表面残留物的过程,是一个在密闭空间内进行的多工位自动清洗过程,是一个包含对清洗产物进行循环回收的清洗过程。

2. 清洗工艺路线

基于上述需求,本节提出了水溶解超精密抛光后 KDP 晶体表面残留物的清洗工艺路线,如图 8.42 所示。多工位的自动清洗过程包括上料、超声清洗、喷淋清洗、风淋烘干和下料五个工序。上料和下料工序是密闭清洗过程与外界的接口,表面残留物的清洗过程主要在超声清洗工序,喷淋清洗工序是为了去除前道超声清洗工序带出的残留清洗液,风淋烘干工序是为了加速喷淋清洗工序遗留在工件表面的清洗液体挥发的过程。各个清洗工序均独立工作,且在工作的时候都分别与其他工序单独隔离,防止工位之间的交叉污染和二次污染。五个清洗工序配合完成整个清洗过程。清洗过程中产生的废液和废气都能够实时地循环回收,实现环保无污染清洗。

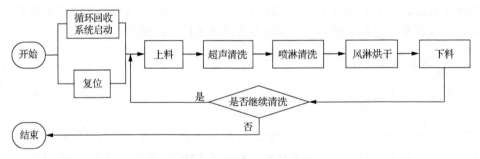

图 8.42 清洗工艺路线

8.4.2 清洗工艺的清洗原理分析

根据前文分析,采用相似相溶原理辅以超声振动的方式对水溶解超精密抛光后 KDP 晶体进行清洗,为了保证清洗效果和稳定性,在超声清洗工位后引入了喷淋清洗工位和风淋烘干工位。由于 KDP 晶体质软且容易发生脆性破坏,因此,需对清洗过程中的物理清洗力进行分析计算。针对超声清洗工位,需要分析计算超声振动的空化作用对晶体表面的影响,从而确定超声振子频率和超声清洗功率;而针对喷淋清洗工位,需计算喷淋清洗冲击力对晶体表面的作用,从而确定喷淋清洗工艺参数。本节基于超声空化和喷淋清洗的理论模型,着重分析超声清洗作用力和喷淋清洗作用力对 KDP 晶体表面的影响,从而为清洗工位参数的选择提供依据,保证在能够去除表面残留物的情况下不破坏晶体已加工出的超光滑表面。

1. 超声清洗过程分析

超声波在弹性介质中传播时能够引起质点振动，质点振动的加速度与超声频率的平方成正比。因此，超声波在液体中传播时，由于其极高的频率所造成的非线性作用，会产生超声空化。超声空化是指存在于液体中的气泡在声场作用下振动、生长并不断聚集声场能量，当能量达到某个阈值时，空化气泡急剧崩溃闭合的过程。在空化气泡突然闭合时发出的冲击波可在其周围产生上千个大气压力，对污染物层进行直接反复冲击，一方面破坏污染物与清洗件表面的吸附，另一方面也会引起污染物层的破坏而使污染物脱离清洗件表面并分散到清洗液中。气泡的振动也能对固体表面进行擦洗，气泡还能钻入裂缝中做振动，使污染物脱落。超声空化清洗去污原理如图 8.43 所示。

超声清洗的过程主要是空化气泡的运动过程。气泡运动的最终目的是形成稳态空化和微声流，可以在工件表面处提供一种溶解机制而使污染物溶解，在污染物层与工件表面之间的稳态空化气泡可以使污染物层脱落。稳态空化和微声流有助于清洗液中的油脂乳化，瞬态空化也有可能将污染物层击碎并使其剥落。超声空化在固体界面和液体界面上所产生的高速微射流能够去除或削弱边界污染物层，增加搅拌作用，加快可溶性污染物的溶解，强化化学清洗剂的清洗作用[33]。实际清洗过程中的情况要复杂得多，超声空化过程受到来自各方面因素的影响，很难测出具体的所需参数，因此很多学者基于以上超声空化原理使用仿真软件来计算近壁面处的空化气泡状态，以此来研究超声清洗参数的设定，为实际应用做指导[34-36]。本章考虑到 KDP 晶体表面软脆特性，应降低空化强度，考虑到清洗的样件为精密样件，应适当提高超声振动频率。因此，选择 80kHz 的超声频率来进行清洗，至于超声功率对清洗效果的影响还需通过工艺试验进行验证。

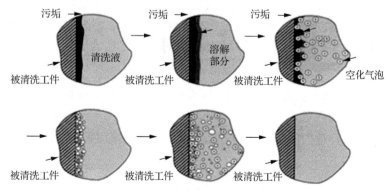

图 8.43　超声空化清洗去污原理

2. 喷淋清洗过程分析

喷淋清洗工位是超声清洗工位的后续工位，喷淋清洗工位喷出的清洗液按照一定的角度对晶体表面进行冲洗，产生强大的剪切作用力，将表面残留物剪切去除。为了使清洗更加彻底，喷淋清洗时，KDP 晶体以一定的倾斜角进行往复运动，喷嘴喷出专用清洗液对晶体进行冲刷清洗，喷嘴左右对称布置，保证清洗时晶体的受力平衡，其清洗原理如图 8.44 所示。喷淋清洗主要是针对超声清洗工位清洗后的晶体表面带出的残留浸泡液进行去除的过程，因此，其微观上需要的清洗力要比超声空化作用弱得多。但考虑到晶体质软的特性，需对晶体的受力进行简单的计算，防止冲洗过程对晶体表面造成破坏。喷淋清洗的液体在晶体表面冲刷后流入清洗槽内实时被排走，因此，喷淋清洗后晶体表面的残留液是易挥发的专用喷淋清洗液，可直接进入风淋烘干工位进行挥发干燥。

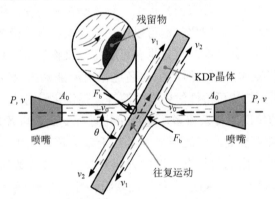

图 8.44　喷淋清洗原理图

根据以上分析可知，喷淋清洗的模型为非淹没射流清洗模型，当喷嘴处于壁面近端时，忽略速度损失，轴线流速等于喷嘴出口处的速度 v_0，射流冲刷平面时的动量方程如式（8.23），可以得到晶体所受的冲击力 F_b 为

$$F_b = 0 - (-\rho q_0 v_0 \sin\theta) = \rho A_0 v_0^2 \sin\theta \tag{8.23}$$

式中，ρ 是液体密度；q_0 是液体流量；A_0 是喷嘴出口面积；v_0 是射流速度；θ 是射流与晶体面之间的夹角。

此时，分析管道内的流体力学方程，可以算得连接喷嘴的管道入口压力和出口流速的关系如下：

$$P + \frac{1}{2}\rho v^2 = \frac{1}{2}\rho v_0^2 + h_\xi \rho g \tag{8.24}$$

$$h_\xi = \xi \frac{v_0^2}{2g} \qquad (8.25)$$

式中，P 和 v 是喷嘴入口处的压力和速度；g 是重力加速度；h_ξ 是局部水头损失；ξ 是局部阻力系数。

由以上几式可以推导出近端处的受力情况，即

$$F_b = \frac{2P + \rho v^2}{1 + \xi} A_0 \sin\theta \qquad (8.26)$$

而当喷嘴处于壁面远端时，轴线流速也随之衰减，从而对壁面造成的冲击力也减小，在射流的基本段内，射流轴心随动压 p_0 的衰减公式为

$$\frac{p_m}{p_0} = \frac{X_c}{X} \qquad (8.27)$$

式中，p_m 为远端处晶体所受最大压力；X 为晶体到喷嘴的距离；X_c 是射流初始段长度。在喷嘴出口处射流的动压为

$$p_0 = \frac{1}{2} \rho v_0^2 \qquad (8.28)$$

将其代入式（8.27），即可求得在喷射远端处晶体受力和喷嘴输入压力的关系，即

$$p_m = \frac{2P + \rho v^2}{2(1 + \xi)} \frac{X_c}{X} \qquad (8.29)$$

由以上分析可知，喷淋清洗工位清洗压力的选择至关重要，既需要保证对前道工位表面残液的去除，又需要保证晶体不受冲洗力破坏，还需考虑清洗液的性质和对装置制造的要求，因此，喷淋清洗的工作压力通常采用类比法和试验法来确定[37]。

8.4.3　清洗工艺的试验验证

1. 清洗工艺参数的设置

确定了超声清洗工位的振子频率和喷淋清洗工位的格局布置后，需要分析清洗过程的影响参数。清洗过程主要是依靠清洗液基于相似相溶原理的溶解力辅以超声振动和喷淋清洗的物理力来完成。整个清洗过程在密闭空间内自动完成。根据各工位的清洗特点，主要影响清洗效果的工艺参数有：超声清洗功率、超声清洗时间、喷淋清洗压强、喷淋清洗时间、风淋烘干时间和清洗温度。由于 KDP 晶体对温度敏感、易炸裂，因此在考察温度因素对清洗的影响时，各个后续工位的温度均同超声清洗温度保持一致，最后，最优的清洗工位参数通过试验获得。根据在小块 KDP 晶体样件上进行的清洗试验和研制的设备性能参数，可调的参数以及试验中的设置值如表 8.6 所示。

表 8.6　　清洗参数设置表

参数	设定值
超声清洗功率/W	300、400、500
超声清洗时间/min	3、5、7、10、15
喷淋清洗压强/MPa	0.05、0.1、0.2、0.3
喷淋清洗时间/min	1、2、3、5、10
风淋烘干时间/min	1、2、5、10
清洗温度/℃	20、25、30、35

2. 清洗效果的评价方法

对光学元件的表面洁净度评价，特别是 ICF 系统中应用的超精密光学元件表面洁净度的评价，一直是一个复杂且不断发展的难题，各国都制定了相应的标准。如美国军用表面洁净度评价标准《火控仪器光学零件制造、装配和检验通用技术条件》(MIL-0-13830A-63) 和《性能标准　军火控制设备用光学元件；监控生产、装配、检测的通用标准》(MIL-PRF-13830B) 对元件表面划痕、点子和破点等疵病进行评价。我国的国家标准《光学零件表面疵病》(GB/T 1185—2006) 也对光学零件的表面疵病做出了相关规定。目前，针对高能激光器中光学元件表面洁净度的研究多数都只是考虑固体残留颗粒的检测问题，主要采用的方法是通过目测结合光学显微镜的视觉检测技术（对表面成像进行提取、分割、预处理和灰度处理等），来评价表面颗粒的去除效果。而针对光学元件表面超薄有机油污污染的清洗和评价方法则鲜有报道。针对 KDP 晶体表面残留有机油污的检测主要还是靠目测，本章在目测法的基础上尝试结合表面轮廓精度信息指标来对本章中表面残留有机油污的清洗效果进行评价。

由于水溶解超精密抛光过程采用的是微乳液，抛光过程又是严格在净化间内进行，抛光后的 KDP 晶体表面是超光滑无瑕疵的表面，且晶体表面残留物主要是抛光过程中产生的液体，没有固体颗粒物，研制的专用清洗也均是经过严格的过滤滤除杂质后才进入清洗装置的，而且清洗装置内部空间是密闭干净的。因此，清洗过程中不存在固体颗粒物，更不会由超声和喷淋作用引起杂质颗粒振动，冲击晶体表面而造成被清洗表面的损伤和破坏，引入划痕和疵病，降低已加工晶体的表面粗糙度 RMS 和轮廓精度，从而保证本方法清洗后的晶体表面质量。水溶解超精密抛光后 KDP 晶体清洗前后的效果如图 8.45 所示。可以看到清洗后表面的液珠已经被完全清洗掉，还需通过观测表面粗糙度 RMS 等轮廓信息来确认表面有机油污是否去掉，表面质量是否有改善。

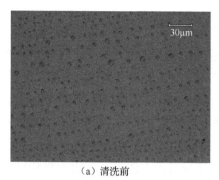 

（a）清洗前　　　　　　　　　　　　　（b）清洗后

图 8.45　清洗前后表面状况

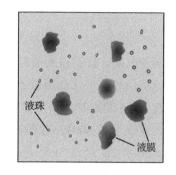

图 8.46　孤岛状分布的表面残留物

　　由前述的表面残留物对抛光晶体表面质量的影响分析可知，残留物以液珠和液膜形式覆盖在已加工晶体的超光滑表面，呈孤岛状分布，如图 8.46 所示，引起表面形貌参数改变，从而导致测量的表面粗糙度 RMS 和表面峰谷值 PV 这两个参数变大，而清洗后的晶体露出原始的已加工表面，测量结果为其真实的表面精度指标。对比分析抛光后有残留物和清洗后洁净表面的轮廓，如图 8.47 所示，可知，清洗后反映表面轮廓信息的表面粗糙度 RMS 值有下降，PV 的改善尤其明显，说明清洗效果较好，去除了引起表面形貌参数变化的表面残留物影响因素，获得洁净表面（图 8.41 已证明）。

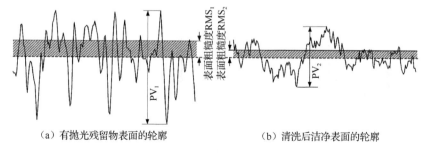

（a）有抛光残留物表面的轮廓　　　　　　　　（b）清洗后洁净表面的轮廓

图 8.47　清洗前后的表面轮廓

　　由于单一的表面粗糙度 RMS 并不能反映出表面高峰被去除的信息，因此对表面清洗效果的评价采用表面多个采样点的 PV 平均值的差值 Δh 以及表面粗糙度 RMS 来评价，如下：

$$\Delta h = \frac{1}{n}\sum_{i=1}^{n}PV_{1i} - \frac{1}{n}\sum_{i=1}^{n}PV_{2i} \qquad (8.30)$$

式中，PV_1 表示测量的清洗前表面的峰谷值；PV_2 表示测量的清洗后表面的峰谷值；

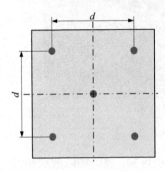

i 表示第 i 个采样点；n 表示采样点的个数。针对清洗前后的效果，PV 的差异在数纳米到数十纳米甚至上百纳米，而表面粗糙度 RMS 的差异则在数纳米以内。在下文中对水溶解超精密抛光后 KDP 晶体表面残留物清洗效果的评价采用上述方法，表面粗糙度 RMS 和峰谷值 PV 采样采用五点采样法，即在晶体表面的五个均布的点处采样测量，如图 8.48 所示。

图 8.48　KDP 晶体表面五点采样示意图

3. 超声清洗工位参数对清洗效果的影响

超声工位对清洗影响的主要因素是超声清洗功率和清洗时间。试验得到的超声清洗功率对清洗效果的影响如图 8.49 所示，可见在能够形成稳定空化作用且不破坏晶体表面质量的情况下，超声清洗功率对表面粗糙度 RMS 的影响甚微，但在功率为 400W 时对表面的平均峰谷值消减最为明显，因此建议选择 400W 的清洗功率。试验得到的超声清洗时间对清洗效果的影响如图 8.50 所示，经过 3min 超声清洗后表面粗糙度 RMS 有所改善，说明清洗液能够溶解抛光后晶体表面的残留物，但还需要超声辅助的清洗力作用。

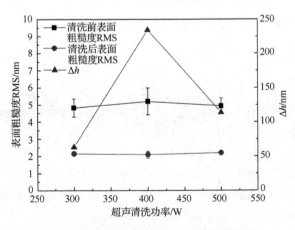

图 8.49　超声清洗功率对清洗效果的影响

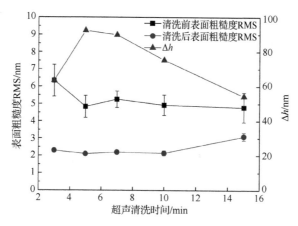

图 8.50 超声清洗时间对清洗效果的影响

随着超声清洗时间的延长，超声作用得到充分发挥，表面粗糙度 RMS 有明显下降并最终趋于稳定。当清洗时间达 15min 时，表面粗糙度 RMS 迅速变大，这是因为长时间的清洗使得清洗液的温度升高，清洗液内分子的运动加剧，采用长时间的高功率密度清洗会对工件表面产生空化腐蚀，对晶体表面造成不利的影响，使得表面粗糙度 RMS 恶化。而对表面平均峰谷值的消减，在 5～7min 达到最大值，说明对晶体表面残留物的去除达到最优。因此，在超声清洗工位，清洗液的溶解作用和超声辅助清洗力已经能够去除表面残留物，考虑到节约能源和清洗效率方面，选取超声功率为 400W，清洗时间为 5min。

4. 喷淋清洗工位参数对清洗效果的影响

喷淋清洗过程主要是使用干净新鲜的专用清洗液对超声工位浸泡清洗后的晶体表面进行冲刷，产生适当的冲洗力来进一步去除表面的残留物和前一工位残留的清洗液，研制的清洗液具有易挥发的特性。由于喷淋清洗过程中晶体是匀速运动的，影响喷淋清洗过程的参数主要是喷淋清洗压强和喷淋清洗时间。图 8.51 是试验得到的喷淋清洗压强对清洗效果的影响。可见，当压强为 0.05MPa 时，由于压力太小，晶体远端处于非自由淹没射流的液滴段，射流能量损失严重，晶体表面受到的有效冲刷力极小，因此没有能够完全去除上个工位带出的表面残液，表面粗糙度 RMS 和平均峰谷值有所改善，但还未达到最优值。当喷淋清洗压强逐渐提升至 0.1MPa 后，包括晶体的远端在内的部位均处于喷淋清洗的基本段，能够在晶体表面形成稳定持续的冲刷区域，因此清洗效果逐渐提升，表面粗糙度 RMS 进一步下降，同时对表面平均峰谷值的消减效果进一步提升。随着喷淋清洗压强的进一步增大，表面粗糙度 RMS 不再继续下降，同时对表面峰谷值的消减也保持相对稳定状态，说明表面残留物已经被去除，射流冲刷的是晶体表面，表面质量参数保持不变。

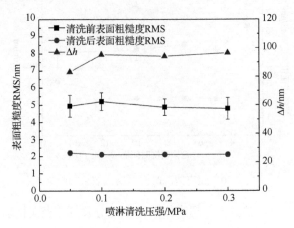

图 8.51　喷淋清洗压强对清洗效果的影响

图 8.52 是喷淋清洗时间对清洗效果的影响。可见，清洗时长在 3min 时就能够取得较好的清洗效果，继续延长时间不会改变清洗的效果，反而会引起清洗液的浪费。因此，在保证清洗效果不变的前提下尽量降低喷淋清洗压强，缩短喷淋清洗时间。

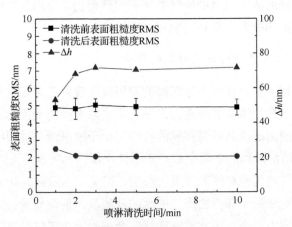

图 8.52　喷淋清洗时间对清洗效果的影响

5. 风淋烘干工位参数对清洗效果的影响

风淋烘干过程是使晶体处在一个持续风淋的环境中，目的是让前道喷淋清洗工序中遗留在晶体表面的液体尽快挥发殆尽，否则残留的液体在后续的检测、包装或者运输过程中容易吸收环境中的水汽导致潮解，降低表面质量，最终引起光学损伤。风淋烘干工位是通过送风铜管持续送风,保证工位内气流不断流动,而将晶体表面纯净易挥发的清洗液蒸发殆尽。清洗过程中各个工位之间均单独隔离密闭,因为KDP晶体对温度变化比较敏感,所以风淋烘干过程的温度严格保持和前序工位一致,防止局部温差过大导致晶体炸裂。因此,风淋烘干时间成为影响最终清洗效果的主要因素,时间较短容易导致清洗液不完全挥发,在表面形成新的残留物,当超过一定时间后表面残留清洗液完全挥发,表面质量趋于稳定,其影响如图8.53所示。从图中可以看出,风淋烘干时长达到10min时,表面粗糙度RMS基本趋于稳定,对表面平均峰谷值的消减达到最优效果。为保证表面残留清洗液完全挥发,选择风淋烘干时长大于10min。

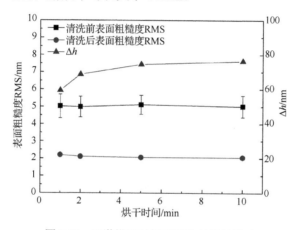

图8.53 风淋烘干时间对清洗效果的影响

6. 温度对清洗效果的影响

温度是影响KDP晶体清洗效果的重要因素,清洗过程中清洗液的温度改变会对清洗工艺造成严重的影响。因为温度升高不仅会改变残留污染物的状态,对其乳化、分散效果也会造成影响,还会提升化学物质的活性,加快化学反应的速度。一般情况下,溶液的溶解度都随着温度的升高而增加,这也有利于清洗过程的进行。针对大多数油基污染物,无论是物理吸附还是化学吸附,其从吸附晶片表面的解吸都是吸热过程,因此升高温度有利于污染物脱吸附过程的发生[38]。

对于水溶解超精密抛光后KDP晶体表面的残留物来说,其中的油基抛光液成分的最优性能区间是24～34℃,一旦温度低于24℃,油基抛光液和表面残液的流动性会变差,黏度增大,黏结在晶体表面,难以去除,不利于清洗。而温度超过34℃后,分子之间的运动加剧,油包水型微乳液的稳定三相体系会遭到破坏,水分子会呈自由态,与晶体表面接触发生溶解反应,破坏已加工的超光滑晶体表面,致使晶体表面质量恶化。因此，清洗温度应该控制在合理的范围内。由于 KDP 晶体对温度变化敏感，试验中的几个工位的工作温度严格保持一致，防止局部温差过大导致晶体炸裂。试验得到的 KDP 晶体清洗效果随清洗温度的变化如图 8.54 所示，可以看出，表面粗糙度 RMS 随清洗温度升高先减小后增大，对表面平均峰谷值的消减也呈现出同样的规律，这与以上分析相吻合，最优清洗温度为 25～30℃。考虑到研制的专用清洗液是易挥发的有机液体，温度升高会加快其挥发速度，对风淋烘干工位有利，同时温度升高也有利于提升超声工位和喷淋清洗工位的清洗效率，因此，在保证清洗效果的前提下可以适当提高清洗温度。

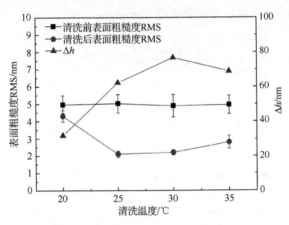

图 8.54　清洗温度对清洗效果的影响

8.4.4　KDP 晶体最优清洗工艺的清洗效果分析

最终确定的清洗工艺如图 8.55 所示。超声清洗功率为 400W，超声清洗时间为 5min，喷淋清洗压强和时间分别为 0.1MPa 和 3min，风淋烘干时间不小于 10min，清洗过程中各步骤的温度应保持一致，在 25～30℃。

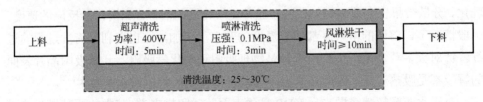

图 8.55　最优清洗工艺

采用上述的最优工艺对抛光后表面有残留物的 100mm×100mm 尺寸 KDP 晶体样件进行清洗，最终效果如图 8.56 所示。可以看到晶体表面非常干净，表面质量较之前有明显提高，表面粗糙度 RMS 达到 2.185nm，Ra 为 1.760nm，峰谷值 PV 为 16.097nm。

（a）100mm×100mm KDP 晶体　　　　　　　（b）显微镜观测图像

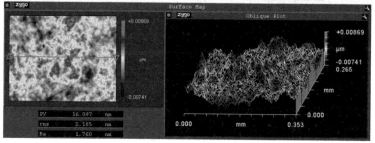

（c）白光干涉仪检测结果

图 8.56　最优工艺清洗效果

8.4.5　新型全自动清洗装置研制

根据 8.4.4 节中提出的清洗工艺，研制了水溶解超精密抛光后 KDP 晶体的表面残留物专用的多工位超声喷淋清洗装置，其总体设计图如图 8.57 所示，KDP 晶体专用超声喷淋装置主要由清洗机主机体以及供液供气及循环回收系统组成。

主机体内部为上、中、下三段式结构，上段为运动输送机构的安装空间，中段为工件转运运动空间，下段布置清洗工位槽。主机体下段内设计有四个清洗工位，分别是上料工位、超声清洗工位、喷淋清洗工位和风淋烘干和下料工位，上料工位和下料工位处在主机体前部设有与外界连通的开口门，方便放入和取出工件。主机体中段在四个工位上部对应位置的前端分别开有透明的玻璃窗口，方便观察各个工位的实时工作情况。主机体上段内安装有运动输送机构，负责将被清洗工件运送至各个工位并完成相应的清洗动作。主机体的顶部设计有排气口，通过管道连接至后部的循环回收系统。供液供气及循环回收系统位于主机体的正后方，通过管道与主机体相连，它主要包含电控系统、超声发生系统、原液箱、废液箱、冷凝回收系统等，负责对主机体的供电、供液、供气及对废气和废液的回收利用，其与主机体的关系如图 8.58 所示。整个清洗装置各个部位均进行密封处理，防止清洗过程中清洗液和挥发物质的泄漏，保证清洗过程在完全密闭的空间内进行。在对水溶解超精密抛光后的 KDP 晶体进行清洗时，主机体和供液供气及循环回收系统相互协调，共同完成整个多工位的自动清洗过程。

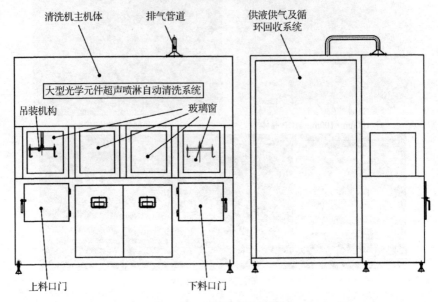

图 8.57　KDP 晶体专用超声喷淋装置总体设计图

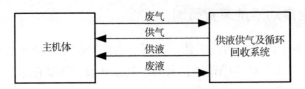

图 8.58　主机体与循环回收系统的关系

　　研制的 KDP 晶体专用超声喷淋清洗装置的实物图如图 8.59 所示。该装置实现了被清洗 KDP 晶体的上料、超声清洗、喷淋清洗、风淋烘干和下料的过程，能够有效地去除水溶解超精密抛光后晶体表面的抛光残留物。整个清洗过程在密闭的空间里自动进行，且各个清洗工位在工作时均被单独隔离，既防止了工位之间的交叉污染和二次污染，又保证了被清洗晶体的清洗质量。清洗过程中产生的废液和挥发废气实时被引入循环回收系统进行回收再利用，防止了有机清洗液中有害物质对操作者的人身损害，实现了环保无排放清洗，减少了浪费和环境污染，提高了清洗的经济性[39, 40]。

图 8.59 KDP 晶体专用超声喷淋清洗装置图

参 考 文 献

[1] Campbell J H, Hawley-Fedder R A, Stolz C J, et al. NIF optical materials and fabrication technologies: An overview[J]. Proceedings of SPIE-The International Society for Optical Engineering, 2004, 5341, 84-102.

[2] 刘宪芳. 超精密加工表面的功率谱密度与分形表征技术研究[D]. 哈尔滨: 哈尔滨工业大学, 2007.

[3] 李明全. KDP 晶体超精密飞切微纳形貌对激光损伤阈值的影响研究[D]. 哈尔滨: 哈尔滨工业大学, 2013.

[4] 庞启龙. 基于小波和分形的 KDP 晶体形貌分析及对透光性能的研究[D]. 哈尔滨: 哈尔滨工业大学, 2009.

[5] Beckmann P, Spizzichino A. The scattering of electromagnetic waves from rough surfaces[M]. New York: Pergamon, 1963 :17-97.

[6] 胡胜伟, 徐耀, 吴东, 等. 用于 KDP 晶体的桥式聚倍半硅氧烷防潮膜[J]. 强激光与粒子束, 2008(9): 1474-1478.

[7] International Organization for Standardization. Laser and laser-related equipment-determinationof laser-induced damage threshold of optical surfaces-part 1: Definitionand general principles: ISO 21254-1:2011[S/OL]. [2011-07-15]. https://www.iso.org/standard/43001.html.

[8] 杨亮. 光学元件表面污染对负载能力影响的研究[D]. 成都: 电子科技大学, 2016.

[9] 陈宁, 张清华, 王世健. KDP 晶体 Sol-Gel 膜技术[J]. 中国工程物理研究院科技年报, 2004(1): 415.

[10] Thomas I M. Optical and environmentally protective coatings for potassium dihydrogen phosphate harmonic converter crystals[C]. Inorganic Crystals for Optics, Electro-Optics, and Frequency Conversion. International Society for Optics and Photonics, San Diego, CA1991, 1561: 70-83.

[11] 张伟清, 唐永兴. KDP 晶体增透膜和保护膜性能研究[J]. 强激光与粒子束, 1999, 11(2): 220-224.

[12] 熊怀, 李海元, 唐永兴. Sol-Gel 法制备 KDP 晶体 SiO_2 基防潮减反膜[J]. 稀有金属材料与工程, 2010(S2): 224-227.

[13] Wang X D, Tian B T, Nia Y Y, et al. Preparation of moisture-proof protective coatings for KDP/DKDP crystals[J]. Rare Metal Materials and Engineering, 2016, 45(S1): 370-374.

[14] Cui Y, Zhao Y A, Yu H, et al. Impact of organic contamination on laser-induced damage threshold of high reflectance coatings in vacuum[J]. Applied Surface Science, 2008, 254(18): 5990-5993.

[15] 程勇, 陆益敏, 唐璜, 等. 光学薄膜抗激光损伤研究发展[J]. 强激光与粒子束, 2016, 28(7): 7-15.

[16] 关利超. KDP 晶体抛光清洗后表面液态残留物检测方法研究[D]. 成都: 电子科技大学, 2018.

[17] 黄红英, 尹齐和. 傅里叶变换衰减全反射红外光谱法(ATR-FTIR)的原理与应用进展[J]. 中山大学研究生学刊 (自然科学与医学版), 2011(1): 20-31.

[18] Taher L B, Smiri L, Bulou A. Investigation of mixed divalent cation monophosphates: Synthesis, crystal structure, and vibrational study of $CdBa_2(HPO_4)_2(H_2PO_4)_2$[J]. Journal of Solid State Chemistry, 2001, 161(1): 97-105.

[19] Ratajczak H. The hydrogen bond-recent developments in theory and experiment[J]. Advances in Molecular Relaxation and Interaction Processes, 1977, 10(1): 81-82.

[20] Pritula I, Kosinova A, Kolybayeva M, et al. Optical, structural and microhardness properties of KDP crystals grown from urea-doped solutions[J]. Materials Research Bulletin, 2008, 43(10): 2778-2789.

[21] Sun C T, Xue D F. In situ ATR-IR observation of nucleation and crystal growth of KH_2PO_4 in aqueous solution[J]. CrystEngComm, 2013, 15(48): 10407-10674.

[22] Papernov S, Schmid A W. Laser-induced surface damage of optical materials: Absorption sources, initiation, growth, and mitigation[J]. Proceedings of SPIE-The International Society for Optical Engineering, 2008, 7132: 1-8.

[23] 张银霞. 单晶硅片超精密磨削加工表面层损伤的研究[D]. 大连: 大连理工大学, 2006.

[24] Lu G W, Sun X. Raman study of lattice vibration modes and growth mechanism of KDP single crystals[J]. Crystal Research and Technology, 2002, 37(1): 93-99.

[25] Etter M C. Encoding and decoding hydrogen-bond patterns of organic compounds[J]. Accounts of Chemical Research, 1990, 23(4):120-126.

[26] Reedijk M F, Arsic J, Hollander F F A, et al. Liquid order at the interface of KDP crystals with water: Evidence for icelike layers[J]. Physical Review Letters, 2003, 90(6): 066103.

[27] Vries S D, Goedtkindt P, Bennett S L, et al. Surface atomic structure of KDP crystals in aqueous solution: An explanation of the growth shape[J]. Physical Review Letters, 1998, 80(10): 2229-2232.

[28] Zhang L, Wu Y L, Liu Y, et al. DFT study of single water molecule adsorption on the (100）and (101）surfaces of KH_2PO_4[J]. RSC Advances, 2017, 7(42): 26170-26178.

[29] Miller C A, Neogi P. Interfacial phenomena: Equilibrium and dynamic effects[M]. Boca Raton: CRC Press, 2007.

[30] 梁治齐, 张宝旭. 清洗技术[M]. 北京: 中国轻工业出版社, 1998.

[31] 周效全. 物质溶解度参数的计算方法[J]. 石油钻采工艺, 1991, 13(3): 63-70.

[32] 涂料工艺编委会. 涂料工艺[M]. 北京: 化学工业出版社, 1997.

[33] 刘永荣, 孙家骏. 国内外物理清洗技术应用比较与未来展望[J]. 洗净技术, 2003(3):22-26.

[34] 崔方玲, 纪威. 超声空化气泡动力学仿真及其影响因素分析[J]. 农业工程学报, 2013, 29(17): 24-29.

[35] Osterman A, Dular M, Sirok B. Numerical simulation of a near-wall bubble collapse in an ultrasonic field[J]. Journal of Fluid Science and Technology, 2009, 4(1): 210-221.

[36] 李疆, 陈皓生. Fluent 环境中近壁面微空泡溃灭的仿真计算[J]. 摩擦学学报, 2008, 28(4):311-315.

[37] 陈亮. 高压水射流扇形喷嘴内外流场仿真分析[D]. 兰州: 兰州理工大学, 2010.

[38] 高远. 压电晶体器件衬底超精密清洗的研究[D]. 大连: 大连理工大学, 2013.

[39] 陈玉川. KDP 晶体水溶解抛光表面残留物分析及清洗方法[D]. 大连: 大连理工大学, 2019.

[40] Chen Y C, Gao H, Wang X, et al. Laser induced damage of potassium dihydrogen phosphate (KDP）optical crystal machined by water dissolution ultra-precision polishing method[J]. Materials, 2018, 11(3): 1-13.

索　引